Dieses Buch widme ich meiner Frau Ilusion,
der Inspiration und Quelle meiner Führungskraft,

und

Ihnen, liebe Leser, denn ich glaube aufrichtig,
wenn wir es schaffen,
unser Leben zu verändern und unseren Hunden,
unseren Familien und uns selbst bessere Rudelführer zu sein,
können wir gemeinsam die Welt verändern.

INHALT

CESAR MILLAN
MIT MELISSA JO PELTIER

Du bist der Rudelführer

Wie Sie die Erfahrungen des Hundeflüsterers für sich und Ihren Hund nutzen

Aus dem Amerikanischen
von Andrea Panster

GOLDMANN

Die amerikanische Originalausgabe erschien 2007 unter dem Titel
»Be the Pack Leader« by Harmony Books,
einem Imprint der Crown Publishing Group,
einem Unternehmen von Random House, Inc., New York.

Verlagsgruppe Random House FSC® N001967
Das für dieses Buch verwendete FSC®-zertifizierte Papier *Lux Cream*
liefert Stora Enso, Finnland.

3. Auflage
Vollständige Taschenbuchausgabe September 2013
© 2008 der deutschsprachigen Ausgabe
Arkana, München
in der Verlagsgruppe Random House GmbH
© 2007 der Originalausgabe Cesar Millan und Melissa Jo Peltier
Lektorat: Ralf Lay, Mönchengladbach
SSt · Herstellung: cb
Satz: Uhl+Massopust, Aalen
Druck und Bindung: GGP Media GmbH, Pößneck
Printed in Germany
ISBN 978-3-442-22033-5

www.goldmann-verlag.de

EINLEITUNG

Das letzte Jahr war für mich, meine Familie und die Menschen, mit denen ich arbeite, sehr aufregend, fast schon überwältigend. Fernsehsendungen mussten aufgezeichnet, Seminare geleitet, und noch mehr Hunden – und Menschen – musste geholfen werden. Es war eine außerordentlich segensreiche Zeit. Allerdings haben mir meine vierbeinigen Gefährten, nachdem mein Erstling *Tipps vom Hundeflüsterer* veröffentlicht war, weiterhin neue Lektionen über das Verhalten von Hunden – und Menschen – beigebracht. Im letzten Jahr hatte ich zahlreiche neue Fälle und konnte sehr viel dazulernen. Ich beschäftigte mich noch intensiver mit der Verhaltensforschung und mit wissenschaftlichen Untersuchungen. Ich habe mich mit Menschen zusammengetan, die sich anderer Methoden bedienen, und ihre Techniken studiert, um Hunden zu helfen. All das hat meine eigenen Ansichten weiter vertieft und bestärkt.

Darüber hinaus habe ich mir einen Teil der Kritik an meinem ersten Buch zu Herzen genommen. Manche Leser wünschten sich mehr Fallstudien, andere mehr praktische Schritt-für-Schritt-Anleitungen. Die letztgenannte Bitte ist am schwersten zu erfüllen, *weil ich kein Hundeerzieher bin.* Wenn Sie Ihrem Hund beibringen wollen, Kommandos wie »Sitz!«, »Platz!« und »Bleib!« zu befolgen oder sich auf den

Rücken zu rollen, müssen Sie bestimmte Schritte befolgen. Bei der Rehabilitation eines aus dem Gleichgewicht geratenen Tieres gehe ich aber fast immer instinktiv vor. Zudem bleibt meine aus Bewegung, Disziplin und Zuneigung – in dieser Reihenfolge – bestehende Formel für einen erfüllten Hund das Herzstück meiner Maßnahmen.

Nachdem ich dies vorausgeschickt habe, werden wir in das ganze Buch immer wieder leicht zu merkende praktische Tipps einstreuen und im Anhang einen Abschnitt zum Nachschlagen einfügen, in dem Schritt-für-Schritt-Anleitungen für das Vorgehen in bestimmten Situationen zu finden sind.

Außerdem werden wir ab und zu unglaubliche, aber wahre Erfolgsgeschichten in den Text einflechten – von denen ich oft erst erfahren habe, als der Beliebtheitsgrad meiner Sendung gestiegen war. Jeden Monat erreichen uns Tausende von Briefen. Die Geschichten sind in der Tat erstaunlich und erinnern mich daran, dankbar dafür zu sein, dass inzwischen so viel mehr Menschen Zugang zu unserer Arbeit haben. Diese Briefe inspirierten mich zu dem im Untertitel des Buches gegebenen Versprechen: dass Sie mit Hilfe meiner Methoden nicht nur Ihren Hund, sondern auch *sich selbst* verändern können. Viele Menschen, die allmählich angefangen haben, sich der Macht der ruhigen und bestimmten Energie zu bedienen, um das Verhältnis zu ihrem Hund zu verbessern, berichten, dass nun auch ihre zwischenmenschlichen Beziehungen – mit ihren Kindern, Chefs und Partnern – leichter zu bewältigen sind.

Dieses Buch soll Ihnen helfen, das Band zwischen Ihnen und Ihrem Hund zu stärken. Zudem hoffe ich, dass es Ihnen zeigen wird, wie eng Mensch und Hund miteinander verbunden sind – und wie viel wir von diesen Tieren lernen können. Die »Macht des Rudels« gilt nicht nur für Hunde. Sie hat auch für andere rudelbildende Arten Gültigkeit, deren Schicksal seit vielen zehntausend Jahren eng mit dem ihren verbunden ist – nämlich das unserer eigenen Spezies, des Homo sapiens.

Ich hoffe aufrichtig, dass Sie nach der Lektüre dieses Buches die Verbindung zwischen sich und Mutter Natur deutlicher wahrnehmen und lernen werden, mehr Einklang mit Ihrer instinktiven Seite zu finden. Ich wünsche Ihnen, dass Sie die Macht der ruhigen, bestimmten Energie einsetzen, um auch in anderen Bereichen Ihres Lebens zum »Rudelführer« zu werden und sich neue Lebensdimensionen zu erschließen, die Sie nie zuvor für möglich gehalten hätten.

»Dies sind die Gesetze der Dschungel,
so alt und so klar wie das Licht.
Der Wolf, der sie hält, wird gedeihen,
und sterben der Wolf,
der sie bricht.
Lianengleich schlingt das Gesetz sich,
voran und zurück, auf und ab.
Die Stärke des Rudels ist der Wolf,
und die des Wolfs ist das Rudel.«

– Rudyard Kipling:
Das Gesetz des Dschungels

SPIEGLEIN, SPIEGLEIN?

»Mit Geld kann man einen ziemlich guten Hund kaufen,
nicht aber das Wedeln seines Schwanzes.«

Josh Billings zugeschrieben

Der Begriff *Koyaanisquatsi* stammt aus der Sprache der
Hopi, und er lässt sich in etwa wiedergeben mit den Worten »Leben, das aus dem Gleichgewicht geraten ist«. Er
begegnete mir, als ich mir einen Dokumentarfilm des
Regisseurs Godfrey Reggio aus dem Jahr 1982 ansah, der
ohne Kommentar und begleitet von Philip Glass' Musik
eindrucksvolle Bilder zeigt, die den Einfluss des Menschen

und der Technologie auf unseren Planeten darstellen. Die
Botschaft lautete natürlich, dass die industrielle Entwicklung das Leben auf der Erde aus dem Lot gebracht hat.

Keine Sorge – dies ist kein Umweltbuch. Es handelt von
der Verbindung zwischen Hunden und Menschen. Aber
der Begriff *koyaanisquatsi* hat für mich eine besondere Bedeutung, da es in diesem Buch auch darum geht, dass wir
Menschen kein ausgeglichenes Leben mehr führen. Wir
sind dabei, unsere Instinkte zu verlieren, die uns in erster
Linie zu Tieren und dann erst zu Menschen machen. Und
unser Instinkt entspricht unserem gesunden Menschenverstand.

Ich glaube, dass ein gesunder Mensch in vier Bereichen
seines Lebens ausgeglichen sein muss. Da ist zunächst der
Intellekt – der Aspekt, bei dem die meisten »westlichen
Menschen« immer etwas parat haben. Wir sind Meister
der Vernunft und der Logik. Gerade in Ländern wie den
USA führen die Leute in der Überzahl ein sehr intellektuell orientiertes Leben. Wir kommunizieren beinah ausschließlich über die Sprache miteinander. Wir schicken
Wortbotschaften übers Internet und auf Mobiltelefone.
Wir lesen. Wir sehen fern. Wir legen großen Wert auf gute
Bildung und haben mehr Informationen zur Verfügung als
je zuvor, und das erlaubt es so manchem, fast voll und
ganz »in seinem Kopf« zu leben. Wir quälen uns wegen der
Vergangenheit und träumen von der Zukunft. Viel zu oft
wird die Abhängigkeit von unserer intellektuellen Seite so
groß, dass wir vergessen, wie viel mehr diese unglaubliche
Welt zu bieten hat, in der wir leben.

Der nächste Bereich ist unsere emotionale Seite. Ich bin
in Mexiko aufgewachsen, wo man mir beigebracht hat,

dass nur Frauen Gefühle hätten. Sie tragen dort wie in vielen anderen Ländern der Dritten Welt die gesamte emotionale Last. Mein Vater lehrte mich, wenn man als Junge weinte, sei man schwach – ein »Waschlappen«. In meiner Kultur werden wir Männer bereits in sehr jungen Jahren darauf konditioniert, unsere Gefühle zu unterdrücken und sie unter Draufgängertum zu verstecken. Und recht bald haben wir uns so weit von unseren Empfindungen entfernt, dass wir sie gar nicht mehr erkennen können, wenn sie dann doch einmal auftauchen.

Als ich in die USA kam, sah ich, dass – verglichen mit meinen Erfahrungen in Mexiko – hier offenbar jeder seine Gefühle ungehindert zeigen konnte. Sogar die Männer. Ich sah Dr. Phil, der ihnen erklärte, es sei in Ordnung, zu weinen, und der sie bat, über ihre Gefühle zu sprechen.

»Wie bitte?«, fragte ich mich. »Was für Gefühle sollen das denn sein?«

So verkorkst war ich in emotionaler Hinsicht. Doch nachdem ich Ilusion geheiratet hatte, musste ich aufwachen und lernen, wie man seinem Gefühlsleben die nötige Aufmerksamkeit schenkt und seine Regungen auch mitteilt. Solange ich keinen Zugang zu meinen Emotionen gefunden hatte, war es mir nicht wirklich möglich, einen Zustand der Ausgeglichenheit zu erreichen. Ich glaube, dass sich in Ländern wie Mexiko erst dann eine gesunde Gesellschaft entwickeln wird, wenn man sich dort der Bedeutung der Gefühle bewusster wird – und Frauen und Kinder, denen derzeit die größte emotionale Kraft eigen ist, mehr respektiert.

Ein weiterer Aspekt des Menschseins ist die Spiritualität. Natürlich erfüllen viele von uns ihre religiösen Bedürfnisse dadurch, dass sie in eine Kirche, eine Synagoge, eine

Moschee oder einen Tempel gehen oder sich anderen Formen der Meditation oder des Gebets widmen. Oft ist dies
eine friedliche Atempause, in der wir mit einem tieferen
Teil unserer selbst Kontakt aufnehmen können als mit unserem weltlicheren Wesen, das uns jeden Morgen aufste-
hen, die Zeitung lesen und zur Arbeit gehen lässt. Spirituelle Erfüllung bedeutet aber nicht den Glauben an die
Religion und die Infragestellung der Wissenschaft.

Um es mit den Worten des verstorbenen Carl Sagan
auszudrücken: »Wissenschaft ist nicht nur kompatibel mit
der Spiritualität – sie ist auch eine tiefreichende Quelle
der Spiritualität.«[1]

Spiritualität hat viele Gesichter, aber eines ist gewiss:
Sie war und ist tief im Menschen verwurzelt, und zwar
schon in den frühesten Zivilisationen. Ob man nun an eine
unsichtbare, allwissende Kraft, an die Wunder der Wissenschaft und des Universums oder schlicht an die Schönheit
des menschlichen Geistes glaubt, fast jeder von uns kennt
die innere Sehnsucht, ein Teil von etwas zu sein, das größer ist als wir selbst.

Zuletzt ist da noch die instinktive Seite unserer menschlichen Natur. Instinktiv zu handeln bedeutet, dass wir besonnen und offen sind und bewusst die Signale aufnehmen, die wir unaufhörlich von anderen Menschen, Tieren
sowie unserem Umfeld empfangen. Es heißt, dass wir unsere Verbindung zu unserem natürlichen Selbst und der
Natur verstehen und die gegenseitige Abhängigkeit anerkennen. Ich habe einen großen Teil meiner Kindheit in einem sogenannten Drittweltland in einer ländlichen Umgebung verbracht, wo unser Leben davon abhing, dass wir
mit Mutter Natur im Einklang waren. Als meine Familie
in die Stadt zog, spürte ich, wie sich eine Mauer zwischen

meinem Instinkt und dem zivilisierten Leben auftürmte, das ich nun führen sollte. Und nachdem ich nach Südkalifornien gekommen war, beobachtete ich, dass die Leute hier durch eine weitere Schicht intellektuellen, »vernunftbetonten« Lebens von ihren Instinkten abgeschirmt wurden.

Menschen folgen intellektuellen Leitfiguren. Sie folgen ebenso spirituellen und emotionalen Führern. Wir sind die einzige Spezies, die sich auch einem gänzlich unausgeglichenen, instabilen Anführer ergibt. Tiere – die meines Erachtens ebenfalls eine emotionale und eine spirituelle Seite haben – schließen sich allerdings *nur* einem instinktiven Führer an. *Ich glaube, der Verlust unseres Zugangs zu unserer instinktiven Seite verhindert, dass wir unseren Hunden gute Rudelführer sind.* Vielleicht ist das auch der Grund, weshalb wir als Hüter unseres Planeten offensichtlich versagen.

Wenn der Kontakt zu unseren Instinkten fehlt, sind wir gefährlich aus dem Gleichgewicht. Die meisten Menschen sind sich dessen vermutlich nicht bewusst. Aber glauben Sie mir, unsere Hunde wissen es; ihnen können wir nichts vormachen. Und wenn ich mir all die Verhaltensauffälligkeiten ansehe, um deren Beseitigung mich meine Klienten bitten, dann sind sie für mich ein Warnsignal dafür, dass wir zu unserem Instinkt und unserem Gleichgewicht zurückfinden müssen. Ausgeglichenheit entsteht dadurch, dass alle vier Aspekte – die intellektuelle, emotionale, spirituelle und instinktive Seite – im Einklang sind. Nur wenn wir ausgeglichen sind, können wir zu voll verwirklichten Geschöpfen von Mutter Natur werden.

Die gute Nachricht lautet, dass unser Instinkt tief in uns

verborgen liegt und nur darauf wartet, wiederentdeckt zu werden. Unsere besten Freunde und Gefährten, die Hunde, können uns helfen, unsere instinktive Natur zu neuem Leben zu erwecken. Mit diesem Buch lade ich Sie ein, etwas über das wahre Gleichgewicht im Leben zu lernen und es sich von den Menschen abzuschauen, die diese Lektion von ihren Hunden vermittelt bekamen. Unsere Tiere sind unser Spiegel – aber haben wir den Mut, ihnen in die Augen zu sehen und unser wahres Ich zu erkennen?

Der Tycoon

Ich war mit meiner Frau und meinen Kindern anlässlich der Party zum fünfjährigen Bestehen des National Geographic Channel in New York, als eine ehemalige Klientin anrief. Sie hatte mich einem ihrer Freunde empfohlen – einem Tycoon und ausgesprochen mächtigen Mann (Namen und Details dieses Falles wurden geändert). Er wollte mich sofort sehen, denn – wie er sagte –: »Meine Hunde bringen sich gegenseitig um.« Als ich hörte, wie viel er mir zahlen wollte, wäre ich wirklich fast ohnmächtig geworden. Aber obwohl das Angebot natürlich sehr verlockend klang, war das nicht der einzige Grund, aus dem ich zu ihm ging. Inzwischen war ich nämlich mehr als neugierig. Warum wollte ein derart reicher und mächtiger Mann einem ihm unbekannten »Experten für Hundeverhalten« so viel Geld nachwerfen, nur um zwei Tieren zu helfen? Wie konnte jemand, der im Umgang mit Menschen offensichtlich selbst ein höchst erfolgreicher »Rudelführer« war, zulassen, dass seine Hunde so weit außer Kontrolle gerieten?

Als ich in seiner Penthousewohnung ankam, war ich von den hohen Decken, den Marmorböden und den phantastischen, unschätzbar wertvollen Kunstwerken in allen Ecken überwältigt. So etwas hatte ich noch nie in meinem Leben gesehen. Aber mein Instinkt nahm sofort eine unausgeglichene Energie wahr. Das Dienstmädchen, das mir geöffnet und den Mantel abgenommen hatte, machte einen stillen, nervösen Eindruck, so als habe sie Angst, etwas falsch zu machen. Und während der Mann selbst eintrat und sich vorstellte, konnte ich beobachten, wie ihre Körpersprache noch zurückhaltender wurde. (Die Körpersprache – ganz gleich, welcher Spezies – ist die heimliche Sprache von Mutter Natur.) Als der Tycoon mich ansprach, wusste ich sofort, dass er auch mich als eine Art Dienstboten betrachtete.

Ich sah ihn mir an, wie ich das mit jedem potenziellen Klienten mache. Dabei beobachte ich einfach Energie und Körpersprache und prüfe, ob sie zu den Worten passen, die aus seinem Mund kommen. Der Tycoon war nicht groß, aber seine Haltung strahlte Stolz aus. Nur sein allmählich schütter werdendes Haar verriet sein fortschreitendes Alter. Am interessantesten waren seine Augen. Sie waren unglaublich intensiv und offenbarten einen erstaunlichen Intellekt, doch wie meine aufmerksame Frau später bemerkte: »Sie waren glasig, als ob er sein Gegenüber zwar ansähe, gleichzeitig aber über seinen nächsten Deal nachdächte. Er war nicht *bei* der anderen Person, sondern versuchte, herauszufinden, ob sich diese gewinnbringend einsetzen ließe.«

In Situationen wie diesen rufe ich mir ins Gedächtnis, dass ich der Hunde, *nicht* des mächtigen Klienten wegen da bin. Ich bedenke auch, dass Hunde kein Verhältnis zu Reichtum, Kunst und dem haben, was wir in der menschlichen Welt als »Macht« bezeichnen. Sie streben lediglich nach Gleichgewicht. Und natürlich war mir inzwischen ohne jeden Zweifel klar, dass ich mich in keinem ausgeglichenen Haushalt befand. Laut konnte ich natürlich lediglich anmerken, wie schön seine Wohnung war, und fragen: »Nun, wie kann ich Ihnen helfen?«

Der Tycoon erzählte mir, seine Hunde benähmen sich unmöglich und könnten sich nicht im selben Zimmer aufhalten, da sie sofort aufeinander losgingen und versuchten, sich gegenseitig umzubringen. Die Schuld an der Misere gab er sofort seiner Assistentin »Mary«. Er sagte, sie verwöhne die Hunde zu sehr und habe so dieses Verhalten verursacht.

Das war ein weiteres Warnsignal für mich. Sobald ein Klient einen anderen Menschen für die Probleme eines Hundes verantwortlich macht, muss ich an die alte Redensart denken: »Wenn du mit dem Finger auf mich zeigst, zeigen drei auf dich zurück.« Ein solches Verhalten verrät, dass ein Mensch nicht geerdet ist und sich nicht bemüht, die Verantwortung für sein Handeln zu übernehmen.

Natürlich wollte ich mir die Hunde erst einmal selbst ansehen. Willy und Kid waren zwei kleine, graue Zwergschnauzer, die – jeder in seinem Zimmer – ein Luxusleben führten. Sobald sie auf der Bildfläche erschienen, verwandelte sich der Tycoon, der noch eine Minute zuvor so einschüchternd gewirkt hatte, in einen kompletten Softie. »Hallo, Willy, hallo, Kid.« Seine Stimme wurde höher, und seine Gesichtszüge entspannten sich. Sogar der glasige Glanz in seinen Augen verschwand.

»Sie müssen diese beiden Hunde wieder hinkriegen, Mann. Sie sind mein Leben.« Die Verzweiflung in seinem

Tonfall, der vorher barsch und großspurig gewesen war, verriet mir, wie ernst er es meinte.

Insgeheim fragte ich mich natürlich bereits, weshalb dieser Mann, der offenbar keine Gefühle in die Menschen in seiner Umgebung investierte, so viel für diese kleinen Tiere empfand. Zunächst aber musste ich mich um das vordringliche Problem kümmern: Konnten diese beiden Hunde miteinander leben, ohne aufeinander loszugehen? Natürlich konnten sie das!

Ich ging zuerst zu Willy und sorgte dafür, dass er meine Dominanz anerkannte, dann ging ich zu Kid. Wenige Minuten später überlegte ich mir eine Strategie für das Zusammenleben der beiden, indem ich mich auf das Verhalten des Hundes konzentrierte, der im Augenblick das höhere Energie- und Aggressionsniveau hatte. Zufälligerweise war das Kid, der Liebling des Tycoons. Der hatte Willy schon die ganze Zeit die Schuld in die Schuhe geschoben, weil er »der Neue« war. Wie sich allerdings herausstellte, brach Kid meist die Auseinandersetzungen zwischen ihnen vom Zaun. Er war nicht von Natur aus dominant oder aggressiv und brauchte nur sehr wenige Korrekturen, bis er wusste, was Sache war. Jetzt hatte ich das Sagen und befahl ihm: »Keine Raufereien mit deinem Bruder.« Plötzlich kamen Willy und Kid direkt vor den Augen des Tycoons ganz wunderbar miteinander aus.

Wusste er das zu schätzen? Jedenfalls nicht sofort, das war nicht seine Art. Mir wurde klar, dass es für ihn ein Zeichen von Schwäche war, jemandem sein Wohlwollen zu zeigen. »Kann schon sein, dass Sie das hinkriegen, aber meine Leute schaffen das nie. Es ist völlig unmöglich, die beiden zusammenleben zu lassen. Sie werden sich umbringen.«

Ganz gleich, was ich ihm sagte oder auf welche Weise ich ihm zu erklären versuchte, wie einfach er und seine Angestellten es mir nachmachen konnten – er kehrte immer wieder zu seinen negativen, angstbesetzten Erinnerungen zurück. Seine Nervosität ließ nicht nach, und nun war auch noch ein wütender, vorwurfsvoller Unterton zu hören.

Bei jener ersten Begegnung wurde mir klar, dass ich in diesem Augenblick kaum hoffen konnte, zu ihm durchzudringen. Schließlich hatte er mich wie fast alle meine Kunden engagiert, damit ich *seinen Hunden* half – nicht *ihm selbst*. Die meisten Klienten zeigen allerdings irgendwann die Bereitschaft, sich wenigstens anzusehen, auf welche Weise ihre Hunde ihr Verhalten spiegeln. Hier war jedoch sonnenklar, dass Mr. Tycoon überzeugt war, *selbst* keine Hilfe zu brauchen. Er schob die Schuld weiterhin auf seine Assistentin, seine Angestellten – auf praktisch ganz Manhattan.

Während ich versuchte, ihn wirklich zu erreichen, fiel mir auf, dass er den Blickkontakt vermied. Er sah auf die Uhr und ließ die Augen abwesend im Raum schweifen. In der Tierwelt bezeichnen wir das als Vermeidungsverhalten. Die Natur kennt vier Möglichkeiten, mit Bedrohungen umzugehen: Kampf, Flucht, Vermeidung oder Unterordnung. Ich rüttelte an seiner Weltsicht, und er kämpfte, floh und vermied wie aufs Stichwort. Es war nicht der Tag, an dem sich dieser mächtige Mann der Frage stellen würde, inwiefern sich seine eigenen Probleme im Verhalten seiner Hunde spiegelten.

Aber dieser Tag sollte bald kommen.

Hunde unter Druck

Wie Willy und Kid sind viele amerikanische Hunde einem zu hohen Erwartungsdruck seitens ihrer menschlichen Besitzer ausgesetzt. »Druck?«, fragen Sie möglicherweise. »Ich behandle meine Hunde besser als meine Kinder. Meine Hunde bekommen wirklich alles, was sie wollen. Wo ist denn da der Druck?«

Nun, wenn das auch bei Ihnen so sein sollte, habe ich Neuigkeiten für Sie. Jedes Mal, wenn Sie Ihren Hund vermenschlichen und er in Ihrem Leben die Position eines abwesenden Kindes, Liebhabers, Freundes oder Elternteils ausfüllen soll, stellen Sie unrealistische Erwartungen an ihn. Sie nehmen ihm seine Würde – die Würde, ein Hund zu sein. Er ist ein Teil von Mutter Natur und deshalb automatisch darauf programmiert, sich nach einem geregelten Leben zu sehnen, für Nahrung und Wasser zu arbeiten und unter den Augen eines getreuen Rudelführers die Regeln und Richtlinien eines geordneten Sozialsystems zu befolgen. Falls Sie Ihrem Hund dies vorenthalten, gleichzeitig aber all die Gefühle, die Zuneigung und die Nähe auf ihn projizieren, die Sie bei den Menschen in Ihrem Leben vermissen, ist das ihm gegenüber höchst unfair – und könnte Sie durchaus zum Grund für sein schlechtes Benehmen machen.

Wie kann ich beweisen, dass wir Angehörigen der westlichen Gesellschaft – vor allem der amerikanischen – von unseren Hunden verlangen, die falschen Lücken in unserem unausgeglichenen menschlichen Leben zu füllen? Zuallererst wären da meine Klienten. Auf den folgenden Seiten werden Sie einige Fälle sowohl aus meiner privaten

Praxis als auch aus meiner Fernsehserie kennenlernen, die deutlich zeigen, wie die Besitzer fälschlicherweise die Erfüllung der verschiedensten psychologischen Bedürfnisse auf ihre Tiere übertragen. Aber es gibt auch noch andere Hinweise.

Nehmen wir zum Beispiel die folgende Umfrage der American Animal Hospital Association aus dem Jahr 2004 unter 1019 Haustierbesitzern.[2] Gestellt wurde unter anderem die Frage: »Sie sind auf einer einsamen Insel gestrandet. Wessen Gesellschaft wäre Ihnen lieber – die eines Menschen oder die eines Tiers?« Denken Sie kurz darüber nach. Die Teilnehmer hatten die uneingeschränkte Wahl, wen sie auf die Insel mitnehmen wollten – Angelina Jolie, Brad Pitt, Jennifer Lopez, Antonio Banderas. Und so ergeben ich meinem Rudel im Dog Psychology Center auch bin, würde ich mich doch ohne Zögern für meine Frau Ilusion entscheiden.

Wen aber wählten die Umfrageteilnehmer? 50 Prozent entschieden sich für ihren Hund oder ihre Katze!

Die Umfrage ergab auch, dass 80 Prozent der Haustierbesitzer »Kameradschaft« als Hauptgrund für die Anschaffung eines Tiers nannten, statt ihn als Spielkameraden für das Kind, zum Schutz, zum Geldverdienen und zu Zuchtzwecken geholt oder sich aus anderen Gründen dafür entschieden zu haben. 72 Prozent nannten »Zuneigung« als die attraktivste Eigenschaft ihres Haustiers. 79 Prozent machten ihm an Geburts- und/oder Feiertagen regelmäßig Geschenke. 33 Prozent sprachen über das Telefon oder den Anrufbeantworter mit ihm, und 62 Prozent gaben zu, Briefe oder Karten im eigenen Namen und dem ihrer Haustiere zu unterzeichnen.

Hier noch eine faszinierende Statistik: Eine Studie von

Alterswissenschaftlern der medizinischen Fakultät der Universität St. Louis aus dem Jahr 2006 kam zu dem Ergebnis, dass sich Senioren in Altersheimen weniger einsam fühlten, wenn sie etwas Zeit mit einem Hund verbracht hatten, als nachdem sie sowohl mit einem Hund als auch mit anderen Menschen zusammen gewesen waren.[3] Das Gute daran ist, dass Tiere ihre Einsamkeit lindern konnten. Tiere haben diese Macht. Der Nachteil aber ist, dass sich die Menschen stärker mit dem Tier als mit ihren Artgenossen identifizieren.

Wer im Glashaus sitzt …

Ein Sprichwort besagt: »Wer im Glashaus sitzt, soll nicht mit Steinen werfen.« Nun, jetzt muss ich Ihnen wohl von meinem eigenen Glashaus erzählen. Es ist recht zerbrechlich, aber viele harte Schicksalsschläge haben mich schließlich gelehrt, dass es keine Schwäche ist, eine Schwäche zuzugeben. Als ich nach Amerika kam, war ich der felsenfesten Überzeugung, dass die Beziehung zu den Hunden in meinem Leben letztes Endes eine größere Bedeutung haben würde als mein Verhältnis zu den Menschen. Ich meinte, Frauen waren zum Vergnügen da, und mit Männern pflegte man in der Arbeitswelt Umgang. Das war's. Weshalb sollte man sich mit Menschen abgeben, wenn es Hunde gab?

Ich bin in Mexiko aufgewachsen, wo meine Familie zwischen der auf dem Land gelegenen Farm meines Großvaters und der geschäftigen Stadt Mazatlán hin- und herpendelte. Dort gingen wir zur Schule, und mein Vater verdiente da seinen Lebensunterhalt. Ich habe die Stadt

Grundlagen der Hundepsychologie

— Wenn ein Hund auf die Welt kommt, nehmen zuerst seine Nase, dann die Augen und zuletzt die Ohren die Arbeit auf. Am stärksten ist sein Geruchssinn ausgeprägt. Der Spruch »Ich glaube, was ich sehe« wird in der Hundewelt zu »Ich glaube, was ich rieche«. Sparen Sie sich also die Mühe, das Tier anzuschreien. Es achtet auf Energie und Geruch und nicht auf Ihre Worte.

— Hunde kommunizieren unaufhörlich über ihren Geruch, ihre Körpersprache und ihre Energie miteinander (und mit anderen Tieren). Sie tauschen sich auch ständig mit Ihnen aus, obwohl Ihnen unter Umständen nicht klar ist, welche Signale Sie senden. Was Ihre Gefühle angeht, so können Sie einen Hund *niemals* belügen.

— Die Rudelmentalität ist in einem Hund tief verankert. Wenn Sie nicht selbst die Führung übernehmen, wird er das dadurch kompensieren wollen, dass er seinerseits dominantes oder instabiles Verhalten zeigt.

— Hunde halten sich zu keiner Zeit für Menschen — was viele Haustierbesitzer gern denken. Sie sind ausgesprochen glücklich damit, sie selbst zu sein. Falls Sie jemandem erzählen, Ihr Hund halte sich für einen Menschen, handelt es sich mit großer Wahrscheinlichkeit um ein Tier, das weiß, dass es *Ihr* Anführer ist.

— In der Welt der Hunde ist man entweder stabil oder instabil, ein Führer oder ein Folger.

— Das natürliche »Ziel« eines Hundes ist die Verbundenheit, er möchte ein harmonisches, geerdetes und ausgeglichenes Leben im Einklang mit Mutter Natur führen.

— Hunde leben *im Augenblick*. Sie schwelgen weder in Erinnerungen an die Vergangenheit, noch sorgen sie sich um die Zukunft. Deshalb können sie instabiles Verhalten sehr schnell hinter sich lassen — wenn wir es ihnen gestatten.

nie gemocht und mich stets nach dem einfacheren, natür-
licheren Leben auf dem Bauernhof gesehnt. In der Stadt
machten mich die vielen Menschen mit allen Möglichkeiten bekannt, wie man Macht und Status erlangen konnte –
Arbeit, Geld, berufliche Stellung, gute Noten, Sex. Trotzdem hatte ich das Gefühl, dass mein »wahres Ich« in
dieser Aufzählung nicht vorkam. Der Mittelpunkt meines
Lebens war meine Verbundenheit mit den Hunden. Sie
sorgte dafür, dass ich weitermachte und konsequent auf
meinen Traum hinarbeitete. Zudem schenkte sie mir die
Gesellschaft von Gefährten, die mein emotionales Bedürfnis nach Akzeptanz und Liebe erfüllten. In der Gegenwart
der Hunde musste ich mir keine Sorgen machen, wie in
einer Gruppe von Menschen beurteilt zu werden. Sie akzeptierten mich frag- und urteilslos als ihren Rudelführer.

Ich denke, viele Menschen können sich mit meinen Gefühlen von damals identifizieren. Ein Hund ist unkritisch
und lebt im Augenblick, vergibt also ganz automatisch alle
Fehler, die Sie möglicherweise machen. Er ist jederzeit loyal und vertrauenswürdig. Da ich Menschen für kritisch,
nachtragend und nicht vertrauenswürdig hielt, waren
Hunde für mich bei weitem die bessere Wahl als Kame-
raden.

Jahre später rüttelte meine Frau Ilusion mich wach und
machte mir klar, dass man wegen einiger unschöner Begegnungen mit ein paar Artgenossen nicht gleich seine
ganze Art mit Verachtung strafen kann. Welche andere
Spezies auf dem Planeten tut das schon? Keine! *Menschliche Nähe* ist ein viel höheres Ziel – zur eigenen Frau, den
Kindern, den Eltern und Freunden. Wahre Intimität innerhalb der eigenen Art ermöglicht es uns, sie auch auf unsere

Beziehungen zu anderen Arten zu übertragen. Nachdem ich jahrelang mit amerikanischen Hunden gearbeitet hatte und von ihnen verblüfft worden war, merkte ich schnell, dass sich das Lager der Tierliebhaber in zwei Gruppen spaltete: Bei den einen waren die Kelche zu beinah gleichen Teilen mit der Liebe zu den Menschen und der Liebe zu den Tieren gefüllt; bei den anderen hatte sich das Verhältnis stark in eine Richtung verschoben. Wer weiß, wie ich mich ohne Ilusion entwickelt hätte? Schließlich schenken Tiere uns bedingungslose Liebe. Andererseits können sie nicht alle Bedürfnisse unserer Art befriedigen, und was noch wichtiger ist: Nur weil Sie und Ihr Hund möglicherweise in bedingungsloser Liebe verbunden sind, heißt das noch lange nicht, dass er auch gesund oder ausgeglichen wäre.

Der gewandelte Tycoon

Mein neuer Freund, besagter Tycoon, ist ein vortreffliches Beispiel für einen Menschen, dessen emotionaler Kelch bei seinen Hunden überfloss, in seinen zwischenmenschlichen Beziehungen aber leer blieb. Nach unserer ersten Sitzung machte er immer noch seine Assistentin Mary für das unerwünschte Verhalten seiner Hunde verantwortlich.

Der nächste Schritt in meiner Beziehung zu ihm war Teil 2 des Rehabilitationsprozesses seiner Hunde: ihre Sozialisation mit Artgenossen im Dog Psychology Center in Los Angeles. Ob Sie's glauben oder nicht, der Tycoon ließ jeden Hund einzeln in seinen Privatjet setzen und sie nacheinander in Begleitung seiner Assistentin quer durchs ganze Land nach LA fliegen. Stellen Sie sich das einmal vor: Der Jet fliegt viermal hin und her und hat dabei jedes Mal nur einen Hund und eine Assistentin an Bord…! Und dies auf Geheiß eines Mannes, der jeden Penny wie seinen Augapfel hütet. Wie auch immer man das beurteilen mag – Sie können sich also ein Bild davon machen, wie viel ihm diese Hunde in psychologischer und emotionaler Hinsicht bedeuteten. Leider konnte er nur sehr wenigen Menschen in seinem Leben vergleichbare Gefühle entgegenbringen.

Im Rahmen meiner Arbeit im Center kam es vor allem darauf an, seiner Assistentin Mary zu vermitteln, wie sie mit ruhiger und bestimmter Energie Willy und Kid gleichzeitig führen konnte. Allerdings gab es da eine Riesenhürde – sie hatte offensichtlich fürchterliche Angst zu versagen. Denn wenn sie es nicht schaffte und die Hunde zu Schaden kämen, so glaubte sie, würde man ihr die Schuld geben, und dann wäre ihr Chef nicht nur wegen der Sache mit den Hunden aufgebracht, sondern würde auch noch den angestauten Frust aus all seinen anderen Lebensbereichen an ihr und den übrigen Angestellten auslassen.

Bis zu meiner nächsten Begegnung mit dem Tycoon und während meiner Arbeit mit den Hunden bot sich mir die Gelegenheit, mit mehreren seiner Mitarbeiter zu sprechen, die alle extreme Angst vor diesem Mann hatten. Das waren natürlich ausnahmslos erwachsene Menschen mit einem freien Willen. Jeder von ihnen hätte theoretisch jederzeit kündigen können. Sie mussten keine Opfer bleiben. Aber aus meiner Arbeit mit Hunden und Menschen weiß ich, dass selbst winzige Mengen negativer Energie in einer ganzen Gemeinschaft widerhallen können – ob es sich dabei um ein Klassenzimmer, eine Firma, ein Land

oder ein Hunderudel handelt. Extrem negative Energie
wie bei einer depressiven Erkrankung kann Menschen *oder*
Tiere tatsächlich glauben machen, sie seien hilflos oder
»säßen fest«. Und die negative Energie dieses Mannes war
ausgesprochen stark. Seine Angestellten behaupteten sogar, die Lichter in seiner Penthousewohnung würden kurz
aufflackern, wenn er sich auf dem Heimweg befand! Er
beherrschte sie mit ihrer Angst.

Sobald Willy und Kid im Dog Psychology Center ein-
trafen, half mein Rudel den beiden dabei, endlich wieder
Hunde zu sein. Sie lernten, sich ihren Artgenossen höflich
zu nähern – mit der Nase voraus – und sich zu beschnuppern, um sich miteinander bekannt zu machen, und nicht
sofort eine Verteidigungs- oder Angriffshaltung einzunehmen. Sie lernten, mit dem Rudel zu laufen und sich als
Teil einer »Familie« zu fühlen. Sie lernten, mit Artgenossen zu spielen und alle Menschen als Rudelführer zu akzeptieren.

Aber natürlich waren nicht nur Willy und Kid rehabili-
tationsbedürftig. Wie das bei meinen Klienten sehr häufig
der Fall ist, hatten die Menschen das Problem verursacht.
Da ich im Augenblick noch keinen Zugang zum Tycoon
hatte, veränderten wir zunächst Marys Energie. Sie war
eine kluge, tüchtige und äußerst fähige Frau. Sie konnte
Millionen Dinge gleichzeitig tun. Aber bei Willy und Kid
verlor sie all ihr Selbstvertrauen. Sie hatte schreckliche
Angst, dass ihr Chef sie feuern würde, falls den beiden in
ihrer Obhut etwas zustieße.

Mary und ich arbeiteten an ihrer ruhigen, bestimmten
Energie. Wir arbeiteten an ihrer Atmung und an ihrer Körperhaltung und daran, wie sie sich im Geiste an einen Ort

reiner Positivität und überragenden Selbstvertrauens versetzen konnte. In ihrem Herzen war sie bereits eine Rudelführerin – sie wusste es nur noch nicht! Ihre neue ruhige, bestimmte Energie zahlte sich später auch auf eine Weise aus, wie sie sich das niemals hätte träumen lassen. Jedenfalls war sie am Ende unserer gemeinsamen Tage restlos überzeugt, Willy und Kid im Griff zu haben.

Nun war es Zeit für eine weitere persönliche Begegnung mit dem Tycoon in seiner Villa in Beverly Hills. All die Warnungen seiner Angestellten hatten meine Entschlossenheit nur noch gestärkt. Ich wollte ihn damit konfrontieren, auf welche Weise sein unausgeglichener Lebensstil seinen Hunden schadete – von seinem gesamten weiteren Umfeld ganz zu schweigen.

»Niemand spricht so mit Mr. Tycoon!«, warnte mich Mary.

Aber was soll ich sagen, der Mann hatte mich mit einer Aufgabe betraut, und ich würde sie erfüllen, so gut ich konnte. Ich würde mir jeden einzelnen Cent verdienen, den er mir bezahlte – ob er das nun wollte oder nicht. Ich hatte nichts zu verlieren, und die Hunde hatten alles zu gewinnen.

Der Blick in den Spiegel

Der Tycoon und ich saßen in seinem piekfeinen Wohnzimmer, und ruhig, aber bestimmt brachte ich das Gespräch darauf, dass möglicherweise weder seine Hunde noch seine Assistenten, sondern er selbst das Problem war. Wieder begann das Vermeidungsverhalten: Sein Blick wanderte, sein Fuß klopfte auf den Boden, und er sah unentwegt auf die Uhr. Er wollte nicht hören, was ich zu sagen hatte. Er war der Ansicht, er habe seine Hunde wie Haushaltsgeräte zu mir zum Richten gebracht. Ich sollte seiner Assistentin klarmachen, dass es jede Menge Ärger geben würde, wenn die Tiere nicht spurten, und damit basta. Doch dieses Mal unterbrach ich mich mehrmals und sprach ihn resolut auf sein Vermeidungsverhalten an. »Sie hören mir nicht zu, oder?«, fragte ich.

»Natürlich höre ich zu«, erwiderte er deutlich verärgert, weil jemand es wagte, ihn deswegen zur Rede zu stellen.

Dann sprach ich weiter, um mich erneut zu unterbrechen: »Wie kann ich mit Ihnen sprechen, wenn Sie mir nicht zuhören?«

Nun wurde er wirklich wütend. »Aber ich *höre* doch zu!«, antwortete er.

»Nein, Sie sehen hier- und dahin. Sie schauen überallhin, nur nicht zu mir. Sie sollten sich wirklich anhören, was ich zu sagen habe.«

Schließlich explodierte er: »Sie dominanter Mistkerl!«, fuhr er mich an. Aus seinem Mund war das offenbar ein Kompliment, denn für gewöhnlich ordnete er sich niemandem unter. Irgendwie hatte ich mir – zumindest einen Augenblick lang – seinen Respekt verschafft, weil ich nicht zurückgewichen war. »In Ordnung«, sagte er barsch. »Ich habe fünf Minuten.«

»Gut«, erwiderte ich, »Sie schenken mir fünf Minuten lang Ihre volle Aufmerksamkeit, und wir können wirklich etwas bewegen. Wir können viel schaffen. In fünf Minuten lässt sich viel erreichen, aber wir brauchen fünf 100-Prozent-Minuten.«

Im Gespräch mit einem Klienten bin ich im Vorteil, weil ich mich auf Umwegen an seine persönlichen Schwierigkeiten herantasten und sie ansprechen kann. Wir beginnen mit einer Unterhaltung über die Hunde und dringen dann zum wahren Kern des Problems vor – dem Menschen. So war es auch mit dem Tycoon. Es faszinierte mich, dass er seine gesamten emotionalen Bedürfnisse auf diese Hunde übertragen hatte, aber nur wenigen Familienmitgliedern oder Freunden vertraute. Nach und nach kam seine Geschichte heraus. Als Junge hatte er sehr viel Angst und Unsicherheit überwunden, indem er ständig Spitzenleistungen brachte. Sein Leben lang galt seine gesamte Aufmerksamkeit nur einem einzigen Ziel: Ich muss der Beste sein! Und es hatte funktioniert. Seine Strategie hatte ihn reich und mächtig gemacht. Aber sie stieß auch viele Menschen ab. Er konnte mit anderen wetteifern oder sie beherrschen, aber er konnte ihnen niemals nahe sein. Und so spielte sich in seinem Leben immer dieselbe alte Geschichte ab. Es überraschte mich nicht, dass unter der furchterregenden Hülle ein gutes Herz schlug, das er verzweifelt mit seinen Hunden zu teilen versuchte. Aber Tiere lassen sich nicht täuschen. Die negative Energie war stärker und brachte sie – und alle anderen in seinem Umfeld – aus dem Gleichgewicht.

Ich bin gewiss kein Psychologe. Allerdings ist das auch gar nicht nötig, denn sehr oft kann selbst der schlechteste Beobachter sehen, wie sich die Probleme der Besitzer im Fehlverhalten der Hunde widerspiegeln. Der Tycoon favorisierte unbewusst einen von beiden – Kid. Er wollte nicht glauben, dass Kid Willy angriff und nicht umgekehrt. Wie bei ihm drehte sich im Leben der Hunde alles um Konkurrenz, nicht um Kooperation.

Anfangs fiel es dem Tycoon nicht leicht, meine Worte zu hören. Wie konnte ich einen Mann als unausgeglichen bezeichnen, der so genial war, dass er viele hundert Millionen Dollar verdiente und unzählige erfolgreiche Unternehmen führte? Wie konnte ich behaupten, er sei kein guter Anführer, wenn er den lieben langen Tag den Laden schmiss? Brauchte es denn keine Führungsqualitäten, um in der internationalen Finanzwelt Geschäfte zu machen? War dazu denn nicht auch Instinkt nötig?

Ich versuchte, ihm zu erklären, dass er in der Welt der Menschen in der Tat als Führungspersönlichkeit galt und natürlich über einen außerordentlichen Geschäftssinn verfügte. Aber die Strategien und Instinkte, die im Business und in der Politik funktionieren, decken sich nicht immer mit dem Vorgehen von Mutter Natur. Sie ist den Schwachen gegenüber grausam, aber niemals vorsätzlich gemein oder negativ. Sie spart sich Aggression für Extremsituationen auf und bedient sich stattdessen der Dominanz – also der konsequenten Führung –, um dafür zu sorgen, dass alles »problemlos« läuft. Mutter Natur herrscht nicht mit Angst und Wut, sondern mit ruhiger Stärke und Durchsetzungskraft.

Das Erstaunliche am Tycoon war seine große Liebe zu seinen Hunden. Er liebte sie so sehr, dass er bereit war, sich zu ändern. Schließlich war es mir *doch* gelungen, Gehör zu finden. Er war es gewohnt zu reden, Befehle zu geben und Vorträge zu halten – aber nicht zuzuhören. Als Zuhörer zeigte er eine ganz andere Seite seiner selbst. Ich erfuhr, dass er sehr wohltätig und es seine Leidenschaft ist, armen Kindern einen Ferienlageraufenthalt zu ermöglichen. Allerdings lässt er an diesem Aspekt seines Wesens nur sehr wenige Menschen in seinem Leben teilhaben. Möglicherweise hält er jene »sanftere Seite« für eine Schwäche, obwohl ich sie als Stärke werte.

Ich habe dieses Buch mit dem Fall des Tycoons begonnen, weil es das extremste mir bekannte Beispiel dafür ist, wie stark der Einfluss eines unausgeglichenen Menschen sowohl seine Hunde als auch die Menschen in seiner Umgebung stören kann. Es zeigt auch ganz wunderbar, wie der ehrliche Blick in den Spiegel uns wieder ins Gleichgewicht bringen und sich positiv auf unser Umfeld auswirken kann.

Es freut mich, berichten zu können, dass dieser Mann seit der Arbeit mit seinen Hunden sehr viel öfter einen Blick auf seine herrliche sanftere Seite gewährt. Seiner Assistentin Mary zufolge hat er sich im Umgang mit den Menschen, die ihm am nächsten stehen, tatsächlich verändert. Sie erzählte mir, dass er ihr zum ersten Mal wirklich zugehört und nicht nur ihre Dankbarkeit für ihre üppige finanzielle Entlohnung erfahren, sondern auch ihre klare Bitte um mehr Wertschätzung und eine bessere Behandlung vernommen habe. Sie hatte stets gewusst, dass sich unter dem Panzer ein menschliches Wesen verbarg und dass dieser Mann endlich auch den anderen Menschen Gehör schenken musste, damit er spüren konnte, wie sehr er sie beeinflusste – und dabei nicht nur ihre Angst und ihre Dankbarkeit, sondern auch den Schmerz empfand, den er ihnen zugefügt hat. Seiner Assistentin zufolge macht er hier große Fortschritte.

Die ganze Angelegenheit erinnert mich ein wenig an die *Weihnachtsgeschichte* von Charles Dickens. Der Tycoon ist jetzt wie Ebenezer Scrooge, nachdem er am Weihnachtsabend Besuch von den drei Geistern bekommen hat. Al-

lerdings brauchte er keine Gespenster, damit er die un-
schöne Wahrheit über sich selbst erfahren konnte – er
hatte seine beiden Hunde!

Die Geschichte hat noch ein Happy End. Die Hunde
kommen wunderbar zurecht, und auch Mary fand zum
ersten Mal seit ihrer Anstellung den Mut, dem Tycoon
mitzuteilen, dass sie Urlaub nehmen würde! Und sie tat es
aus einer Position der Stärke heraus. Sie sprach ihn darauf
an und stellte ihm mehrere mögliche Urlaubstermine zur
Wahl. Fall erledigt.

All das kann eine ruhige, bestimmte Energie in Ihrem
Leben leisten – sie beeinflusst so viel mehr als nur Ihre
Hunde. In den folgenden Kapiteln werden Sie noch viele
ähnlich inspirierende Geschichten lesen.

Und die Moral von der Geschicht? Ganz gleich, wie
viel Geld oder Macht, wie viele akademische Grade oder
wie viele unschätzbar wertvolle Kunstwerke Sie besitzen –
Ihren Hunden ist das egal. Ihnen kommt es auf Ihre Ausgeglichenheit an, denn sie sind Rudeltiere, und deshalb fällt
jede Instabilität auf sie zurück. Hunde wissen, wie wohl
Sie sich in Ihrer Haut fühlen, wie glücklich Sie sind, wie
viel Angst Sie haben und woran es Ihnen in Ihrem Inneren fehlt. Sie können es Ihnen nicht sagen, aber sie wissen ganz genau, wer Sie sind. Fragen Sie einen Menschen:
»Sind Sie glücklich?« Wie mein Freund, der Tycoon, werden
einige von ihnen antworten: »Aber natürlich« – und entweder nicht wissen oder vertuschen, dass dem gar nicht so
ist. Und dann sehen Sie den Hund. Er kann seine Gefühle
nicht verstecken und ist ganz offensichtlich nicht glücklich.
Betrachtet man das Tier, wird sonnenklar, wie ausgeglichen
oder unausgeglichen sein menschlicher Gefährte ist.

Unsere Hunde sind unsere Spiegel. Wann haben Sie zuletzt einen Blick hineingeworfen? Wenn mein Freund, der Tycoon, in den Spiegel sehen und sich den Dämonen stellen konnte, die ihn schon sein Leben lang verfolgen, wenn er nicht nur seinen Hunden, sondern auch den Menschen in seinem Umfeld das Leben schöner machen konnte, dann vermag das ein jeder von uns. Deshalb sage ich, wenn Sie lernen, die Kraft der ruhigen, bestimmten Energie zu nutzen, können Sie nicht nur das Verhalten Ihres Hundes, sondern gleich Ihr ganzes Leben verbessern. Wenn wir bereit sind, unseren Hunden zu folgen, können sie uns wieder in unser naturgegebenes Gleichgewicht bringen.

TEIL EINS

Wie Sie Ihren Hund ins Gleichgewicht bringen

»Freude an einem Hund haben Sie erst,
wenn Sie nicht versuchen, aus ihm einen halben
Menschen zu machen. Ziehen Sie stattdessen doch
einmal die Möglichkeit in Betracht,
selbst zu einem halben Hund zu werden.«

Edward Hoagland

»Ein Hund ist nicht ›fast ein Mensch‹,
und ich kenne keine größere Beleidigung des Hundes,
als ihn so zu bezeichnen.«

Stanley Coren

Die Geschichte des Tycoons kann uns lehren, dass Hunde uns den Spiegel vorhalten und wir uns, damit sie ein ausgeglichenes Leben führen können, nicht nur ihren, sondern auch unseren Problemen stellen müssen.

In diesem Buch geht es um Sie und Ihren Hund – um sein schlechtes Benehmen und Ihre Hilflosigkeit. Oder Ihren Mangel an Konsequenz. Oder Ihre Wut. Oder Ihre Frustration. Beginnen wir mit dem einfacheren Teil der Gleichung, mit Ihrem Hund und seinen Problemen – da Sie an diesem Punkt vielleicht denken, seine Schwierigkeiten hätten nichts mit Ihnen zu tun.

Ich glaube, dass 99 Prozent aller Hunde ein erfülltes, glückliches, ausgeglichenes Leben führen können. Die folgenden Kapitel sollen Ihnen ein besseres Verständnis für das Denken und die Bedürfnisse Ihres Tieres vermitteln – und dafür, wie Sie sie befriedigen können.

1. INSTABILITÄT ERKENNEN

»Es gab etwas, was ich ihm noch nie gesagt hatte,
niemand hatte es ihm je gesagt.
Ich wollte, dass er es hörte, bevor er ging.
›Marley‹, sagte ich, ›du bist ein *ganz toller* Hund.‹«

John Grogan

Woher wissen Sie, dass Ihr Hund unausgeglichen ist? Wie
viele meiner Klienten, *wissen* Sie es einfach. Ihr Hund wird
aggressiv, wenn er beim Spazierengehen oder im Hundepark auf Artgenossen trifft. Oder heult stundenlang, wenn
Sie aus dem Haus gehen. Oder er läuft zwanghaft davon.

All das verwirrt Sie, denn der Familienhund in Ihrer Kindheit war perfekt – oder zumindest ist er Ihnen so im Gedächtnis geblieben. Im bernsteinfarbenen Glanz Ihrer Erinnerung war Ihr geliebter Blackie sanftmütig, gehorsam und hielt sich gern im Hintergrund. Er war von Natur aus gesellig und kam mit allen fremden Menschen und Hunden zurecht. Er holte Ihnen den Tennisball, begleitete Sie zur Schule und pinkelte niemals ins Haus. Wieso also gräbt Ihr neuer Hund den Garten um? Warum versteckt er sich unter dem Tisch, wenn der Müllwagen vorbeifährt? Was in aller Welt ist los mit ihm, dass er sich wie verrückt im Kreis dreht, sobald er ein wenig Aufregung verspürt?

Die meisten meiner Klienten mit einem unausgeglichenen Hund gehen einfach davon aus, dass ihm schon von Geburt an etwas fehlt – oder er irgendeine geistige Störung hat. Falls er von einem Tierheim stammt, basteln sie sich eine Geschichte zusammen: In seinem früheren Zuhause hat er derart traumatische Erfahrungen gemacht, dass er niemals über den schrecklichen Missbrauch hinwegkommen wird, den er in den dunklen, einsamen Jahren erdulden musste, ehe sie in sein Leben traten. Es ist also vollkommen verständlich, dass er niemals ausgeglichen sein wird, und deshalb sollten Sie sich auch nicht beschweren, sondern vielmehr tolerant bleiben und aufrichtig Mitleid mit ihm haben, wenn er das Sofa vollpinkelt, sobald Sie den Fernseher einschalten … Wie können Sie ihn kritisieren, wenn er jeden beißt, der sich seinem Futternapf nähert, wo Sie doch wissen, was er in seinem kurzen traumatischen Leben alles durchgemacht hat? Sie beschließen, dass sie sich wegen all dessen, was er schon erlebt hat, eben damit abfinden müssen, mit einem unausgeglichenen Hund zu leben. Das sind Sie ihm schuldig.

Alle Hunde sind wunderbar

Die Wahrheit über Hunde ist jedoch, dass sie sich wegen ihrer Vergangenheit nicht schlecht fühlen. Sie reiten nicht auf ihren schlimmen Erinnerungen herum. Der Homo sapiens ist die einzige Art, die das tut. Hunde leben im Augenblick. Wenn sie sich im Moment wirklich sicher fühlen, lassen sich alle vorherigen Konditionierungen ändern – vorausgesetzt, wir widmen der Sache Zeit, Geduld und Konsequenz. Hunde lassen Altes oft sehr schnell hinter sich. Wie alle anderen Kinder von Mutter Natur streben sie ganz automatisch nach dem Gleichgewicht. Viel zu häufig liegt es an uns, den Menschen, wenn der Ausgleich unwissentlich verhindert wird.

Eine unserer edelsten Eigenschaften ist unser Mitgefühl. Sind Menschen – oder Tiere –, die uns am Herzen liegen, in Not, dann fühlen wir mit ihnen. Wir leiden, wenn sie leiden. Aber in der Tierwelt ist Leid schwache Energie. Mitleid ist schwache Energie. Das Beste, was wir für Tiere mit einer schlimmen Vergangenheit tun können, ist, sie mit Bestimmtheit in die Gegenwart zu holen. Kurz gesagt wartet das unkontrollierbare, neurotische Monster in Ihrem Leben nur darauf, dass Sie ihm beherzt helfen und ihm konsequent zeigen, wie es einer der besten Hunde der Welt werden kann!

»Marley & Ich«

John Grogans Buch *Marley & Me* (deutsch: *Mein Hund Marley & Ich. Unser Leben mit dem frechsten Hund der Welt*) tauchte im November 2005 auf den US-Bestseller-listen auf und ist – während ich diese Zeilen schreibe – immer noch unter den Top Ten. Verständlich, denn die lustige, anrührende Geschichte vom liebenswerten, aber völlig außer Kontrolle geratenen Labrador Marley könnte leicht als Lebensgeschichte vieler Hunde meiner Klienten durchgehen. Er macht alles kaputt, gehorcht nur selten, zeigt gelegentlich zwanghaftes Verhalten und ist völlig un-berechenbar.

Auf dem Umschlag der amerikanischen Ausgabe wird er sogar als »wunderbar neurotisch« bezeichnet. Meiner Meinung nach verbirgt sich in der Verbindung der beiden Wörter »wunderbar« und »neurotisch« einer der Gründe, weshalb es in Amerika und anderen westlichen Gesell-schaften so viele unausgeglichene Tiere gibt. Zahlreiche Menschen, die ihre Hunde lieben, halten deren Verhal-tensauffälligkeiten lediglich für »Marotten«. Als der Autor John Grogan dem jüngst verstorbenen Marley im *Philadel-phia Inquirer* öffentlich Tribut zollte, hielt er seinen ehe-maligen Gefährten noch für einmalig – für den »frechsten Hund der Welt«. Doch schon bald wurde er mit Briefen und E-Mails überschüttet, die ihn davon in Kenntnis setz-ten, dass er im Grunde nur eines der Mitglieder im riesi-gen »Bad-Dog-Club« war.

»Meine Inbox glich einer Fernseh-Talkshow«, schreibt Grogan. »»Böse Hunde und die Menschen, die sie lieben‹, wo die Opfer bereitwillig auftreten und mit Stolz nicht etwa die Liebenswürdigkeit ihrer Tiere, sondern deren schlechte Eigenschaften beschreiben.« Doch wie vielen meiner Klienten fehlt diesen wohlmeinenden Hundefreunden möglicherweise das Verständnis dafür, dass es ihr Tier keineswegs glücklich macht, sich ganz fürchterlich aufzuführen.

Ich war entzückt, als mich die wunderbare Familie Grogan im letzten Jahr tatsächlich engagierte. Sie nahmen im Rahmen meiner Fernsehserie »Dog Whisperer« im National Geographic Channel Kontakt mit mir auf und luden mich zu sich nach Pennsylvania ein. Ich sollte ihnen bei ihrem neuen Hund Gracie helfen. Auch sie war ein prachtvoller, goldfarbener Labrador, zeigte aber ganz andere Auffälligkeiten als Marley (worauf wir später genauer eingehen werden). Aber so verschieden die beiden Hunde auch waren, sowohl Gracies als auch Marleys Problemen lag dasselbe menschliche Verhalten zugrunde – mangelnde Führung.

Als ich John Grogan und seine Frau Jenny Vogt endlich kennenlernte, konnte ich Marleys Geschichte besser verstehen. Diese beiden hochintelligenten, mitfühlenden Menschen sehen die Welt durch die Augen talentierter Journalisten. Sie beobachten, analysieren und beschreiben – aber sie greifen nicht ein und versuchen nicht, etwas zu ändern. Sie waren davon ausgegangen, dass sie in Sachen Marley nichts tun konnten – dass bei ihm, um es mit Johns Vater zu sagen, einfach »eine Schraube locker« sei. Ohne Marleys Marotten, so erklärte mir das Paar lachend, wäre das herrliche Buch nicht entstanden, mit dem sich so viele Menschen identifizierten und das so viele Leser zu Tränen rührte.

Das ist der Haken, nicht wahr? Wir wollen unsere

Hunde gar nicht ändern, weil sie uns zum Lachen bringen oder uns das Gefühl geben, bedingungslos geliebt oder
gebraucht zu werden. Allerdings versetzen wir uns nur
selten in ihre Lage, um uns zu fragen, wie sie sich wohl
fühlen. Wenn ein Hund ängstliches oder zwanghaftes Verhalten oder eines der vielen anderen Probleme zeigt, die
zu lösen ich gerufen werde, haben wir es meist nicht mit
einer »Marotte« zu tun. Sondern mit einem unerfüllten
und bisweilen sogar völlig unglücklichen Tier.

Nachdem ich mir die Tränen aus den Augen gewischt und
Grogans Buch weggelegt hatte, musste ich zuerst daran
denken, dass Marley zweifellos in der Lage gewesen wäre,
ein »wirklich toller Hund« zu sein – und zwar die ganze
Zeit! Wie das Buch erzählt, leidet Jenny nach der Geburt
ihres zweiten Sohnes an einer Wochenbettdepression.
Überwältigt von der frustrierenden Aufgabe, sich um zwei
kleine Kinder und einen Hund kümmern zu müssen, der
Tag für Tag über das Mobiliar herfällt, bricht sie schließlich zusammen und weist dem außer Rand und Band geratenen Labrador endgültig die Tür. Marley war schon einmal aus der Hundeschule geflogen, aber John weiß, wenn
es ihm jetzt nicht gelingt, dem Tier ein paar Grundkommandos beizubringen und ihm abzugewöhnen, an Besuchern hochzuspringen, wird er seinen besten Freund verlieren. Fest entschlossen klemmt er sich dahinter, arbeitet
wirklich hart daran, ein echter »Rudelführer« zu werden,
und hilft Marley dabei, endlich die Hundeschule zu schaffen – als siebter in einer Gruppe von acht Hunden. Mit
Hilfe eines Freundes gewöhnt er ihm ab, an jedem hochzuspringen, der vor der Haustür steht.
  Die Sache ist die, dass John *tatsächlich* ein Rudelführer

war, als es darauf ankam – und es Marley ganz wunderbar gelang, ein gehorsamer Hund zu sein. Gemeinsam stellten sie sich der Herausforderung und taten, was nötig war, um das Rudel zusammenzuhalten. So, wie ich das Buch verstehe, gab John die Führerrolle allerdings wieder auf, nachdem sich Jenny von ihrer Depression erholt und sich die Situation zu Hause entspannt hatte. Folglich machte Marley auch keine Fortschritte mehr beim Erlernen der im Haushalt geltenden Regeln und Grenzen.

John und Jenny hatten noch einen Vorteil gegenüber vielen Menschen, die ältere Tiere »adoptieren« oder aus dem Tierheim holen – sie hatten die Chance, Marley vom Welpenalter an darauf zu konditionieren, ein wohlerzogener Hund zu sein. Aber ein weiteres Mal sahen sie ihn – distanziert – durch ihre Journalistenaugen und mischten sich nicht in seine, wie sie meinten, natürliche Entwicklung ein. Erstaunt und belustigt beobachteten sie seine Mätzchen. Außerdem war er ja so verdammt niedlich! Das bezaubernde Foto auf dem Buchumschlag sagt alles – das neugierig geneigte Köpfchen, die flehenden braunen Augen ... wie könnte ein Mensch mit einem Herzen in der Brust diesen anbetungswürdigen, schlappohrigen Welpen korrigieren oder disziplinieren wollen?

John und Jenny machten den gut gemeinten, aber weit verbreiteten Fehler, in Marleys zerstörerischem Welpenverhalten den Beweis für seine sich entwickelnde Persönlichkeit, sein »Temperament«, zu sehen. Wenn Sie Hunde in ihrer natürlichen Umgebung studieren – von Wölfen über Wild- bis hin zu Haushunden, die sich gegenseitig aufziehen, wie das auf Bauernhöfen oft der Fall ist –, werden Sie erkennen, dass sie von ihrem ersten Tag auf Erden zu Disziplin und Ordnung angehalten werden. Sie können dann auch sehen, wie viel sich die älteren Tiere von den Welpen gefallen lassen. Sie dämpfen die angeborene Verspieltheit der Kleinen nicht, sondern lassen sie auf sich herumkrabbeln, an sich herumzerren und sich sogar von ihnen zwicken. Andererseits setzen sie beim Spielen auch klare Grenzen. Wenn es vorbei ist, lässt der ältere Hund das die Welpen umgehend wissen, indem er sie mit einem leichten Zwicken zu Boden stupst oder – falls nötig – sogar am Schlafittchen packt. Von Zeit zu Zeit sorgt nur ein Knurren für klare Verhältnisse. Der ältere Hund bleibt stets konsequent, und die Welpen geben immer nach. Bei Gefahr im Verzug haben die Älteren die Kleinen im Handumdrehen zusammengetrommelt und in die Sicherheit der Höhle getrieben – zum Neid jeder Kindergartenerzieherin, die Tag für Tag versucht, ein Rudel fünfjähriger Kinder vom Spielplatz ins Haus zu holen!

Die Sache ist die, dass die Welpen sehr schnell mitbekommen, dass sie die Regeln des Rudels zu befolgen haben. Ihr spielerisches »Temperament« wird zu keiner Zeit gedämpft. Gleichzeitig lernen sie aber schon früh, dass alles seine Zeit und seinen Ort hat. Mutter Natur hat keine Probleme damit, liebevoll, aber bestimmt Grenzen zu setzen. Andererseits können es die meisten Menschen bei niedlichen Welpen (und oft auch bei den eigenen entzückenden Kindern) nicht ertragen, sie auf den Weg des Wohlverhaltens zu bringen – erst recht nicht, wenn ihre Mätzchen ihnen humorvolle Augenblicke bescheren, an die sie sich noch lange erinnern werden. Sind diese Welpen dann allerdings erst einmal 50 Kilo schwer, wird aus dem Spaß und den Spielen, die früher so niedlich waren, plötzlich zerstörerischer und manchmal auch gefährlicher Ernst.

John und Jenny hatten in Marley einen wunderbaren Gefährten. Sie genossen sein Vertrauen, seine Liebe und seine
Loyalität. Aber es fehlte ihnen sein *Respekt* – und der ist
unerlässlicher Bestandteil einer gesunden Rudelstruktur.
*Wenn die Schüler den Lehrer nicht achten, lernt die Klasse
nichts.* Eltern können ihren Kindern nicht die richtige Führung geben, wenn es an Achtung fehlt. Das gilt auch für
Ihren Hund: Falls er Sie nicht als Rudelführer anerkennt,
wird er sich weder sicher noch ruhig und ausgeglichen
fühlen.

John und Jenny scheiterten zum Teil deshalb daran, sich
Marleys vollen Respekt zu verschaffen, weil sie sich stets in
erster Linie an *Marley* wandten – also an den Namen und
die Persönlichkeit. Für sie war er einfach der alte, trottelige,
nicht gerade geniale, aber loyale Marley. Sie nahmen weder
mit dem Tier noch mit dem Hund oder der Rasse in ihm –
dem Labrador-Retriever – Kontakt auf.

Erinnern Sie sich an folgende Regel, die ich schon in
meinem Buch *Tipps vom Hundeflüsterer* (Seite 127) betont habe: Zuerst müssen Sie sich an das *Tier* in Ihrem

---

Vier wichtige Regeln

Im Umgang mit Ihrem Hund und vor allem dann, wenn Sie
sein unkontrolliertes Verhalten korrigieren möchten, müssen
Sie sich bemühen, ihn in dieser Reihenfolge anzusprechen:

1. Tier,
2. Spezies: Hund (Canis familiaris),
3. Rasse (zum Beispiel Labrador-Retriever),
4. Name (zum Beispiel Marley).

Hund wenden, denn das haben Sie mit ihm gemeinsam – wir sind alle Tiere. Wir werden später noch erklären, wie man die Art von Energie ausstrahlt, die jedes Tier erkennt. Zweitens ist Ihr vierbeiniger Genosse ein *Hund* – kein Baby oder kleiner Mensch mit Fellkleid und Schwanz. Alle Hunde verfügen über bestimmte Eigenschaften und gewisse, tief verankerte Verhaltensweisen. Um instabiles von normalem Verhalten unterscheiden zu können, müssen Sie wissen, was der *Hund* (Spezies) und was zum Beispiel *Marley* (die »Persönlichkeit«) ist.

Zum Dritten wäre da noch die Rasse. Sie zu kennen ist besonders wichtig, wenn Sie wie die Grogans ein reinrassiges Tier haben. Die Gene, die es »reinrassig« machen, bringen auch ganz besondere Bedürfnisse mit sich, und Sie müssen wissen, wie Sie diesen entsprechen, um für Glück und Ausgeglichenheit Ihres Hundes zu sorgen. In Kapitel 4 werden wir uns eingehender damit beschäftigen, wie Sie die Rassebedürfnisse Ihres Hundes erfüllen.

Nach dem Tier, dem Hund und der Rasse folgt schließlich »Marley« – bzw. der Name –, die unvermeidliche »Persönlichkeit«. Doch meist ist das, was wir für den »Charakter« eines Hundes halten, nur die Geschichte, die wir um ihn herum gesponnen haben. Sie wurzelt häufig in seinem Aussehen oder Verhalten. Und es tut mir leid, Ihnen sagen zu müssen, dass in dem, was wir in der Regel mit seiner Persönlichkeit verwechseln, in Wirklichkeit seine Unausgeglichenheit zum Ausdruck kommt.

Wie also unterscheiden Sie die »Persönlichkeit« Ihres Hundes von seinen »Verhaltensauffälligkeiten«? Und was sind überhaupt Verhaltensauffälligkeiten? – Jedes Benehmen, das in eine der unter den »Verhaltensauffälligkeiten«

Verhaltensauffälligkeiten

– *Aggression* (gegenüber anderen Hunden und/oder Menschen): Dazu gehören auch das Angstbeißen, das knurrende Verteidigen von Futter und Ressourcen, das Anspringen von fremden Menschen oder unbekannten Hunden.

– *Hyperaktivität:* Anspringen von Menschen bei der Begegnung, dem Betreten des Hauses oder der Wohnung, zwanghaftes Im-Kreis-Drehen oder Zucken, destruktives Verhalten wie Kauen und Graben sowie aufgeregtes Hecheln.

– *Furchtsamkeit und Trennungsangst:* Bellen, Winseln, Kratzen, etc. – ganz gleich, ob Sie zu Hause sind oder die Wohnung bereits verlassen haben, unruhiges Hin-und-her-Laufen, das Ruinieren von Gegenständen, wenn Sie fort sind.

– *Zwänge und Fixierungen:* lässt sich als »Sucht« nach oder ungewöhnliche Konzentration auf alles Mögliche definieren – von der Katze bis hin zum Tennisball. Kommt in einer angespannten Körperhaltung sowie der Missachtung möglicher Befehle, Leckerbissen, ja sogar körperlicher Schmerzen zum Ausdruck.

– *Phobien:* Der Hund konnte eine Angst oder ein traumatisches Erlebnis nicht hinter sich lassen – dabei kann es sich um die verschiedensten Ursachen handeln, von glänzenden Böden über Donnerschläge bis hin zum UPS-Lkw.

– *Geringes Selbstwertgefühl und Verzagtheit:* schwache Energie, unbegründete Angst vor allem, völliges Erstarren; extrem große Angst.

aufgeführten Kategorien fällt, ist *nicht* nur der Charakter Ihres Hundes. Es ist ein *Problem*.

Dabei dürfen Sie nicht vergessen, dass alle genannten Auffälligkeiten durchaus auch einen medizinischen Aspekt haben *können*. Krankheiten oder Parasiten verursachen unter Umständen ein unausgeglichenes Benehmen Ihres Hundes, genau wie angeborene neurologische Erkrankungen. Meiner Erfahrung mit Hunderten von Hunden nach sind Letztere aber nur für einen sehr geringen Prozentsatz der Probleme verantwortlich. Trotzdem sollten Sie Ihren Hund regelmäßig vom Tierarzt untersuchen lassen, vor allem bei plötzlichen Verhaltensänderungen. Falls Sie die von mir vermittelten Führungstechniken einsetzen, wird das mit sehr großer Wahrscheinlichkeit zur Rehabilitation Ihres Hundes beitragen. Holen Sie vorher aber immer den Rat eines Veterinärs ein, um abzuklären, ob nicht doch ein gesundheitliches Problem vorliegt. Ich kenne viele wunderbare Tierärzte, mit denen ich zusammenarbeite, und stelle mir gern vor, wie Medizin und Verhaltenstherapie Hand in Hand gehen, um die Welt mit gesunden, glücklichen Hunden zu bereichern.

Persönlichkeit versus Verhaltensauffälligkeit

Welche Eigenschaften machen nun den angeborenen »Charakter« oder die »Persönlichkeit« Ihres Hundes aus? Zunächst muss man wissen, dass ein Hund unter der »Persönlichkeit« etwas ganz anderes »versteht« als wir. Angenommen, Sie sind Single und möchten gern mit einer Person ausgehen, die zu Ihnen passt. Sie können eine Kontaktanzeige aufgeben und darin auf Ihre Vorlieben hinweisen wie etwa: »Ich gehe gern ins Fitnessstudio, wandere und genieße romantische Strandläufe bei Sonnenuntergang. Ich mag Actionfilme.« Damit deuten Sie an, dass Sie aktiv und energiegeladen sind und einen ähnlich dynamischen Partner suchen. Falls Ihre Anzeige lauten sollte: »Ich trinke gern heiße Schokolade vor dem Kamin, bin am liebsten daheim und leihe mir Filme aus oder löse Kreuzworträtsel«, offenbaren Sie sich eher als Mensch mit einem etwas niedrigeren Energieniveau, der sich nach einem Gleichgesinnten sehnt. Möglicherweise beschreiben Sie sich oder andere als lässig oder reizbar, als schüchtern oder extravertiert. Als Menschen zählen wir all diese Eigenschaften zur *Persönlichkeit*.

In der Welt der Hunde wird die Persönlichkeit ganz ähnlich beurteilt, nur findet sie nicht in Worten oder im dezidierten Austausch von Vorlieben und Abneigungen Ausdruck, sondern vielmehr mittels Geruch und Energie. Wenn zwei Hunde in meinem Rudel Freundschaft schließen, beschnuppern sie zunächst ihre Genitalien. Das verrät ihnen erst einmal allerhand über ihr Geschlecht, das Energieniveau, ihren Rang und was sie gefressen haben, wo sie gewesen sind und einiges mehr. Das Energieniveau ist deshalb so wichtig für sie, weil ein Hund am besten mit energetisch ähnlichen Artgenossen auskommt.

Haben Sie je zwei Hunde mit weniger gut abgestimmten Energieniveaus miteinander spielen sehen? Was dann passiert, kann man beispielsweise beobachten, wenn ältere Hunde und Welpen zusammenkommen. Der Senior ist naturgemäß weniger dynamisch, selbst wenn er in seiner Jugend sehr energiegeladen war. Der Welpe hingegen verfügt fast immer über eine sprudelnde Energie und wird den Älteren mit seinen stetigen Anläufen, ihn zum Spiel zu animieren, schier in den Wahnsinn treiben, wenn sich dieser einfach nur entspannen will. Ähnlich geschieht es auch mit den Hunden in meinem Rudel, weswegen sie sich quasi automatisch lieber »Freunde« mit ähnlichem

Spieltrieb suchen. Obwohl alle Rudelmitglieder miteinander auskommen, fühlen sich bestimmte Tiere aufgrund ihres Energieniveaus und der Art, wie sie gemeinsam spielen, mehr zueinander hingezogen als zu anderen.

Ein herrliches Beispiel für diese Art von Anziehung erlebte ich während meiner Arbeit mit einem Rhodesian Ridgeback namens Punkin, der eine gefährliche Besessenheit mit Steinen entwickelt hatte. Ich wollte ihn ins Center holen, damit er von den anderen Tieren im Rudel lernen konnte – ausgeglichenen Hunden, denen Steine schnuppe waren und die gelernt hatten, diszipliniert mit einem Tennisball zu spielen. Damit meine ich, dass jedes Spiel einen Anfang und ein Ende hat, die beide von mir, dem Rudelführer, festgelegt werden. Punkin war nervös und äußerst energiegeladen, und als wir im Hundepark ankamen, fühlte er sich sofort zu LaFitte hingezogen, einem riesigen Pudel mit sehr hohem Energieniveau. Es war ähnlich wie bei der »Liebe auf den ersten Blick«: An ihrem Geruch und ihrer Energie erkannten sie sofort, dass sie vom Spielniveau her gut zueinanderpassten und sich wunderbar miteinander amüsieren konnten. Kürzlich hatten wir einen sehr dynamischen Jack-Russell-Terrier namens Jack im Center, dessen liebster Spielgefährte ein riesiger Pitbull (er hieß Spike) mit mittlerem Energieniveau war. Obwohl Jack nur halb so groß war wie Spike, passten die beiden perfekt zusammen. Geruch und Energie verbinden sich zur individuellen »Persönlichkeit« eines Hundes.

Wir Menschen bemühen uns ganz selbstverständlich darum, Symbole zu finden und alles mit Begriffen zu beschreiben, und wir neigen dazu, die Persönlichkeit am Namen festzumachen. Soweit die Wissenschaft derzeit weiß, haben wir als einzige Art unsere Welt allmählich mit Symbolen, Kunst und vor allem mit Begriffen und Namen beschrieben. Heute dienen dem Homo sapiens Tausende von Sprachen und Zeichen zur Kommunikation. Sie müssen sich nur umsehen – da sind der kleine Mann und die kleine Frau auf den Toilettenschildern, das »Rauchenverboten«-Zeichen und sogar die Flagge unseres Landes, die uns allesamt verraten, wo wir sind und wie wir uns in einem bestimmten Augenblick unserer Umwelt gegenüber zu verhalten haben. Es gibt Millionen von Wörtern und Wortkombinationen, um etwas zu beschreiben. Wir Menschen neigen dazu, so gut wie alle Ereignisse in unserem Umfeld zu ordnen und zu personalisieren. Auf diese Weise lernen wir, unsere Umwelt zu verstehen und die Welt durch unsere menschlichen Augen zu sehen, wir geben Hurrikans Namen. Wir klassifizieren Blumen und Bäume.

In der Welt der Hunde haben Bäume keine Namen. Bäume verströmen einen bestimmten Geruch und erfüllen einen Zweck: »Ist dieser Baum giftig oder wird sich mein Magen besser fühlen, wenn ich seine Rinde fresse? Steht er an einer Kreuzung, sodass ich ihn mit meinem Geruch markieren kann?« Hunde beurteilen einen Baum im Hinblick auf ihr Überleben. Sie brauchen auch keine Namen, um einander zu verstehen und zu identifizieren. Sie betrachten die Gesamtsituation – das eigene Überleben und das der Gruppe. Ihre Persönlichkeit (der »Name«, unter dem Ihr Hund Sie kennt) ergibt sich daraus, wie Sie in sein Leben passen. Ihm kommt es auf Ihre Energie, Ihren Geruch, Ihre Rolle im Rudel an.

Im Rudel haben Hunde keine Namen, sondern nehmen eine bestimmte *Position* ein. Von manchen menschlichen Hundeforschern werden diese mit den Begriffen »Alpha, Beta, Omega« usw. bezeichnet. Andere Etiketten definieren die Tiere als Nummer 1, Nummer 2, Nummer 3 und Nummer 4. Viele Leute missverstehen mich und sagen, ich würde die Welt der Hunde zu sehr vereinfachen, als ob es immer nur um Dominanz ginge. Ihnen ist nicht bewusst, dass für mich alle Rudelmitglieder gleich wichtig sind. Dominanz heißt keineswegs, dass der Alphahund »besser« wäre als die anderen. Er hat das Sagen, gewiss, aber »mehr wert« ist er nicht. In einem Rudel hat jeder seine Aufgabe. Das Schlusslicht ist der sensibelste von allen und oft derjenige, der die anderen vor möglichen Eindringlingen warnt. Der Hund an der Spitze – der Rudelführer – sorgt dafür, dass alle zu fressen haben, Nahrung und Wasser finden und vor Rivalen oder anderen Raubtieren sicher sind. Dies ist keine »Demokratie«, aber hier geht es definitiv darum, dass das Ganze mehr ist als die Summe seiner Teile. Im Rudel dreht sich alles um das »Wir«.

Vom »Ich« zum »Wir«

Menschen sehen die Welt oft sehr konkurrenzbetont – zumindest in der westlichen Kultur. Vor allem in den Vereinigten Staaten, wo jeder nach unbeugsamem Individualismus strebt, ist das allmächtige »Ich« der Nabel der Welt. Meiner Ansicht nach ist das die Ursache für die Häufig-

keit unserer zwischenmenschlichen Probleme: Die Schei-
dungsquote liegt bei über 50 Prozent, Kinder lehnen sich
gegen ihre Eltern auf, Angestellte streiten mit ihren Chefs
und kündigen wütend das Arbeitsverhältnis – denn im
Grunde sind alle unsere Beziehungen ein Kampf. Könnte
ein Hund dagegen seinen inneren Monolog in Worte fassen, würde er diese Welt immer im Sinne eines »Wir« betrachten. Das Rudel geht vor, erst dann kommt der Einzelne. Sogar das Leittier verfährt nach diesem Prinzip.
Vielleicht ist das einer der Gründe, weshalb sich so viele
unsichere Menschen zu Hunden hingezogen fühlen, wenn
sie Schwierigkeiten mit anderen Leuten haben. Denn sobald ein Hund im Haus ist, entsteht ein »Wir« – und nichts
wird daran etwas ändern. Es liegt einfach in seiner Natur
und ist ein großer Trost, wenn unsere zwischenmenschlichen Beziehungen permanent angespannt zu sein scheinen.

Damit will ich nicht sagen, dass nicht jeder Hund ein
Individuum wäre – natürlich ist er das! Doch wie unterscheiden Sie die wahre Einzigartigkeit Ihres Hundes von
dem, was möglicherweise auch eine »Verhaltensauffällig-
keit« sein könnte? Es gibt bestimmte, von Hund zu Hund
verschiedene Eigenschaften, an denen wir Menschen gewöhnlich die »Persönlichkeit« unserer Tiere festmachen.
Jeder Hund verfügt über ein gewisses Maß an Neugier –
das gehört zu seinem Charakter. Jeder Hund verfügt über
ein gewisses Maß an Freude – er lebt im Augenblick, und
selbst für ältere Tiere mit niedrigerem Energieniveau ist
jeder Tag »wie Weihnachten«. Jeder Hund verfügt über
ein gewisses Maß an Verspieltheit. Was und wie gern er
spielt, wird teils von seiner Rasse und teils von seiner
Energie bestimmt. Jeder Hund verfügt über ein gewisses

Maß an Loyalität – weil es in seiner Natur liegt: Im Rudel ist Loyalität vonnöten, damit es zusammenbleibt und überlebt. Jeder Hund ist lernfähig – auch das gehört zum Überleben – und freut sich über Herausforderungen. Jeder Hund kann die Anweisungen und Regeln eines Anführers befolgen und weiß, wie wichtig sie sind. Jeder Hund verfügt über ein gewisses Maß an Zuneigung. Jeder Hund zieht gern mit seinem Rudelführer herum und braucht diese Form der Bewegung – wie sehr, hängt ebenfalls teils von der Rasse, teils von der Energie ab. Jeder Hund will sich nützlich fühlen und für Nahrung und Wasser arbeiten – um ein wertvolles, produktives Mitglied Ihres Rudels zu sein.

Im Gegensatz zu vielen Katzen sind Hunde keine Einzelgänger. Sie sind soziale, fleischfressende Lebewesen, und ihr tief verwurzeltes Bedürfnis nach Gemeinschaft ist in ihrem Gehirn verankert. »Sozial« bedeutet, dass sie nur im Rudel glücklich und erfüllt sein können. Weil wir sie gezähmt haben, haben wir uns im Laufe unserer langen gemeinsamen Geschichte automatisch zu ihren Rudelführern entwickelt.

Wenn es uns nicht gäbe, würden sich die Tiere wieder untereinander zu Rudeln zusammenschließen. In der vom Hurrikan Katrina ausgelösten Krise taten einige der zurückgebliebenen Hunde für eine Weile genau das, um zu überleben. Dennoch sind wir Menschen seit mehreren zehntausend – und vielleicht sogar hunderttausend – Jahren ihre »Rudelführer« bzw. die ihrer Vorfahren. Obwohl ihnen sonnenklar ist, dass wir keine Hunde, sondern Menschen sind, folgen sie uns ganz automatisch, wenn wir ihnen die richtige Führung geben.

Bewegung

In der Übersicht finden Sie zwei Spalten mit Eigenschaftswörtern. Die Begriffe in der linken Spalte beschreiben die Merkmale oder Charakterzüge eines normalen Hundes, die man auch als seine wahre »Persönlichkeit« bezeichnen könnte. In der rechten Spalte werden Verhaltensweisen beschrieben, die eher auf Instabilitätsprobleme hinweisen. Diese Liste ist natürlich sehr allgemein gehalten, da viele Charakterzüge mit der Rasse variieren. Trotzdem gibt die Aufzählung meiner Meinung nach einen guten Überblick über die Beurteilung von Hunden. Sehen Sie die Liste durch und markieren Sie die Eigenschaften, die Ihrer Ansicht nach in mindestens 75 Prozent der Fälle auf Ihren Hund zutreffen. Beurteilen Sie anschließend ehrlich, woran Sie und Ihr Hund arbeiten müssen.

Wieder habe ich gute Neuigkeiten – in meiner Praxis lassen sich die genannten Verhaltensauffälligkeiten zu 99 Prozent mit meiner dreiteiligen Formel für einen erfüllten Hund beseitigen:

1. Bewegung (der Spaziergang),
2. Disziplin (Regeln und Grenzen),
3. Zuneigung.

Und zwar in dieser Reihenfolge!

Wenn Sie diese Formel für den erfüllten Hund auf Ihr Tier anwenden, machen Sie einen klaren Schritt dahin, ein guter Rudelführer zu werden. Eine starke Führung beruht auf Ihrer Erkenntnis, dass Sie stets ruhig und be-

Normale Hunde-eigenschaften oder »Persönlichkeit«	Auffälligkeiten oder Instabilität
Aktiv	Hyperaktiv
Verspielt	Springt an Menschen hoch
Für allgemeine Kommandos und Signale empfänglich	Ungehorsam – kommt nicht, wenn er gerufen wird
Will alle »Rudel«- (oder Familien-)Aktivitäten mitmachen	Läuft davon
Gelegentlich vorsichtig	Übermäßig ängstlich – beißt, bellt oder pinkelt aus Angst; weicht vor Menschen, Tieren oder Gegenständen zurück
Bellt, um Neuankömmlinge anzukündigen	Zwanghaftes Bellen
Gesellig mit Hunden und Menschen	Dissozial – »mag« keine Menschen oder Hunde
Neugierig	Aggressives oder raubtier-haftes Verhalten
Unbekümmert	Übermäßig territorial
Wachsam	Verteidigt Spielzeug, Futter, Möbel
Erkundungsfreudig	
Geduldig – übt sich im Warten	Zwanghafte Beschäftigung mit einem Gegenstand oder einem Verhalten (zwanghaftes Apportieren, Kauen, jagt dem eigenen Schwanz nach)
Empfänglich für Futter	
Liebevoll	
	Weicht Berührungen aus

stimmt bleiben und in Ihrer Verantwortung für den Hund keine »Pausen« einlegen können – ebenso wenig, wie Sie sich einmal kurz aus Ihren Elternpflichten gegenüber Ihren Kindern ausklinken würden.

Ich habe gehört, dass Kinder als kleine Kameras beschrieben wurden, die immer laufen. Mit Hunden verhält es sich ähnlich. Sie leben in einem Universum des »Wir« und sind pausenlos damit beschäftigt, Sie zu beobachten und Ihrem Verhalten Hinweise darauf zu entnehmen, wie sie sich benehmen sollen. Wenn wir Hunden widersprüchliche Signale senden, kommt es zu einem unausgeglichenen Verhältnis.

Damit kehren wir zu jenem Aspekt der Erfüllungsformel zurück, der vielen von uns Schwierigkeiten bereitet – der Disziplin. Dabei geht es nicht darum, dem Hund zu zeigen, »wer der Boss ist«. Es geht darum, Verantwortung für ein lebendes Wesen zu übernehmen, das Sie zu einem Teil Ihrer Welt gemacht haben. Viele meiner Klienten glauben, wenn sie ihrem Hund Grenzen setzen, sind sie automatisch »der Böse«. John Grogan und Jenny Vogt hatten dieses Problem. Ohne Disziplin vermochten sie sich keinen Respekt zu verschaffen. Sie konnten Marley die Regeln und Grenzen nicht geben, die er brauchte, um ein friedlicheres Leben zu führen. Am Ende hatte er jede Menge – wie sie meinten – »persönliche Marotten«, die ich natürlich als Unausgeglichenheit bezeichnen würde. Indem Sie einem Hund Regeln und Grenzen geben, »töten« Sie keineswegs seinen Charakter. Sie bieten ihm lediglich die Struktur, die er im Leben braucht, damit er Frieden finden und sein wahres Hundeselbst zum Vorschein kommen kann. Ihr Hund kann das »großartige« Tier sein, von dem Sie träumen – aber Sie müssen ihn auf seinem Weg dorthin führen!

ERFOLGSGESCHICHTE

Tina Madden und NuNu

Falls Sie die erste Staffel meiner Serie gesehen haben, erinnern Sie sich gewiss an den teuflischen Chihuahua NuNu, der trotz seiner winzigen Gestalt seiner Besitzerin Tina und ihrem Mitbewohner Barclay mit seiner Aggression das Leben schwer gemacht hatte. Drei Jahre später ist Tina Madden die Rudelführerin – und ihr Leben hat sich dramatisch verändert. Inzwischen arbeitet sie nicht nur im Dog Psychology Center, sondern sie ist auch selbst in der Hunderehabilitation tätig. Noch wichtiger aber ist, wie sie sich fühlt – sie hat »als Frau« und »als Mensch« ihre innere Kraft gefunden. Hier erzählt sie ihre Geschichte:

> Bevor NuNu in mein Leben kam, war ich extrem unsicher. Ich ging nicht viel aus dem Haus. Ich hatte Probleme mit mir, meinem Körperbild und mit dem, was die anderen von mir dachten. Wie sie mich sahen. Ich war immer unsicher und nervös. Ich weinte ohne Ende. Jedenfalls kam ich zu

dem Entschluss, dass ich lieber mit Hunden als mit Menschen zu tun haben wollte, gab meinen Job als Barkeeperin auf und suchte mir Arbeit als Tierarzthelferin.

Im Dienst ging es mir ganz gut, weil die Tiere mich brauchten. Aber außerhalb meines Arbeitsumfelds fürchtete ich mich vor allem Möglichen. Sogar das Einkaufen von Lebensmitteln machte mir Angst. Ich kapselte mich ab, und es wurde beständig schlimmer. Die Spirale führte immer weiter abwärts. Ich war noch nicht am Tiefpunkt angelangt, aber ich befand mich auf dem Weg dorthin.

Im Februar desselben Jahres bekam ich NuNu. Er trat in mein Leben, und ich war wie stets unsicher. Ich verhielt mich falsch und förderte damit auch NuNus Fehlverhalten, dachte dabei aber immer, dass es irgendeine Lösung geben müsse. Alle Leute sagten ständig: »Lass ihn doch einschläfern. Der ist ja völlig gestört. Er ist viel zu schwer geschädigt, um je ein halbwegs vernünftiger Hund werden zu können. Lass ihn doch einfach einschläfern.«

Und dann, im April, spazierte Cesar zur Tür herein; als er wieder ging, hatte sich mein ganzes Leben verändert. Grund dafür war seine Energie, die mir das Gefühl gab, dass alles möglich war. Er wollte, dass ich selbstbewusster wurde und mehr Führungskraft zeigte – etwas, was ich mir vorher nicht hätte vorstellen können. Aber er sagte zu mir: »Ganz gleich, was geschieht, du kannst das. Du musst es einfach tun.« Und wenn schon nicht für mich, dann wenigstens für meinen geliebten Hund.

Zunächst musste ich *von einer Sekunde auf die andere* meine Angst überwinden, aus dem Haus zu gehen. Cesar gab mir die strikte Anweisung, jeden Tag mit NuNu spazieren zu gehen, also fing ich damit an. Er hatte von mindestens 45 Minuten gesprochen. Ich entschied mich für mehr als eine Stunde. Also gingen wir beide vor und nach der Arbeit insgesamt zweieinhalb Stunden täglich spazieren – sieben Tage die Woche. Und weil NuNu so niedlich ist, wollten die Leute seine Bekanntschaft machen, wenn wir unterwegs waren. Auf diese Weise traf ich auch wieder Menschen. Ich fand allmählich Freunde in meiner Nachbarschaft. Mit einem Mal hatte ich ein Sozialleben – die Leute luden mich sogar zu sich nach Hause ein.

Und ich hatte ein Ritual. Bevor wir zu unserem täglichen Spaziergang aufbrachen, stellte ich mir vor: »Dies wird ein herrlicher Spaziergang. Es wird ein perfekter Spaziergang! Wir werden alle Schwierigkeiten bewältigen, die uns begegnen. Ich verfüge über das Wissen und die Geistesgegenwart, sie zu überwinden.«

Ich marschierte an Hunden vorbei, die sich hinter Zäunen befanden oder mir gar von Angesicht zu Angesicht gegenüberstanden, und ich hatte schreckliche Angst, dass sie NuNu beißen könnten. Ich fürchtete, nicht zu wissen, wie ich damit umgehen sollte. Aber ganz langsam fiel mir auf, dass ich es *doch* wusste. Und je mehr Übung ich bekam, desto besser wurde es, und desto selbstbewusster wurde ich.

NuNu war nicht gleich am nächsten Tag wie ausgewechselt. Er war weder in der nächsten Woche noch im nächsten Monat wieder »in Ordnung«, aber als ich mein Verhalten in seiner Gegenwart immer mehr veränderte und zunehmend selbstbewusster wurde, vollzog sich auch in ihm ein echter Wandel. Ich bin stolz auf NuNu, weil er sich verändert hat – aber die entscheidende Energieveränderung ist von mir ausgegangen, weil ich meine eigene innere Kraft gefunden hatte.

Mein Selbstvertrauen ist enorm gewachsen – und nicht nur im Umgang mit Hunden. Ich gehe ganz anders auf Menschen zu. Ich denke, manchen Leuten fällt es ausgesprochen schwer, andere zu durchschauen. Ist dies ein guter Mensch? Oder ein schlechter? Kann man ihm vertrauen? Aber um andere verstehen zu können, muss man bei sich selbst anfangen. Dadurch, dass ich lernte, mir meiner eigenen Energie bewusst zu sein, fällt mir das sehr viel leichter ... und das habe ich von Cesar und NuNu gelernt. Ich fühle mich auch nicht mehr als Opfer. Ich habe in fast allen Lebenslagen die volle Kontrolle über mich.

Ich habe zuerst meinen Hund und dann mein Leben geändert. Ich bin jetzt sehr glücklich – all das wegen eines kleinen Hundes. Eines dreieinhalb Pfund leichten Hundes ...

2. DISZIPLIN,
BELOHNUNG UND STRAFE

»Der Mensch ist das einzige Tier, das verhandelt.
Kein Hund tauscht mit einem anderen den Knochen.«
Nach Adam Smith

»Die Naturgesetze regieren unsichtbar die Erde.«
Alfred Montapert

Wenn es darum geht, unseren Hunden Rudelführer zu sein,
wird die Rechnung ohne ein Verständnis für das Konzept
der Disziplin nicht aufgehen. Wie im vorangegangenen Ka-

pitel gesagt, kann Ihr Hund in einem Alltag ohne Regeln
und Grenzen weder ausgeglichen sein noch wahren Frieden finden. Damit es diese Regeln und Grenzen gibt, muss
sie jemand festlegen – und das ist die Aufgabe des Rudelführers.

Viele Menschen, die beruflich mit Tieren zu tun haben, sagen, sie seien mit meinen Techniken – oder dem,
was sie dafür halten – nicht einverstanden. Sie gehen mit
dem Trend, Hunde nur nach dem Belohnungsprinzip zu
trainieren. Das entscheidende Wort ist hier »trainieren«.
Denn ich habe immer wieder darauf hingewiesen, dass
ich keine Hunde *trainiere*. Natürlich war das zunächst
mein Wunsch, als ich nach Amerika kam, aber ich merkte
schnell, dass ich mit meinem Gespür für Hunde sehr viel
mehr anfangen konnte. Ich hatte den Eindruck, dass diese
Tiere anderes zu einem erfüllten Leben brauchten als lediglich sitzen, bleiben, bei Fuß gehen, sich auf den Rücken
rollen und die Zeitung holen zu können. Mein Aufgaben-
bereich ist die *Rehabilitation*, obwohl auch ich hundertprozentig hinter einer Erziehung mit Techniken der positiven Verstärkung stehe, wann immer dies möglich ist.

Meine Grundphilosophie zu Disziplin und Korrekturen bei Tieren lautet, man sollte diese Methoden stets so
einsetzen, dass man das gewünschte Verhalten mit der *ge-
ringst möglichen Kraft* erzielt. Soweit das angemessen ist,
arbeite auch ich mit positiver Verstärkung und belohne
mit Futter. Ich glaube allerdings, dass jede Technik ihre
Zeit und ihren Ort hat. Offenbar stören sich viele Vertre-
ter einer rein positiven Erziehung an meinen Methoden,
weil sie glauben, ich sollte einige der Verhaltensweisen, an
denen ich mit Energie, Körpersprache, Blickkontakt und
Berührung arbeite, mit Clicker und Leckerli verändern.

Doch ich glaube, dass meine Vorgehensweisen bei sehr schwierigen, aggressiven, zwanghaften oder ängstlichen Hunden funktionieren, weil sie einfach und vernünftig sind und ganz auf den Prinzipien von Mutter Natur beruhen.

Meiner Meinung nach gibt es einen gewaltigen Unterschied zwischen dem Konzept der Disziplin und dem der Bestrafung. Disziplin ist für mich ein Teil der Ordnung des Universums: Sie ist der Kern des Wirkens von Mutter Natur, mit dem sie den gesamten Planeten »am Laufen hält«. Disziplin ist Ordnung. Sie ist die Drehung der Erde, der Zyklus des Mondes, Auf- und Untergang der Sonne. Sie ist der Wechsel der Jahreszeiten – es gibt eine Zeit zum Säen und zum Wachsen und eine Zeit zum Ernten. In diesem größeren Zusammenhang bezeichnet Disziplin die Art und Weise, wie die Mitglieder des Tierreichs für ihr Überleben sorgen. Jeden Morgen begeben sich die Eichhörnchen schon früh in Ihrem Garten auf Futtersuche. Ein paar Vögel kommen ans Futterhäuschen auf Ihrer Veranda. Andere picken auf der Suche nach Würmern und anderen Leckereien in der Erde. Wenn Sie sich die Zeit nehmen, sie jeden Tag zu beobachten, werden Sie feststellen, dass sich der Ablauf nur wenig ändert – es sei denn, er wird von anderen Faktoren beeinflusst, und die Tiere müssen zum Beispiel Junge aufziehen, nach Süden ziehen oder sich auf den Winter einrichten, wollen sich vor dem Regen schützen oder müssen sich einen neuen Baum suchen, nachdem der alte im Sturm umgeknickt ist. Keines dieser Tiere nimmt an Sonn- oder Feiertagen frei. Sie kosten jeden Augenblick voll aus, und all diese Momente sind von ebenjener Disziplin geprägt. Ihre natürliche Programmierung sagt ihnen, was sie tun müssen, um

in ihrem Leben Ordnung zu bewahren. Bei Futter- oder
Revierstreitigkeiten pochen sie untereinander auf Disziplin, und die Umwelt sorgt für einen geordneten Ablauf
für alle.

Im natürlichen Umfeld sozialer fleischfressender Lebewesen sind Ordnung und Disziplin unglaublich wichtig. In
ihrer Welt entstehen Regeln auf zwei Arten und Weisen:
Sie können aufgrund ihrer »Programmierung« (ihrer Überlebensinstinkte) vorgegeben sein oder von den anderen
Gruppenmitgliedern aufgestellt werden. Hunde sind Rudeltiere und bestens auf die Regeln der Gruppe eingestellt.
Zusammenarbeit bedeutet Überleben. Soziallebewesen
vertrauen darauf, dass sie ihren Platz und ihre Rolle in
der Gruppe kennen, um deren Überleben zu sichern. Dieses Verhalten hat einen tiefen, ursprünglichen Kern – das
Bedürfnis, für den Fortbestand der Gruppe ohne Rücksicht auf die Kosten für das einzelne Tier zu sorgen. Doch
wenn ein Hund seinen Rang in der Hierarchie des Rudels
nicht ganz genau kennt, zeigt er fast immer Zeichen von
Unausgeglichenheit.

Im Gegensatz zur Disziplin, für die das natürliche Umfeld sorgt, ist Bestrafung meines Erachtens ein in erster Linie menschliches Prinzip. Eine Strafe ist beispielsweise, wenn ich einen meiner Söhne – Calvin oder Andre –
auf sein Zimmer schicke und ihm sage, dass er über sein
Tun nachdenken soll. Diese Art von Bestrafung hat ihren
Grund. Sie beruht auf der Fähigkeit meiner Söhne, wohl-
überlegte, bewusste Entscheidungen zu treffen und Zusammenhänge zu erkennen. Wenn wir beispielsweise einen Mann ins Gefängnis stecken, weil er ein Verbrechen
verübt hat, gehen wir davon aus, dass er Richtig und Falsch
unterscheiden kann. Sein Aufenthalt in der Justizvollzugs-

anstalt ist die Folge einer falschen Entscheidung. Hinter dem Konzept »Gefängnis« steht – zumindest im Idealfall – die Vorstellung, dass man die Gesellschaft vor dem Verbrecher schützen und ihm die Zeit geben möchte, über seine Tat nachzudenken, sodass er dieselbe Fehlentscheidung nicht noch einmal trifft. Zur Konfliktlösung eignet sich Strafe allerdings meist weniger. Wenn es zwischen mir und meiner Frau zum Streit kommt und ich beschließe, ihr das eine Woche lang mit sarkastischem oder unhöflichem Benehmen zu vergelten, trage ich dann zur Lösung des eigentlichen Problems bei? Natürlich nicht. Vermutlich ist sie sogar noch wütender auf mich als am Anfang. Das ist die Gefahr, wenn wir im Gespräch über die Disziplinierung von Hunden an »Strafe« denken.

Tiere können nicht bewusst zwischen Richtig und Falsch, Gut oder Schlecht unterscheiden. Wenn Sie einen Hund zum Stubenarrest verdonnern, nachdem er Ihr bestes Paar Schuhe zerkaut hat, ist das eine Form von Strafe, die unter Umständen bei Ihren Kindern fruchtet. Bei Hunden wird sie nicht funktionieren, da sie keinen intellektuellen Zusammenhang herstellen können. Wenn Sie sie wütend anschreien oder schlagen, verwirrt oder ängstigt sie das nur. Falls jemand einen Hund aus dem Tierheim holt und ihn dann wieder zurückbringt, weil er zu aggressiv ist, hat das Tier keine Ahnung, weshalb es in den Käfig zurück muss. Es kann nicht überlegen, weshalb es wieder einmal eine Chance auf ein nettes Zuhause vermasselt hat, und kann sich weder schlecht fühlen noch sich vornehmen, es beim nächsten Mal besser zu machen. Ein großer Teil des Hundeverhaltens spielt sich in der einfachen Welt von unmittelbarer Ursache und Wirkung ab, und die genannten »Strafen« machen dem Tier nicht klar, welches

Benehmen unerwünscht ist und wodurch es ersetzt werden soll. Das muss der Hund schon selbst herausfinden, und häufig sind dann weder er noch wir Menschen mit seiner Lösung glücklich. Deshalb verwende ich persönlich lieber die Begriffe »Disziplin« und »Korrektur«, statt im Zusammenhang mit der Hunderehabilitation von »Strafe« zu sprechen.

Einfache Mathematik – negativ und positiv

Ich war sehr geschmeichelt, als ich nach der zweiten Staffel erfuhr, dass die klinische Psychologin Dr. Alice Clearman häufig Folgen meiner Sendung »Dog Whisperer« einsetzt, um ihre Psychologiestudenten im ersten Jahr mit *menschlichen* Verhaltensprinzipien vertraut zu machen. Sie hält und rettet selbst Hunde und therapiert die verschiedensten Menschen – von geistig erheblich Erkrankten über Kinder mit Lernschwächen bis hin zu Polizeibeamten, die es mit instabilen Mitgliedern der Öffentlichkeit zu tun bekommen. Dr. Clearmans Lebenswerk ist die Erforschung von Lern- und Verhaltensmechanismen, und sie hat mir als Laien sehr geholfen, die Prinzipien von Belohnung und Strafe bei Mensch und Tier zu verstehen.

Dr. Clearman zufolge haben wir zwei Möglichkeiten, Verhalten zu verändern – Verstärkung und Bestrafung. In der menschlichen Psychologie gibt es die direkte Bestrafung und die positive Verstärkung sowie die Bestrafung durch Verlust und die negative Verstärkung. Hier haben die Begriffe »positiv« und »negativ« dieselbe Bedeutung wie in der Mathematik. Fügt man etwas hinzu, ist es positiv. Zieht man etwas ab, ist es negativ. Positive Verstärkung bedeutet, dass ich etwas Angenehmes hinzufüge, um mich zur Wiederholung eines Verhaltens zu motivieren. Wenn ich ein Seminar gebe und man mir am Ende mit stehenden Ovationen applaudiert, verstärkt das meine Erfahrung, und ich möchte wieder eine solche Veranstaltung leiten. Negative Verstärkung wird häufig mit Bestrafung gleichgesetzt, obwohl sie ganz und gar nichts damit zu tun hat. Vielmehr handelt es sich dabei um die Verstärkung eines Verhaltens, indem man *etwas Unangenehmes entfernt*. Dr. Clearman erklärt das am Beispiel einer Kopfschmerztablette. Wenn sie Kopfschmerzen hat, eine Tablette nimmt und die Schmerzen verschwinden, hat sie das Verhalten der Tabletteneinnahme verstärkt. Das Medikament beseitigt den Kopfschmerz – also das, was ihr unangenehm war.

Bei der direkten Bestrafung füge ich etwas Unangenehmes hinzu, um jede weitere Wiederholung des Verhaltens zu unterbinden. Angenommen, ich halte ein Seminar, und das ganze Publikum zischt und buht und wirft alles Mögliche nach mir – das ist direkte Bestrafung. Daraufhin werde ich die Planung meines nächsten Seminars noch einmal überdenken, um weitere derartige Erfahrungen zu vermeiden. Bestrafung durch Verlust bedeutet, etwas Angenehmes wegzunehmen, zum Beispiel wenn ich Andre erkläre, dass er drei Wochen keine Computerspiele spielen darf. Kurz: Die Wörter »positiv« und »negativ« haben nichts damit zu tun, ob man die Konsequenzen als angenehm oder unangenehm beurteilen würde. Hier geht es nicht um die Bewertung – obwohl wir auf diese Begriffe oft mit Urteilen reagieren. Es ist reine Mathematik.

Legt man Dr. Clearmans Ausführungen zugrunde, lassen sich einige der Methoden, die ich bei meiner Arbeit mit anwende, korrekt als direkte Bestrafung bezeichnen. Da dieses Wort allerdings eine menschliche Bedeutung für mich hat, bezeichne ich die Techniken lieber als einfache »Korrekturen«. Ich krümme zum Beispiel meine Hand zu einer Art Klaue, um Mund und Zähne eines Mutterhundes oder eines dominanteren Tiers nachzuahmen und den Hund damit fest im Nacken zu berühren.

Es ist wichtig, diesen Punkt absolut klarzumachen: Ich schlage oder kneife das Tier nicht! Ich ahme lediglich eine unter Hunden verbreitete Form der Korrektur nach, die eine ursprüngliche Bedeutung für sie hat. Diese Art der Berührung übermittelt die glasklare Botschaft: »Ich bin mit diesem Verhalten nicht einverstanden.« Gerät ein angeleinter Hund außer Kontrolle, ziehe ich Leine oder »Würgehalsband« (siehe Kapitel 3) unter Umständen einmal leicht zur Seite oder berühre ihn mit dem anderen Fuß am Hinterteil. Das reißt ihn aus seiner wie auch immer gearteten Fixierung und macht ihm klar: »Dieses Verhalten ist in meinem Rudel nicht erwünscht.« Auch dabei handelt es sich *nicht* um einen wirklichen Tritt. Es ähnelt eher dem festen Schulterklopfen, mit dem Sie die Aufmerksamkeit eines Freundes erregen möchten. Dabei kommt es vor allem auf die Energie hinter der Berührung an – sie darf weder wütend noch frustriert, zaghaft oder ängstlich, sondern muss immer »ruhig und bestimmt« sein. Ich korrigiere den Hund nicht, weil ich wütend auf ihn oder mit meinem Latein am Ende bin, weil mir sein Benehmen peinlich ist oder ich mich davor fürchte, was ihm wohl als Nächstes einfällt. Als Rudelführer bin ich jederzeit voll konzentriert. Ich habe meine Vorstellung davon, welches Verhalten ich in meinem Rudel haben möchte, und erinnere ihn immer wieder daran, mir seine Aufmerksamkeit

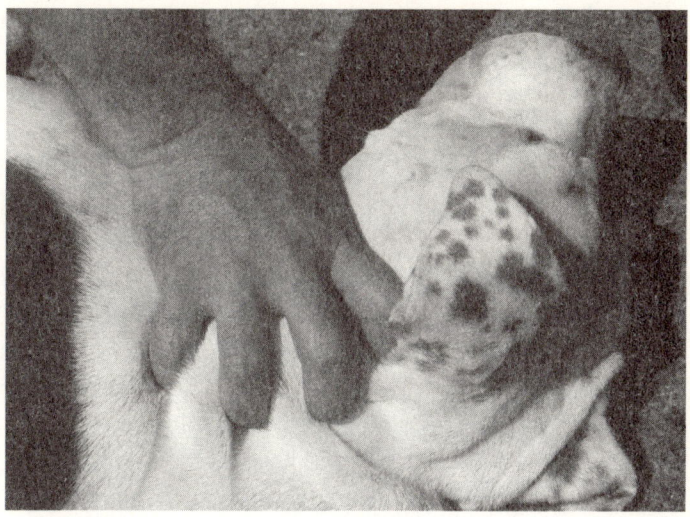

»Die Klaue« soll den Biss eines anderen Hundes nachahmen.
Der Griff ist fest, man sollte den Hund aber *keinesfalls* kneifen.

zu schenken, während ich ihm zeige, wie das gewünschte Verhalten aussieht. Die Belohnung für korrektes Betragen sollten Leckerlis, Zuneigung, Lob oder einfach der stumme, innere Stolz und die Freude über seine Leistung sein. Ein Hund *wertet dies bereits* als Zuneigung!

Im professionellen Bereich – auf der Jagd, im Such- und Rettungsdienst, im Polizeidienst, auf der Bühne oder beim Filmdreh – sind viele Hundeführer oft viel zu weit von dem Tier entfernt, um es mit Leckereien oder gar mit Worten zu loben. Sie teilen dem Hund ihre große Wertschätzung für seine harte Arbeit mit einem Kopfnicken, einer Handbewegung und vor allem mit ihrem konzentrierten, reinen, positiven Gefühl mit. Vergessen auch Sie nicht: Ihr Hund »liest« unaufhörlich Ihre Energie und Ihre Gefühle – und spiegelt sie Ihnen wider.

Wenn Besucher ins Dog Psychology Center kommen und
zum ersten Mal durch mein Rudel aus dreißig oder vierzig Hunden laufen sollen, gebe ich ihnen nicht nur die
Regel »Nicht ansprechen, nicht anfassen, nicht ansehen«,
sondern erinnere sie auch daran, keinesfalls stehen zu bleiben – selbst wenn die Hunde auf sie zugelaufen kommen
oder sie anrempeln. Hunde nehmen feste Berührungen
oder zufällige Zusammenstöße nicht »persönlich«, wenn
Sie an ihnen vorübergehen – solange Sie dabei keine bös-
artige, wütende oder allzu aggressive Energie ausstrahlen.
Wenn eine Berührung tatsächlich ruhig und bestimmt ist,
werten sie sie einfach als »Mitteilung«. Hunde kommunizieren ständig sowohl über Berührungen als auch über
ihre Energie miteinander. Sie schubsen und schieben oder
stupsen sich in einem fort mit der Nase herum. Für sie ist
das eine Möglichkeit, ihren Platz zu behaupten, Interesse
oder Zuneigung zu zeigen, Zustimmung zu oder Kritik an
einem bestimmten Verhalten eines anderen Hundes auszudrücken. Die allererste Kommunikation zwischen einer
Hundemutter und ihren Welpen läuft über Berührungen,
wenn sie zu ihr hinkrabbeln, um zu säugen, oder sie die
Kleinen wegschubst, wenn sie genug hat.[1] Ich bediene mich
regelmäßig meines Körpers, um einem Hund den Weg
abzuschneiden, der ein unerwünschtes Verhalten zeigt,
oder ihn in eine andere Richtung zu drängen. In der Tierwelt ist dies eine sehr klare und einfache Möglichkeit, eine
solche Botschaft zu vermitteln.

Positive Verstärkung kann sehr viel bewirken, wenn es
darum geht, das Verhalten von Mensch und Tier zu verändern, und sie ist für gewöhnlich die Form von »Disziplin«, mit der sich die Leute am wohlsten fühlen. Sie gibt
allen Beteiligten ein gutes Gefühl – man sollte sich dabei

jedoch an gewisse Regeln halten. Nehmen Sie etwa dieses Beispiel aus der menschlichen Welt, das Dr. Clearman mir erzählt hat. Wenn ihr Sohn ein Bild aus der Schule mit nach Hause bringt und sie sagt: »Das ist ein schönes Bild. Die Palmen sind dir gut gelungen, und die sind gar nicht einfach zu malen«, ist das eine sinnvolle, begrenzte Verwendung der Verstärkung. Es handelt sich um ein positives *Feedback* – und das ist sehr wirkungsvoll. Aber angenommen, der Kleine bringt jeden Tag ein Bild mit nach Hause, und sie macht jedes Mal ein Riesentrara und sagt: »Das ist unglaublich! Du bist der beste Bub auf der ganzen Welt! Du bist ein Genie! Das ist wunderbar! Alles, was du tust, ist perfekt!« Wie viel wird ihr Lob dann wohl ausrichten, wenn sie es wirklich einmal gezielt einsetzen muss? Wie schafft sie es, dass er ihr glaubt, wenn sie ihn ermutigen will, nachdem ihm tatsächlich einmal etwas misslungen ist? Da sie ihn immer belohnt, ganz gleich, was er tut, verliert sie ihre Glaubwürdigkeit. Zu viel positive Verstärkung kann den Lobenden schwächen – oder die Leckereien bzw. den Applaus oder ganz gleich, um welche Belohnung es sich handelt.

Ich kenne diese Reaktion von Hunden, die ihre Besitzer nie ganz respektieren – und trotzdem wird praktisch alles, was sie tun, mit Leckerlis verstärkt. Der Besitzer nutzt die Schmeckerchen, um dem Hund Befehle wie »Sitz!« und »Bleib!« beizubringen, setzt sie aber auch in Situationen ein, in denen Ursache und Wirkung für das Tier nicht so klar zu erkennen sind. Wenn ein Hund einen anderen anknurrt, lenkt ihn der Besitzer zum Beispiel mit Leckerlis ab. Wenn er auf etwas Verbotenem herumkaut, bietet sein Herrchen ihm Leckereien zum Tausch an. Sitzt er auf dem Sofa, wirft sein Eigentümer Futter auf den Boden, damit

er herunterspringt. Das Problem ist hier, dass der Hundehalter das Verhalten zwar kurzzeitig umgelenkt, die grundlegende »Geisteshaltung« dadurch aber nicht verändert hat.
Er hat sich nicht den Respekt des Hundes verschafft, indem
er ihm mit seiner Energie und Körpersprache klargemacht
hat, dass er etwa nicht auf diesem Sofa sitzen soll. Zudem
führt ein solches Verhalten zu einer Abstumpfung des Hundes gegenüber der Verstärkung, was letztlich ihre Wirkung
mindert. Und es fördert das Fehlverhalten des Hundes unter Umständen noch! Es ist nichts Ungewöhnliches, wenn
viele Tiere sofort wieder knurren, kauen oder aufs Sofa zu-
rückspringen, sobald die Leckerlis verschlungen sind. Ähnlich wie bei der Mutter, deren Worte an Macht verlieren,
weil sie ihr Kind immerzu für alles lobt, büßen die Belohnungen ihre Bedeutung ein, weil der Hund keinen direkten
Zusammenhang mit dem konkreten unerwünschten Verhalten herstellen kann.

Positive Verstärkung kann, salopp formuliert, auch
»nach hinten losgehen« und ein Verhalten fördern, das Sie
bei Ihrem Hund eigentlich nicht sehen möchten. Wenn
sich ein Kind wehtut und in Tränen ausbricht, streicheln
es die Eltern ganz automatisch und sprechen tröstende
Worte, etwa: »Halb so schlimm! Das ist bald wieder gut.«
Die meisten Eltern wissen aber auch, dass, wenn sie zu
viel Aufhebens um die Angelegenheit machen – falls sie
selbst in Panik geraten oder übermäßig emotional reagieren –, dies den Kummer des Kindes noch intensiviert. Ver-
gleichbar kann es einen Hund zwar beruhigen, wenn Sie
ihn streicheln, Sie geben damit aber auch ein Zeichen von
Zuneigung – und das ist ein sehr starkes Mittel positiver
Verstärkung »unerwünschten Verhaltens«. Wohlgemerkt:
»Positiv« bedeutet, dass Sie Energie *hinzufügen*.

In meinem Buch *Tipps vom Hundeflüsterer* habe ich beispielsweise von der Deutschen Dogge Kane berichtet, die
sich vor rutschigen Böden fürchtete. Nachdem der Hund
auf dem Linoleum den Halt verloren hatte und gegen eine
Glaswand geprallt war, hätte er sich wohl von ganz allein
wieder erholt – zumindest wenn sein Leben so geordnet
abgelaufen wäre wie in der Natur. Anschließend wäre er
vielleicht etwas vorsichtiger gewesen, aber er wäre gewiss
nicht vor lauter Angst ganz aus dem Häuschen geraten.
So verhielt er sich nämlich, da seine Besitzerin ein großes Drama aus seinem Missgeschick gemacht hatte; sein
Schock und sein Trauma wurden leider um ein Mehrfa-
ches verstärkt. Jedes Mal, wenn Kane und sein Frauchen
an den »Ort des Geschehens« zurückkehrten, förderte sie
seine Unsicherheit, indem sie ihn wie ein kleines Kind behandelte und ihm zusätzliche Streicheleinheiten, Trost
und Zuwendung schenkte.

Dr. Clearman hatte noch ein Beispiel aus der Welt der
Menschen für mich: Eine Schülerin ist nervös, weil sie
fürchtet, durch die bevorstehende Abschlussprüfung zu
fallen. Sie fühlt sich nicht ausreichend vorbereitet. Falls
ihre Mitbewohnerin nun sagt: »O mein Gott, du hast ja so
recht, wenn du dir Sorgen machst. Ich hatte diesen Lehrer auch mal. Der Typ ist der reinste Albtraum! Du bist
bestimmt nicht gut genug vorbereitet und wirst es wohl
vermasseln«, *stimmt* sie dem Verhalten ihrer Freundin *zu*
und bestätigt ihre Gefühle, verstärkt aber auch ihre Angst.
Ähnlich kann es einen furchtsamen Hund zwar kurzfris-
tig ablenken, wenn man ihn streichelt oder mit Leckerlis
füttert. Allerdings teilt man ihm damit unter Umständen
auch mit, dass man seine »Einstellung« billigt!

Die positive Verstärkung mit Hilfe von Leckereien wird

schon eingesetzt, seitdem es Hunde gibt und Menschen, die sie zähmen wollen. Schmackhafte Nahrung ist die naheliegendste Möglichkeit, um Tiere – von der Wüstenspringmaus bis zum Bären – ebenso wie Kinder zu einem bestimmten Verhalten zu motivieren. Das Clickertraining ist eine fortgeschrittene Form dieser einfachen, auf Leckerbissen beruhenden Erziehung. Vor über dreißig Jahren wurde es ursprünglich für die Dressur von Meeressäugetieren entwickelt, um sie zu bestimmten Verhaltensweisen und Tricks zu motivieren.

Der Clicker – oder im Fall der dressierten Wale und Robben die Pfeife – schlägt eine Brücke zwischen Verhalten und Belohnung. Der Clicker macht noch im selben Sekundenbruchteil ein Feedback zwischen Tier und Trainer möglich. Das Tier hört den Clicker genau in dem Augenblick, in dem es »den Treffer landet«, und bekommt das Signal, dass Futter unterwegs ist. In der Anfangsphase des Clickertrainings folgt die Belohnung unmittelbar auf das erwünschte Verhalten. Nachdem das Tier gründlich konditioniert wurde und die geforderte Reaktion problemlos beherrscht, ist zur positiven Verstärkung dann oft nur noch der Clicker nötig, da er mit der Belohnung assoziiert wird und ihr unverzügliches Eintreffen verspricht.

Das Clickertraining ist in bestimmten Situationen äußerst erfolgreich, und es hat sich gezeigt, dass es bei vielen Tierarten den Lernprozess *beschleunigt*. Der Clicker ist am wirkungsvollsten, wenn man dem Hund neue Verhaltensweisen antrainieren möchte; er kann aber auch eingesetzt werden, um unerwünschtes Benehmen zu beseitigen, indem er neue Reaktionsmuster formt und belohnt.

Die positive Verstärkung mit Leckerbissen oder Clickertraining ist ideal, um einem Hund Kunststückchen, das Spurensuchen, Jagen oder Apportieren beizubringen – im Grunde alles, was schon von Natur aus in ihm angelegt ist. Diese Methoden funktionieren auch, um das Verhalten unbekümmerter, bereits ausgeglichener Tiere mit niedrigem bis mittlerem Energieniveau zu kontrollieren und ihnen ein paar Grundkommandos zu vermitteln. Allerdings sind viele Hunde, mit denen ich arbeite, äußerst instabil und lassen sich mit einem Leckerbissen nicht zu einer Verhaltensänderung bewegen – ganz gleich, wie schmackhaft er sein mag. Sie könnten einem Hund im »roten Bereich« (also einem aggressiven und gefährlichen Tier), der einen anderen töten will, ein saftiges Steak in den Weg werfen – er würde es nicht einmal zur Kenntnis nehmen. Können Sie sich vorstellen, zu clicken und mit Leckerlis zu werfen, während Sie Ihren Hund gleichzeitig mit aller Kraft davon abhalten wollen, einen Menschen oder Artgenossen anzugreifen?

Einer meiner Klienten aus einer »Dog-Whisperer«-Folge, die wir in New York City drehten, hatte genau dieses Problem – und er besaß noch nicht einmal einen Clicker. Sein Labrador-Windhund-Mischling Curly befand sich im roten Bereich, und Pete wusste sich nicht mehr zu helfen. Er war bereits bei mehreren Hundetrainern gewesen. Einer von ihnen riet ihm, Futter auf den Boden zu werfen, sobald Curlys Aggression gegenüber anderen Hunden beim Spazierengehen aufflammte. Pete erzählte mir: »Nach ein paar Mal hatte er den Bogen raus und wusste, wenn er sich beeilte, konnte er seinen Snack haben *und* auf den anderen Hund losgehen. Er bekam gewissermaßen zwei Belohnungen auf einmal.«

Nun, ich glaube, es gibt viele Möglichkeiten, Hunden

zu einem ausgeglichenen Leben zu verhelfen – und für mich gehören sowohl die positive Verstärkung *als auch* Korrekturen durch den Menschen dazu. Das Ziel ist immer gleich – dem Hund zu helfen.

Feuerwehrhund Wilshire

Die Geschichte von Feuerwehrhund Wilshire liefert ein wunderbares Beispiel für das, was meiner Ansicht nach die perfekte Mischung aus positiver Verstärkung *und* meiner dreiteiligen Formel aus Bewegung, Disziplin und Zuneigung ist. Der Dalmatinerwelpe war ungefähr zwei Monate alt, als er auf der Feuerwache 29 in Los Angeles auftauchte. Seine Besitzer hatten ihn bei einem Züchter gekauft – zweifellos aus einer Laune heraus, nachdem die Kinder den Film »101 Dalmatiner« gesehen hatten – und schnell festgestellt, dass der Kleine viel zu energiegeladen für ihre Familie war. Als sie ihn in ein Tierheim bringen wollten, sagte man ihnen dort allerdings, dass er eingeschläfert würde, wenn er nicht innerhalb von 24 Stunden ein neues Zuhause fände. Die von Schuldgefühlen geplagte Familie fuhr wieder nach Hause und kam gerade an der Feuerwache 29 vorbei, als jemand von ihnen die merkwürdige Idee hatte, ein Dalmatiner sei doch *der* »Feuerwehrhund«! Folglich brachten sie den lebhaften Welpen zu Captain Gilbert Reyna und flehten ihn und seine Feuerwehrleute an, Wilshire aufzunehmen.

Zuerst sagte Captain Reyna natürlich: »Auf gar keinen Fall.« Wie sollten seine Leute auf dieser äußerst betriebsamen Wache einen hyperaktiven, leicht erregbaren und verwaisten Dalmatinerwelpen großziehen? Doch dann kamen ein paar von ihnen heraus, um einen Blick auf den kleinen Kerl zu werfen. Sie nahmen ihn auf den Arm, spielten mit ihm, reichten ihn herum, fütterten ihn mit ein paar Leckerbissen … Sie kennen das Motiv: 45 große, muskulöse und gutmütige »Machos« und ein entzückender Welpe – Liebe auf den ersten Blick. Wie hätten sie ihm die Tür weisen können?

Wilshire eroberte sofort die Herzen der Feuerwehrleute dieser wichtigen Wache. Umgekehrt gewannen die Menschen allerdings noch lange nicht *seinen* Respekt. Schon am zweiten Tag hatte der Kleine die Station fest im Griff. Er kletterte über die Tische im Aufenthaltsraum und fraß allen das Essen vom Teller. Er kaute auf Mänteln, Hüten und wertvollen, zur Lebensrettung vorgesehenen Schläuchen, Kabeln und Drähten herum. Er lief und pinkelte, wohin er wollte – womit er natürlich nicht nur gegen die städtischen Gesundheitsvorschriften verstieß. Die Feuerwehrleute waren ständig in Aufruhr, denn sobald sie gerufen wurden und mit ihren Löschfahrzeugen ausrücken mussten, flitzte Wilshire zur Tür hinaus und raste direkt auf den vielbefahrenen sechsspurigen Wilshire Boulevard mit seinem gefährlichen Verkehr zu. Von Zeit zu Zeit lief er auch direkt vor die Räder eines riesigen Feuerwehrfahrzeugs – genau in den toten Winkel des Fahrers …

Eines Tages machte eine Schulklasse eine Führung durch die Feuerwache. Wilshire war so aufgeregt, dass er einen langen Flur entlanglief, sich wie eine Rakete durch die Luft katapultierte – und voll gegen die Brust eines kleinen Jungen prallte und ihn sogar zu Boden riss! Der Rechtsreferent der Stadt Los Angeles warnte Captain Reyna: Wenn er den Hund nicht in den Griff bekäme, müsse das Tier weg. Natürlich war Wilshire den Männern inzwischen ans Herz gewachsen, und sie wollten das auf gar keinen Fall zulassen. Wilshire musste rehabilitiert werden!

Als die Feuerwehrleute mich um Hilfe baten, war der Welpe erst drei Monate alt und bereits der König der Feuerwache. Die Männer liefen aufgeregt durch die Gegend, fuchtelten mit den Armen und riefen: »O mein Gott, Wilshire! Nein, Wilshire! O nein, Wilshire, lass das!« Ich musste so lachen! Das waren dieselben Männer, die Tag für Tag ihr Leben aufs Spiel setzten, um Menschen vor den schlimmsten Katastrophen zu retten, die man sich nur vorstellen kann – und die dabei stets ruhig, gelassen und gefasst blieben. Und nun versetzte dieser kleine Hund alle in Panik…

Als ich sie darauf aufmerksam machte, waren sie peinlich berührt, mussten aber selbst lachen. Ich fragte sie: »Wenn ihr jemanden aus einem brennenden Gebäude holt, sagt ihr dann zu ihm: ›O mein Gott, Sie sehen aber schlimm aus! Da haben Sie sich ja ein paar böse Verbrennungen geholt. Himmel, was sollen wir jetzt nur machen!?‹« Das tun sie natürlich nicht! Sie geben den Menschen Führung und strahlen eine ruhige, bestimmte Energie aus – genau die Energie, die einen perfekten Rudelführer ausmacht. Diese Männer verfügten bereits über all die Fähigkeiten, die sie für den Umgang mit Wilshire brauchten. Sie wussten nur noch nicht, wie sie sie anwenden sollten.

Darüber hinaus ist die Feuerwache auch noch ein ideales Beispiel für ein reibungslos funktionierendes menschliches »Rudel«. Der Captain bestimmt die Regeln, erzwingt ihre Einhaltung aber nur, wenn es nötig ist. Jeder kennt seinen Platz und seine Aufgabe. Die ganze Wache brummt so gleichmäßig und beruhigend wie ein geschäftiger, produktiver Bienenstock. Der Tag beginnt und endet mit Routineaufgaben, aber Notfälle sind das tägliche Geschäft. Wenn die Feuerwehr gerufen wird, wird es schlagartig turbulent. Die Männer selbst reagieren freilich äußerst besonnen und diszipliniert – ganz ähnlich wie Wölfe oder andere soziale, fleischfressende Lebewesen, die zusammen auf die Jagd gehen. Das Rudeltier Wilshire hätte keinen hundefreundlicheren Ort finden können als diese Feuerwache! Allerdings musste er ein diszipliniertes Mitglied der Gruppe werden – statt den völlig außer Kontrolle geratenen, minderjährigen Rudelführer spielen zu wollen!

Meine Aufgabe war es, Wilshires Verhalten in den Griff zu bekommen und den Feuerwehrleuten anschließend zu zeigen, wie sie ohne mich weitermachen mussten. Als Welpe war dieser Hund noch sehr wissbegierig. Er bettelte geradezu um ein paar Regeln und Grenzen. Ich begann damit, ihn mit der festen Berührung meiner zur Klaue gekrümmten Hand darauf zu konditionieren, sich vom Essen der Feuerwehrleute fernzuhalten. Er lernte sofort, Unterordnungsbereitschaft zu zeigen. Nach ein paar Berührungen musste ich nur noch den Finger heben, mich auf ihn zubewegen und ihm meine ruhige, bestimmte Energie schicken. Weil er noch klein war, mussten wir keine lebenslangen Gewohnheiten brechen. Das, was ich von ihm verlangte – nämlich sich den Regeln des Rudels zu unterwerfen –, war ja in ihm angelegt. Ich konnte mit ein, zwei Berührungen und später allein mit meiner Körpersprache eine unsichtbare Grenze in der Wache ziehen, die er nicht überschreiten durfte. Und er lernte sehr schnell – genau wie die Feuerwehrleute…

Das ist der große Vorteil, wenn man einen Welpen hat – man bekommt die perfekte Gelegenheit, sein Verhalten zu formen. Die Fähigkeit und der Wunsch, mit den anderen zusammenzuarbeiten und mit ihnen auszukommen – sich in ein soziales Umfeld einzufügen –, sind in jedes Hundegehirn »einprogrammiert«. Wenn erwachsene Hunde junge Welpen stupsen oder anknurren und sie auf diese Weise wissen lassen, dass sie beim Spielen zu grob sind oder die Regeln des Rudels auf eine andere Weise verletzen, dann wird nicht verhandelt – doch die Welpen nehmen das nicht »persönlich«. Auch das ist keine Strafe, sondern es geht um die nötige Disziplin.

Menschen können viel von der natürlichen Welpenerziehung der Hunde lernen. Wenn Sie sich den Nachwuchs einer Hundeart ansehen – ob es sich nun um afrikanische Wildhunde, Wölfe oder Dingos handelt –, werden Sie feststellen, wie wenig die Kleinen gegen die erwachsenen Tiere im Rudel aufbegehren, die für sie die Regeln festsetzen. Welpen, die von Natur aus dominanter oder mit

mehr Energie ausgestattet sind, können möglicherweise eine etwas größere Herausforderung sein – und testen ihre Grenzen etwas intensiver. Gleichzeitig wissen sie aber instinktiv, dass ihr Überleben davon abhängt, die Regeln und Rituale des Rudels zu befolgen.

Bei der Rehabilitation Wilshires ging es auch darum, eine Möglichkeit zu finden, wie man sein hohes Energieniveau kontrolliert. Welpen brauchen viel Bewegung, und er bildete da keine Ausnahme. Wenn die Jungs ihren Dienst in der Wache antraten, war nicht immer genügend Zeit für einen flotten Spaziergang in der Nachbarschaft. Zum Glück verbarg sich in den Dienstvorschriften der Männer selbst die perfekte Lösung: Alle Feuerwehrleute in Los Angeles sind vertraglich dazu verpflichtet, jeden Tag bei Arbeitsantritt eine Runde auf dem Laufband zu absolvieren. In Feuerwache 29 stehen zwei dieser Sportgeräte nebeneinander.

Zuerst brachte ich Wilshire bei, sich sicher darauf zu bewegen. Während der ersten Trainingsminuten belohnte ich ihn mit Futter, bis er den Bogen raushatte. Danach trugen die Feuerwehrleute die Verantwortung. In den drei Wochen bis zu meinem nächsten Termin beschlossen sie, eins der Geräte zu »Wilshires Laufband« zu ernennen, und fast jedes Mal, wenn einer von ihnen zur Arbeit kam und zum Laufen ging, schloss Wilshire sich an, sprang auf »sein« Laufband und bettelte darum, mitmachen zu dürfen. Er hatte viel überschüssige Energie, und seine täglichen Laufeinheiten trugen viel dazu bei, ihn kontrollierbarer zu machen. Es dauerte nicht lange, bis er ohne Leine auf dem Band laufen konnte – und dadurch, dass er mit allen Feuerwehrleuten der Station trainierte, entwickelte sich eine erstaunliche Bindung zwischen ihnen.

Als Wilshire neu in der Wache war, beschlossen Captain Reyna und sein Kollege Captain Richard McLaren, ihn als Lernhilfe einzusetzen, damit auch er einen Job in der Einheit hatte. Zu den Aufgaben der Feuerwehrleute in LA gehören Aufklärungsveranstaltungen zum Thema Brandschutz und Überleben in Schulen und bei anderen Organisationen der Gemeinde. Captain Reyna wollte Wilshire beibringen, auf Kommando stehen zu bleiben, sich fallen zu lassen und auf den Rücken zu rollen. Da der entzückende Hund ohne Frage die Aufmerksamkeit der Kinder auf sich zöge, würden sie das Gelernte besser behalten. Leider war Wilshire so flatterhaft, dass er sich nicht einmal so lange konzentrieren konnte, bis er das Kommando »Sitz!« lernte. Deshalb war es klug von den Männern, zunächst einmal mich zu engagieren, damit ich *ihnen* beibrachte, Regeln und Grenzen für Wilshire festzulegen und ihn zu einem Teil des Teams zu machen.

In den drei Wochen bis zu unserem nächsten Termin erwiesen sich die Männer als die besten Schüler aller Zeiten. Die Mitarbeiter jeder Schicht hinterließen den nächsten Notizen, damit alle Männer den Hund gleich behandelten. Sie legten eine Routine für ihn fest und fingen an, überall in der Wache Hinweise anzubringen, um die Kollegen an die derzeit gültigen Ein-Wort-Kommandos zu erinnern. »Nein!« sollte Wilshire dazu bringen, nicht mehr an Menschen hochzuspringen. Bei »Bett!« sollte er in sein Körbchen gehen. In der Cafeteria durfte ihm niemand mehr heimlich Futter zustecken.

Wenn ein Hund mehr als einen Rudelführer hat, ist Konsequenz äußerst wichtig. Alle mussten an einem Strang ziehen – niemand durfte den Softie spielen und Wilshire von Zeit zu Zeit eine Regel brechen lassen, denn dann wäre das ganze Programm zum Scheitern verurteilt gewesen.

Zum Glück basiert das Leben eines Feuerwehrmanns auf Disziplin und Teamwork, und deshalb waren sie in 99 Prozent der Fälle konsequent. Als ich drei Wochen später zurückkehrte, war Wilshire so energiegeladen wie eh und je. Gleichzeitig war er aber auch ein wohlerzogener, respektvoller Welpe – und ein echtes Mitglied des »Rudels«. Er war, was ich als »aufgeregt und unterordnungsbereit« bezeichne. Endlich konnte seine Ausbildung beginnen.

Bei meiner Rückkehr wurde ich von Clint Rowe begleitet. Er ist einer der besten Trainer in Hollywood und richtet seit über dreißig Jahren Tiere für Filme ab. Zu seinen Referenzen gehören Streifen wie »Wolfsblut«, »Scott & Huutch«, »Akte X«, »Die Abenteuer der Natty Gann« und »Der Tod kommt auf vier Pfoten«. Clint trainierte sogar den glücklosen Bären in »Borat«. Er hütet und dressiert Tiere von Hirschen über Pumas bis hin zu Wölfen und natürlich Hunde. Letztere sind seine Spezialität.

Clint hatte eines seiner Arbeitswerkzeuge – seinen Clicker – und ein paar Leckerlis dabei und arbeitete mit Wilshire zunächst nur am ersten Teil der Routine, wenn er stehen bleiben und sich fallen lassen soll. Es kann sehr zeitaufwendig sein, einen Hund dazu zu bringen, dass er auf Befehl Kunststückchen macht. Außerdem sind Geduld, ein gutes Gefühl für den richtigen Zeitpunkt und häufige Wiederholungen nötig. Am besten überfordert man das Tier nicht mit langen und »vollgestopften« Lektionen, sondern arbeitet zwei- bis dreimal am Tag etwa 10 Minuten mit ihm.

Es hat mir wirklich Spaß gemacht, Clint bei der Arbeit zuzusehen, und als er den Feuerwehrleuten seine Methoden
erklärte, sprach er klar, kurz und bündig:

Einer der Unterschiede zwischen Cesar und mir ist, dass er
in »Echtzeit« arbeitet, und das ist ziemlich beeindruckend.
Wenn man Tiere für Filmaufnahmen trainiert, läuft nur der
Tag am Set, an dem die Drehaufnahmen stattfinden, in Echtzeit ab. Den Leuten ist nicht klar, dass der Großteil unserer
Arbeit aus den Vorbereitungen besteht, die tagtäglich hinter
den Kulissen stattfinden.

Während der Arbeit – besonders für den Film – soll das
Tier wirklich Spaß an dem haben, was es tut. Es soll mich
buchstäblich zum Dreh zerren, weil es kaum erwarten kann,
an die Arbeit zu gehen. Bei Wilshire musste ich zunächst herausfinden, was ihn antreibt, was ihn motiviert. Zum Glück
habe ich gleich gesehen, dass er viel für Futter übrighat.

Wir begannen damit, dass Wilshire stehen bleibt und sich
fallen lässt. Wir gaben ihm eine kleine Decke, damit er es
bequem hatte, und hatten darauf die Stelle markiert, an der
er mit der Bewegungsfolge beginnen sollte. Ich habe mit
dem Clicker gearbeitet und jede einzelne Übungsphase mit
Futter belohnt. Auf der Markierung stehen bleiben, »Click«
und Belohnung. Fallen lassen (»hinlegen«), »Click« und Belohnung. Irgendwann haben wir die Belohnungen dann allmählich eingestellt. Der Clicker erzeugt eine neutrale Umgebung. Er verhindert alle Spannungen, die ganz natürlich
oder auch unnatürlich zwischen dem Trainer und dem Tier
entstehen. Er gestattet es dem Hund, selbstständig zu arbeiten und eigenständig auf seine Umgebung zu reagieren.
Das entspannt den Lernprozess und sorgt dafür, dass sich die
Lektionen schnell und mühelos einprägen.

Beim Clickertraining kommt es darauf an, emotional »neutral« zu bleiben. Cesar nennt das »ruhig und bestimmt«. Für mich ist es einfach ein nichtemotionaler Zustand. Ich sehe Menschen, die Tiere anschreien und sich über sie aufregen und trotzdem nicht verstehen, warum sie versagen. Ich sehe das wie Cesar – es ist wirklich so, dass die dem Hund vermittelte Energie über das Ergebnis entscheidet, nicht das verwendete Hilfsmittel. Wenn ich frustriert, wütend oder müde werde, weil es vielleicht ein langer Tag war, dann spielt es keine Rolle, wie gut mein Timing oder sein Fresstrieb oder irgendetwas anderes ist. Falls ich mich zu sehr begeistere und zu viel lobe oder belohne, haben wir dasselbe Problem. Man muss sein emotionales Niveau (die eigene Energie) konstant halten, sonst funktioniert es nicht. Das Vertrauen und die Sicherheit des Tieres – sowohl in Sie als auch in sich selbst – ruht und beruht stets auf Ihrem Gleichmut.

Vier Wochen nach Clints erster Stunde mit Wilshire war es dann so weit: Das Team von »Dog Whisperer«, das stets die Sendetermine im Blick hat, wollte Wilshires ersten Auftritt in einer örtlichen Grundschule filmen. Auch Clint war da. Ich hätte stolzer nicht sein können, als ein schlaksiger, heranwachsender Wilshire eine perfekte Routine aus Stehenbleiben, Fallenlassen und Auf-den-Rücken-Rollen vor einer Klasse entzückter Kindergarten- und Vorschulkinder zeigte. Aber bedenken Sie, dass alles mit den einfachen Regeln und Grenzen begann, welche die Feuerwehrleute und ich an unserem ersten Tag festgelegt hatten. Davor war Wilshire unaufmerksam gewesen, hatte sich nicht konzentrieren können und keinen Respekt vor Menschen gehabt. Man kann auch einem unausgeglichenen Hund neue Verhaltensweisen oder Kunststückchen *aufzwingen* – das konnte ich in einer Einrichtung sehen, in der ich schon bald nach meiner Ankunft in den Vereinigten Staaten arbeitete. Allerdings wird dieses Tier das Gelernte sehr viel schlechter behalten und reagiert unter Umständen mit der Zeit immer sporadischer auf die Befehle. Ein »dressierter« Hund ist nicht zwangsläufig auch ausgeglichen. Ebenso wenig wie ein Harvard-Absolvent automatisch geistig gesund ist. Ausgeglichenheit lässt sich allerdings mit Bewegung, Disziplin und Zuneigung sowie mit einem Training herstellen, das *die richtige Mischung aus positiver Verstärkung sowie Korrekturen zur rechten Zeit* enthält.

Clint berichtet, dass Wilshire ein wunderbarer Schüler ist. Er erweitert seine Routine um immer schwierigere Kunststückchen. Als wir die Folge von »Dog Whisperer« filmten, mussten entweder Clint oder der Feuerwehrmann, der an diesem Tag Wilshires Trainer war, direkt neben ihm stehen, damit er aufs Stichwort stehen blieb, sich fallen ließ und auf den Rücken rollte. Vor kurzem aber hatte Wilshire einen Gastauftritt auf einer riesigen Veranstaltung zur Vermittlung von Haustieren vor einem Publikum, das aus Hunderten von Menschen bestand. Wilshires Trainer war gute drei Meter von der Bühne entfernt, als der Hund eine perfekte Routine zeigte! Inzwischen haben Clint und die Feuerwehrleute ihm beigebracht, sich »anzuziehen« – also den Kopf selbst in sein Halsband zu legen –, und sie arbeiten daran, dass er lernt, wie ein Soldat zu robben: eine weitere Lektion aus dem Brandschutz.

Wilshire ist das perfekte Beispiel dafür, wie die Formel aus Bewegung, Disziplin und Zuneigung sowie konsequente, ruhige und bestimmte Führung und eine auf Belohnungen basierende Verhaltenskonditionierung zusammenwirken können, um einen Hund glücklich und ausgeglichen zu machen und ihn psychisch zu fordern. Einst war Wilshire ein Welpe, dessen Leben auf dem Spiel stand. Nun verspricht er ein Vorbild für die Hunde aller Feuerwachen – und ein echtes Original der Stadt Los Angeles – zu werden. Laut Captain Reyna springen die Leute spontan auf und jubeln, wenn das Feuerwehrauto mit Wilshire auf dem Vordersitz vorbeifährt.

Wenn ein Hund dank meiner Formel aus Bewegung, Disziplin und Zuneigung stabil und ausgeglichen ist, wenn sich der menschliche Rudelführer sein Vertrauen und seinen Respekt verdient hat – *dann* ist der mögliche Nutzen einer auf Belohnung basierenden Erziehung und Konditionierung schier unendlich. Hunde brauchen körperliche und geistige Herausforderungen. Und das Erlernen neuer Verhaltensweisen – vor allem solcher, die ihnen das Gefühl geben, nützlich oder stolz auf sich sein zu können – gehört dazu. Hunde sind wie Menschen soziale Lebewesen und blühen auf, wenn sie wissen, wie sie zu einem reibungslosen Ablauf im Rudel beitragen können.

Seit kurzem vertreten die meisten Verhaltensforscher und andere Experten, die Wildtiere in Gefangenschaft studieren, die meines Erachtens vernünftige Meinung, *alle* Lebewesen brauchten eine Art »Job« oder eine Aufgabe, um psychisch gesund zu sein. Das gilt besonders dann, wenn sie sich die meiste Zeit in einer künstlichen, von Menschenhand geschaffenen Umgebung – also hinter Mauern – aufhalten müssen. Die Lebensraumbereicherung ist ein neues Gebiet, auf dem Experten forschen, mit welchen Hilfsmitteln, Spielen und Herausforderungen sich am ehesten erreichen lässt, dass sich Tiere auch in Gefangenschaft mit ihrer Umgebung beschäftigen und

sich darin wohlfühlen. Wer mit ihnen arbeitet, weiß schon lange, dass ihr Glück darin liegt, eine Aufgabe zu haben.

Jahrelang hat Clint Rowe mit einem Rudel stark miteinander verbundener Wolfshybriden daran gearbeitet, die Rolle echter Wölfe in Filmen spielen zu können. Wolfshybriden gehören zu den am schwersten erziehbaren Hunden, da sie ihren Ahnen so ähnlich sind, wie das einem Hund nur möglich ist. Sie bewahren sich stets viele der puren Überlebensinstinkte und Empfindsamkeiten, die den ungezähmten Tieren meist noch zu eigen sind. Aber Clint beschreibt das Training mit diesem Rudel als eine seiner tiefgreifendsten Erfahrungen der Verbundenheit mit Tieren:

Die Arbeit mit dem Wolfshybridenrudel während der Vorbereitungen zum Film und bei den Dreharbeiten selbst war wie ein Ballett. Die Tiere wussten schon vorher, wie die nächsten Schritte aussehen würden, und waren vollkommen auf ihre Umgebung und natürlich auch auf mich eingestimmt, denn ich war einer der Schlüsselfaktoren für ihre Konzentration –

ihr Anführer. Das Rudel wusste, was ich dachte und von ihm
erwartete. Und ich wusste, dass sie die Aufgabe ganz wunderbar lösen würden. Wir waren eins miteinander. Uns verband ein unsichtbares Energiefeld, und selbst das Filmteam
konnte spüren, dass hier etwas Großes im Gange war.

Ein Wort der Warnung hinsichtlich der Wolfshybriden sei
hier jedoch an jene Leser gerichtet, die sich für diese herr-
lichen Tiere interessieren: Clint sagt, er habe sein Rudel
stets so behandelt, als ob es sich bei den Tieren um *rein-*
rassige Wölfe und nicht »zum Teil« um Hunde handelte.
Er betont, dass solche Tiere niemals von Menschen ange-
schafft werden sollten, die keine Erfahrung im Umgang
mit gefährlichen Wildtieren haben. Viele Nichtprofis haben sich diese prachtvollen Geschöpfe wegen des »Ner-
venkitzels« oder als Statussymbol gekauft und mussten am
Ende schreckliche Erfahrungen machen, die zum Teil töd-
lich endeten.

Die einzigartige genetische Mischung der Wolfshybriden sorgt dafür, dass sie ganz klar in der Wildnis zu Hause
sind. Einige Experten haben sogar die Theorie entwickelt,
das Gefährdungspotenzial der Wolfshybriden sei deshalb
so hoch, weil sich in ihnen die Raubtierinstinkte der Wölfe
(die nicht in erster Linie aggressiv sind) mit den aggressiven Instinkten der Hunde verbinden (bei denen es sich
wiederum nicht in erster Linie um Raubtierinstinkte handelt). Lassen Sie sich von einigen ihrer hundeähnlichen
Charakterzüge nicht täuschen: Wolfshybriden sollten mit
derselben Vorsicht und demselben Respekt behandelt
werden wie alle anderen wilden Tiere auch.

Ebenso wie Clint und sein Rudel Wolfshybriden entwickeln Therapie-, Agility-, Jagd-, Bauern-, Polizei-, Ret-

tungs- und sogar Kriegshunde diese unglaublich tiefe, erfüllende Bindung an ihre menschlichen Führer. Wenn Sie Ihrem Vierbeiner einen »Job« geben, müssen Sie ein noch stärkerer Rudelführer werden, als das von einem »reinen Haustierhalter« üblicherweise gefordert wird. Sie als Besitzer erschaffen eine Art Pflichtprogramm und Struktur für Hunde, die dem Leben und den Aufgaben am nächsten kommen, für die sie ursprünglich vorgesehen waren.

So verkehren Sie Negatives ins Positive

Bei der Erziehungarbeit mit Tieren geht es stets darum, eine positive Erfahrung und eine für beide Seiten lohnende Situation zu erschaffen. In der Natur sind Disziplin, Regeln und Grenzen etwas Positives, da sie das Überleben sichern. Wenn ein dominanter Hund ein unterordnungsbereites Tier korrigiert, besteht der Nutzen darin, dass Letzteres lernt, sich besser ins Rudel einzufügen. Der dominante Hund mindert die Konflikte in ihrer Umgebung. Eine kurze Korrektur erbringt ein positives Ergebnis. Deshalb sage ich immer, dass Sie bei der Arbeit mit Hunden stets das von Ihnen gewünschte Resultat vor Augen haben müssen. Auf diese Weise können Sie alles Negative ins Positive umwandeln.

Wird eine Erfahrung ins Positive verkehrt, kann das sogar die natürlichen Instinkte eines Tiers außer Kraft setzen, um es bei der besseren Anpassung an die menschliche Welt zu unterstützen. Die drei Seelöwen im Central-Park-Zoo von New York beispielsweise zeigen dreimal am Tag bei der Fütterung Dutzende von Varianten ihres natürlichen Spielverhaltens. Sie werden allerdings auch regelmäßig einmal täglich tierärztlich untersucht, was Seelöwen in der freien Wildbahn natürlich nicht über sich ergehen lassen müssten. Bekanntermaßen kann in der Wildnis ein verletztes oder krankes Gruppenmitglied Raubtiere anziehen, die Sicherheit aller gefährden und sogar von der Gemeinschaft selbst angegriffen werden. Deshalb ziehen Tiere ganz instinktiv keine Aufmerksamkeit auf sich, wenn sie sich nicht wohlfühlen. Abgesehen vom Menschen werden Sie keine jammernden Hypochonder finden. Daher müssen die Trainer im Central-Park-Zoo die Tiere zu bestimmten Verhaltensweisen animieren, damit sie zum Beispiel das Maul für Kontrolluntersuchungen oder zum Zähneputzen weit aufsperren, wofür sie dann im Gegenzug mit positiver Ermunterung und Futter belohnt werden. Zwischen den Seelöwen und ihren Trainern herrschen sehr viel Vertrauen und Respekt – denn sie verwandeln das, was in der Natur als negatives Verhalten gelten würde, in etwas Positives.

Wenn ich mein Rudel im Dog Psychology Center füttere, lasse ich zunächst alle Hunde warten und gebe dann dem ruhigsten, unterordnungsbereitesten Tier zuerst zu fressen, obwohl es in der freien Natur ganz sicher zuletzt etwas bekäme. Auf diese Weise ermutige ich den Rest des Rudels, das mit Futter belohnte Verhalten nachzuahmen. Ich glaube zwar immer noch, dass man stets *mit* Mutter Natur und niemals gegen sie arbeiten sollte. Im Hinblick auf unsere Hunde denke ich aber auch, dass die Entscheidung, jene Instinkte zu umgehen, die dem Tier in unserer oft fremden menschlichen Welt keine Überlebenshilfe mehr sind, *keine* Ausnahme von dieser Regel darstellt. In diesem Fall manipulieren wir die Instinkte des Tieres, sodass es seinen Umweltbedingungen besser angepasst ist und friedlicher sowie ausgeglichener bei uns leben kann –

selbst wenn die moderne Welt nur einen abgeschlagenen zweiten Platz gegenüber der Position einnimmt, die dem Hund von der Natur zugewiesen worden wäre.

Hunde»demokratie«

Es scheint, als seien im aktuellen »politisch korrekten« Klima der westlichen Zivilisationen viele Menschen wie auch immer zu dem Schluss gelangt, es wäre falsch, bei den eigenen Haustieren das Sagen zu haben. Wir sind von der altmodischen autoritären Sicht – dass Tiere nur dazu da seien, unsere Befehle zu befolgen – in das andere ungesunde Extrem umgeschlagen und betrachten Tiere nun in allen Lebensbereichen als »gleichberechtigt«. Damit will ich nicht sagen, dass wir etwas »Besseres« wären als sie. Keineswegs! Wir sind einfach anders. Einer der Gründe, weshalb wir unsere Haustiere im Griff haben müssen, liegt darin, dass wir sie zu uns in *unsere* Welt holen und nicht umgekehrt. Wir bringen sie in eine Umgebung voll unbekannter Gefahren – mit Betonböden, Fahrzeugen, Elektrokabeln und Hochhauswohnungen. Sie empfinden unser ganzes Umfeld als unnatürlich. Gewiss können sie unter unserer Anleitung lernen, sich in dieser Welt gefahrlos zurechtzufinden. Sie können sich daran gewöhnen und es sogar schaffen, glücklich in diesem Umfeld zu leben. Trotzdem entspricht dies nicht dem Dasein, das Mutter Natur für sie vorgesehen hat. Je klarer wir verstehen, wie unsere Hunde denken, desto besser können wir lernen, ihre wirklichen Bedürfnisse zu erfüllen, obwohl sie mit uns in einer Welt leben, die ihnen – und tief im Innersten auch »dem Tier in uns« – fremd ist.

Wenn ich sage, wir sollen die Kontrolle über unsere Hunde übernehmen, heißt das natürlich nicht, dass wir uns zu erbarmungslosen Diktatoren entwickeln müssen; und wenn ich sage, unsere Hunde sollen ruhig und unterordnungsbereit sein, bedeutet das keinesfalls, dass wir ihnen einen »geringeren Wert« zumessen als uns selbst. Wie alle sozialen Lebewesen brauchen sowohl Menschen als auch Hunde Struktur und Führung, um nicht im Chaos zu ertrinken. Die Demokratie mag das höchste Ideal sein, nach dem die meisten menschlichen Gesellschaften streben, aber selbst hier gibt es Führungspersonen. Und glauben Sie mir – Ihr Hund hat ganz sicher nicht den Wunsch, in einer »Demokratie« zu leben! Mit jeder Zelle seines Körpers hätte er lieber einen klar umrissenen sozialen Rahmen mit einem gerechten, konsequenten, treuen und ehrenwerten Rudelführer an der Spitze statt ein »gleiches Mitspracherecht« bei der Führung Ihres menschlichen Haushalts, was immer man sich darunter auch vorstellen mag. Der Mensch wäre gut beraten, zunächst einmal darüber nachzudenken, wie er das Konzept der Demokratie im Umgang mit den eigenen Artgenossen perfektionieren kann, ehe er damit beginnt, es den Tieren überzustülpen.

Bestrafung, Misshandlung und außer Kontrolle geratene Gefühle

Wenn Sie einem Tier eine starke Führung und Regeln geben, ist das etwas völlig anderes, als ihm mit Misshandlungen Angst einzujagen und es zu bestrafen. Eine schnelle, bestimmte Berührung ist nicht dasselbe wie ein Schlag.

Von der Misshandlung von Tieren habe ich erstmals erfahren, während ich als Kind im mexikanischen Mazatlán lebte. Es hat mir schier das Herz zerrissen, zu sehen, wie Menschen mit Steinen nach Hunden warfen und sie beschimpften. Später als Erwachsener wurde ich unmittelbar Zeuge der Folgen von Hundemissbrauch. Ich sah und sehe Tiere, die geschlagen und getreten wurden, vernachlässigte Welpen, die tagelang im Hof angebunden waren, und Hunde, denen man Wasser und Futter vorenthalten hat.

Ein unvergesslicher Fall ist Pitbull Popeye. Er verlor bei einem der illegalen Hundekämpfe ein Auge und wurde daraufhin von seinen Besitzern ausgesetzt. Aufgrund seiner Sehbehinderung fühlte er sich verletzlich und wurde in dem Versuch, andere Hunde einzuschüchtern, äußerst misstrauisch und aggressiv ihnen gegenüber. Auch Rosemary war in solchen Hundekämpfen eingesetzt worden. Nachdem sie einen wichtigen Kampf verloren hatte, überschütteten ihre Besitzer sie mit Benzin und zündeten sie an. Ein Tierschutzverein griff ein und rettete ihr das Leben, aber die schreckliche Erfahrung hatte sie zu einem gefährlich aggressiven Hund gemacht.

Zum Glück konnte ich sowohl Popeye als auch Rosemary rehabilitieren und ihnen die Führung geben, die sie brauchten, um sich erfüllt und sicher zu fühlen. Nicht alle Tiere haben so viel Glück. Aus Angst können misshandelte Hunde Artgenossen und manchmal sogar Menschen angreifen und töten. Die Gesellschaft verurteilt sie zum Tode, obwohl Menschen die Schuld daran tragen, dass sie überhaupt so gefährlich stark aus dem Gleichgewicht geraten sind.

Meiner Ansicht nach entsteht Missbrauch aus unausgeglichenen menschlichen Gefühlen und unseren eigenen unterdrückten negativen Energien. Es nutzt nichts, ein Kind zu bestrafen, wenn Vater oder Mutter die Kontrolle verloren haben. Ebenso sinnlos ist es, die eigene Wut oder Unzufriedenheit an einem Tier auszulassen, das unmöglich verstehen kann, worüber man sich aufregt. Und so schwer es den meisten von uns fällt, das einzusehen – auch Liebe ist nicht genug. Weder bei Tieren noch bei Menschen! Ich sage immer, wenn die Liebe genügte, um unerwünschtes in erwünschtes Verhalten zu verwandeln, gäbe es keine unausgeglichenen Menschen auf der Welt! Gleichermaßen gilt, wenn Liebe genügte, um aus Ihrem Hund das perfekte Haustier zu machen, dann würde er denken: »Mein Herrchen mag mich so sehr, da lasse ich die Katze heute mal in Ruhe.« Natürlich ist das Nonsens. Ihr Hund denkt nicht so. Er kann sein Verhalten weder logisch begründen noch darüber nach»denken«. Allein das ist schon Grund genug, sich nie von einem Tier »provozieren« zu lassen. Korrigieren Sie es nie aus Wut oder Frustration. Wenn Sie Ihren Hund zornig zurechtweisen, sind meist Sie mehr außer Rand und Band als er. Dann befriedigen Sie Ihre eigenen Bedürfnisse und nicht die des Tiers – und tun das darüber hinaus auf eine zutiefst ungesunde Art und Weise. Glauben Sie mir, Ihr Hund wird Ihre unausgeglichene Energie spüren und sein unerwünschtes Verhalten oft noch verstärken.

Bedenken Sie stets: Ihr Hund ist Ihr Spiegel. Das Verhalten, das Sie ernten, reflektiert für gewöhnlich auf irgendeine Weise Ihr eigenes.

Einige Grundregeln – was Sie in puncto Disziplin tun und lassen sollten

– Legen Sie eine Hausordnung sowie Regeln und Grenzen für die *menschlichen* Mitglieder Ihres »Rudels« fest, *bevor* Sie einen Hund ins Haus holen.

– Vergewissern Sie sich, dass alle Menschen auf dem gleichen Stand sind und wissen, was erlaubt ist und was nicht.

– Achten Sie stets klar und konsequent auf die Einhaltung der Regeln.

– Beginnen Sie mit der Durchsetzung der Regeln an dem Tag, an dem Ihr Hund zu Ihnen kommt – er kann die Vorstellung von einem »besonderen Tag« oder einem »Feiertag ohne Regeln« nicht verstehen!

– Bemühen Sie sich stets um eine ruhige und bestimmte Energie, wenn Sie ein Verhalten bemerken, das Sie korrigieren müssen.

– Bieten Sie Ihrem Hund eine Alternative zu seinem unerlaubten Benehmen an.

– Setzen Sie die Regeln niemals durch, wenn Sie frustriert, wütend, emotional oder müde sind. Warten Sie, bis Sie emotionslos auf das Verhalten Ihres Hundes reagieren können.

– Schreien Sie Ihren Hund nie wütend an und schlagen Sie niemals auf ihn ein!

– Erwarten Sie nicht, dass Ihr Hund Ihre Gedanken lesen kann.

– Erwarten Sie nicht, dass Ihr Hund Regeln befolgt, auf deren Einhaltung nicht konsequent geachtet wird.

– Verstärken oder ermutigen Sie niemals eine ängstliche oder aggressive Haltung.

– Belohnen Sie Ihren Hund mit Leckerlis oder Zuneigung, aber nur dann, wenn er sich in einem ruhigen und unterordnungsbereiten oder aktiven und unterordnungsbereiten Zustand befindet.

ERFOLGSGESCHICHTE

Bill, Maryan und Lulu

Wir haben unsere Hündin Lulu aus dem örtlichen Tierheim geholt. Wenn wir sie streicheln wollten, hat sie sich anfangs auf den Rücken gerollt und losgepieselt ... Vor allem vor mir hatte sie Angst; und wenn ich ein Zimmer betrat, in dem sie sich aufhielt, klemmte sie normalerweise den Schwanz zwischen die Beine und rollte sich auf den Rücken.

Außer Haus war sie an der Leine kaum zu beherrschen. Ohne Leine raste sie erst quer über unser Grundstück und dann durch die Gärten sämtlicher Nachbarn; und wir mussten einen ganzen Straßenblock hinter uns lassen, bis ich sie wieder einfangen konnte.

Maryan und ich machten uns große Sorgen, weil wir sie nicht in den Griff bekamen und sie die Katzen eher als Mahlzeit (bzw. als Snack) betrachtete, als sich mit ihnen anzufreunden.

Wir hatten die Sendung »Dog Whisperer« verfolgt und waren beeindruckt von dem, was wir dort sahen. Deshalb beschlossen wir, ein paar von Cesars Methoden auszuprobieren. Seine auf Bewegung, Disziplin und zu guter Letzt Zuneigung beruhende Philosophie ist so einfach, dass man kaum glauben kann, was für eine Wirkung sie erzielt.

Zwei Methoden sind uns besonders aufgefallen. Die erste ist der Zischlaut, den Cesar in seinen Sendungen von sich gibt. Damit zieht er fast immer auf Anhieb die Aufmerksamkeit des Hundes auf sich. Die zweite ist seine Art, die Leine einzusetzen und sie ziemlich weit oben, direkt hinter den Ohren und nicht am unteren Ende des Halses, anzulegen.

Auch eine dritte Technik, dem Hund mit Hilfe eines Lauf-
bands Bewegung zu verschaffen, wenn man anderweitig verhindert ist und nicht mit ihm spazieren gehen kann, erschien
uns nützlich (es bereitet Maryan große Schwierigkeiten, längere Strecken zu gehen). Dazu mussten wir allerdings erst
herausfinden, wie wir Lulu dazu bewegen konnten. Anfangs
probierte sie, vom Laufband zu springen, aber sie war angeleint, und wir sorgten dafür, dass sie auf dem Gerät blieb –
und schließlich fing sie an zu laufen. Heute versucht sie sogar, unsere Aufmerksamkeit zu erregen, und geht dann zum
Laufband, als wollte sie um ihr Training bitten. Die Veränderung ist ganz erstaunlich.

Es freut mich sehr, berichten zu können, dass diese drei
eher unspektakulären Maßnahmen unser Leben mit Lulu
in wenigen kurzen Wochen zum Besseren verändert haben.
Sie ist sehr viel selbstsicherer, ruhiger und weniger anstren-
gend. Inzwischen kann Maryan sie sogar mitnehmen, wenn
sie zum Briefkasten geht. An der Leine ist Lulu jetzt aufmerksam, ruhig und unglaublich sanft. Sie zerrt nicht mehr und
weigert sich auch nicht mehr, sich zu bewegen … stattdessen
ist sie zu einer wunderbaren Begleiterin geworden.

Mit den Katzen hat Lulu Freundschaft geschlossen; mit
Precious ist sie sogar so dick befreundet, dass sie manchmal
Seite an Seite einschlafen! Nun sind wir alle »ein Rudel« –
und ich wünsche mir nur noch eines, nämlich dass diese Methoden auch bei Katzen funktionieren mögen!

Cesars Gesamtphilosophie, eine Philosophie der Ausgeglichenheit, passt sehr gut zu meiner eigenen Einstellung. Ich
glaube, damit wir unser Gleichgewicht finden können, müssen wir »im Jetzt« leben. Diese Überzeugung wird am häufigsten von östlichen Religionen zum Ausdruck gebracht –
und wenn man sich damit beschäftigt, gelangt man zu der

Erkenntnis, dass man nur das »Jetzt« hat (zumindest war das bei mir der Fall). Die Vergangenheit ist vorüber, und die Zukunft ist ganz und gar ungewiss. Alles, was uns bleibt, ist der Augenblick, in dem wir leben – genau jetzt.

3. DAS BESTE HILFSMITTEL DER WELT

»Wir sind darauf konditioniert, die Erziehung als etwas
zu betrachten, was wir mit Hilfe bestimmter Aufgaben
und Hilfsmittel erreichen. Das ist wahr, doch bisweilen
kann man die verwendeten Werkzeuge weder sehen noch
schmecken, hören, riechen oder anfassen.«

Brandon Carpenter, Pferdetrainer

Bei meinen öffentlichen Auftritten oder wenn ich eines
meiner Seminare leite, kommen oft Leute zu mir und
wollen wissen, was ich für die absolute Nummer eins,
das beste, das verlässlichste Hilfsmittel bei der Erziehung

oder Rehabilitation eines Hundes halte. Häufig sind sie erstaunt, wenn ich sage, dass sie das beste Hilfsmittel, das sie sich zur Kontrolle ihrer Hunde überhaupt wünschen können, bereits haben. Sie tragen es tagtäglich bei sich, wohin sie auch gehen. Es ist ihre *Energie*. Dies ist in der Tat das eine, das *einzige* Hilfsmittel, das ich immer nenne und für das ich mich jedes Mal ausspreche.

Sie – das heißt Ihre Energie, Ihr Sein – sind das mächtigste »Werkzeug«, das je erschaffen wurde. Als Mensch verfügen Sie über eine Fähigkeit, die im ganzen Tierreich einmalig ist. Nur ein Mensch – kein anderes Tier – kann mehrere verschiedene Arten an einem Ort zusammenführen und dafür sorgen, dass sie miteinander auskommen. Arten, die einander in freier Wildbahn töten würden. Haben Sie beispielsweise die Filme »Ace Ventura – Ein tierischer Detektiv« oder »Dr. Dolittle« gesehen, in dem sich ein Huhn, ein Schwein, ein Pferd, eine Katze, ein Hund, eine Schlange und eine Kuh in einem Zimmer befanden? Natürlich stammt die Absicht, eine solche Szene zu drehen, von einem Menschen, der auch die entsprechende Strategie entwickelte, um all das zu verwirklichen, und dessen Energie es möglich machte. Bei den Dreharbeiten waren für alle beteiligten Tiere Trainer wie mein Freund Clint Rowe zuständig, die sie ohne Leine oder Halsband oder Käfig im Griff hatten – zumindest solange die Szene gedreht wurde.

Abgesehen von Ihrer Energie bezeichne ich alle Gegenstände als Hilfsmittel oder Werkzeuge, mit denen wir eine körperliche Verbindung zu unseren Hunden herstellen. Sie sollen genau wie die menschliche Energie den Tieren unsere Absichten und Erwartungen *mitteilen*. Mit dem Begriff »Technik« meine ich die Methode, wie wir die von uns gewählten Hilfsmittel und all die anderen Maßnahmen einsetzen, um bessere Rudelführer zu werden.

Das Seil meines Großvaters

Ich sage immer, dass Tierbedarfshandlungen im ländlichen Mexiko nie so viel Geld verdienen würden wie in den Städten der westlichen Industrieländer. Das liegt daran, dass wir zum Beispiel statt einer schicken Leine über Generationen hinweg dasselbe alte Stück Seil verwenden. So benutze auch ich oft eine einfache Leine für 35 Cent, um zu zeigen, dass nicht sie den Hund im Zaum hält, sondern die Energie an ihrem anderen Ende. In meinem Buch *Tipps vom Hundeflüsterer* spreche ich davon, dass die Obdachlosen von Los Angeles zu den besten Hunderudelführern gehören, die ich seit meiner Ankunft in diesem Land gesehen habe. Sie leiten die Tiere, die ihnen auch ohne Leine folgen, ganz allein mit ihrer Energie. Diese obdachlosen Rudelführer haben eine ganz einfache Mission: Sie wollen vorwärtskommen und alles tun, was für ihr Überleben nötig ist. Ihre Energie spiegelt sich in ihrem Ziel, das wiederum in der Aufgabe des Hundes reflektiert wird. In vielen sogenannten unterentwickelten Kulturen streifen Hunde immer noch ungehindert auf der Suche nach Abfällen durch die Dörfer. Wenn es Zeit ist, auf Spurensuche oder auf die Jagd zu gehen, begleiten sie die Menschen, auch ohne angeleint zu sein. Diese menschlichen Rudelführer wissen instinktiv, dass ihre Energie das beste Werkzeug zur Kommunikation mit einer anderen Art ist.

Bevor die menschliche Zivilisation immer stärker in die Lebensräume der Tiere eingedrungen ist und sie gezwungen hat, aus Überlebensgründen unnatürlich aggressiv zu werden, hatten die meisten von ihnen – sogar einige der furchterregendsten Kreaturen auf Erden – instinktiv Angst vor den Menschen. Wölfe, Leoparden, Löwen und Elefanten wussten, dass der Mensch etwas besaß, was ihnen fehlte – eine Mischung aus starker instinktiver, psychischer und intellektueller Energie. Das wog schwerer als der Umstand, dass der Homo sapiens langsamer und schwächer ist und sich weder mit Zähnen noch mit Klauen wirklich zu wehren weiß. Heutzutage geht der moderne Mensch in einen Laden und kauft besondere Leinen und Halsbänder, von denen er glaubt, sie würden ihm mehr Macht über das Tier verleihen. In Wirklichkeit ist den meisten von uns die instinktive Energie abhandengekommen, in der ursprünglich unser natürlicher Vorteil lag. Wir haben vergessen, was schon unsere Vorfahren über die Tiere wussten – dass wir sie nur mit unserem Verstand überlisten können.

In den Jahren der Zivilisierung erfand der Mensch Tausende von Hilfsmitteln, um die verschiedensten Angehörigen des Tierreichs zu beherrschen oder zu beeinflussen. Einige dieser Werkzeuge gelten inzwischen als inhuman, andere sind heute noch im Einsatz. Ich bin mir sicher, dass künftig auch noch mehr davon entwickelt werden. Trotzdem werden Sie niemals etwas Besseres finden als die Energie, die Sie bereits in sich tragen. In dieser Hinsicht gibt es kein größeres Kunstwerk im ganzen Universum als Sie. Sie sind ein Teil von Mutter Natur und können jederzeit mit ihr Kontakt aufnehmen. In der Tierwelt sind Sie Ihre Energie – und die ist grenzenlos. Sie müssen nur lernen, den Code zu knacken und Zugang zum Tier in sich zu finden. Ihre instinktive Energie ist die

Nummer eins, das allerwichtigste Hilfsmittel, um das Verhalten Ihres Hundes zu kontrollieren oder zu beeinflussen.

Hilfsmittel geben Ihnen Macht

Ein Hilfsmittel wird erst dann von Energie durchströmt, wenn Sie es berühren. Ein Ast erfüllt nur seine ursprüngliche biologische Funktion, bis ein Schimpanse ihn abbricht, um damit nach Insekten zu graben. Er wird erst dann Mittel zum Zweck, wenn er in einer bestimmten *Absicht* eingesetzt wird. Ein Käsemesser kann neben einem Stück Käse und ein paar Crackern auf dem Schneidbrett liegen, doch wenn ein Mann danach greift, um aus Zorn auf einen anderen einzustechen, wird es zur Waffe – auch hier kommt es auf die Absicht an. Ist es unmenschlich, mit einem Käsemesser Käse zu schneiden? Natürlich nicht! Ist es unmenschlich, damit auf jemanden einzustechen? Die Antwort ist klar. Mit diesem Beispiel möchte ich Folgendes deutlich machen: Unabhängig davon, für welche Erziehungshilfe Sie sich entscheiden, das Instrument wurde nicht erfunden, um Ihren Hund zu verletzen. Vielmehr soll es dem Hundeführer Macht verleihen – für den Fall, dass er das Tier nicht mit seiner Energie allein lenken kann. Wenn man bestimmte Hilfsmittel einsetzt und dabei nervös, frustriert, wütend oder hilflos ist, dann wage ich zu behaupten, dass die negative Ausstrahlung dem Hund gegenüber sehr viel unmenschlicher ist als die meisten Erziehungshilfen, die es gibt. Wird ein Werkzeug nicht korrekt und mit ruhiger, bestimmter Energie verwendet, dann wird es nicht nur versagen, sondern kann sich in der Tat sogar in etwas verwandeln, was dem Hund Schaden zufügt.

Es gibt viele Fälle, in denen ein Hundebesitzer das Tier aus nachvollziehbaren Gründen nicht mit dem Einsatz seiner Energie oder einem schlichten Seil beherrschen kann – und niemand muss sich deswegen schämen. Schließlich herrscht in weiten Gegenden Leinenpflicht. Sogar der Gesetzgeber geht mehr oder weniger davon aus, dass ein gewisser Prozentsatz der Bürger seinen Hund im Notfall möglicherweise nicht im Griff hätte. Leinen, Halsbänder und andere Hilfsmittel sind ein zusätzlicher Sicherheitsfaktor. In manchen Fällen ist der Hund körperlich einfach zu stark für seinen Besitzer.

Meine Freundin und Klientin Kathleen ist ein gutes Beispiel dafür. Sie gab dem 42 Kilogramm schweren Rottweiler Nicky ein Zuhause, der von seinem Vorbesitzer misshandelt worden war und ohne ihr Eingreifen sicher eingeschläfert worden wäre. Kathleen ist ein kleines, zartes Persönchen und leidet zudem an Osteoporose. Da Nicky ein starker Hund mit hohem Energieniveau ist, braucht er regelmäßige Spaziergänge. Allein fehlt Kathleen jedoch die Kraft, um Nicky aufzuhalten, wenn er auf ihren gemeinsamen Ausflügen ganz aus dem Häuschen gerät und auf andere Hunde zustürmt. Kathleen gehört zu den Menschen, die das richtige Hilfsmittel brauchen, um die eigene Position zu stärken und Nicky wie auch andere Hunde zu schützen.

Ich habe mich für eine dreigeteilte Strategie entschieden, um Kathleen dabei zu helfen, ihre innere Kraft zu finden und Nicky ein wunderbares und verantwortungsbewusstes Frauchen zu sein. Zuerst holte ich den Rottweiler zwei Wochen zu mir ins Dog Psychology Center, um die Sozialisation mit Artgenossen zu verbessern. Da ihn sein Vorbesitzer misshandelt und jahrelang an einen Pfosten gekettet hatte, waren ungeheuer viel Energie und Frustration in ihm aufgestaut, die er an anderen Hunden ausließ. Doch sobald er die »Macht des Rudels« spürte, jeden Tag reichlich Bewegung bekam und sein Leben einer ausgeglichenen, vorhersehbaren Routine folgte, entpuppte er sich als freundlicher, verspielter Kerl.

Danach arbeitete ich mit Kathleen an der Kanalisierung ihrer ruhigen und bestimmten Energie. Sie ist eine starke, entschlossene Frau, war sich aber wegen der Krankheit ihrer selbst nicht mehr ganz sicher. Zudem wurde sie sehr stark von ihrem Kummer über das beeinflusst, was Nicky früher erlebt hatte. Ich half ihr, im Umgang mit ihrem Hund Zugang zu ihrem widerstandskräftigen, überlebensfähigen Kern zu finden und mit ihm gegenwartsbezogen zu leben.

Zuletzt brachte ich ihr den korrekten Einsatz der Erziehungshilfe bei, die sie gewählt hatte – das Stachelhalsband. Es half Kathleen, Nicky schneller und eindeutiger zu korrigieren, als sie das – vor allem angesichts ihrer Osteoporose – sonst hätte tun können. Das Wissen, dass sie jederzeit auf das Halsband zurückgreifen konnte, sorgte wiederum dafür, dass sie sich beim Spaziergang mit Nicky stärker und selbstsicherer fühlte. Letztlich machte Kathleens gesteigertes Selbstbewusstsein ihn zu einem gehorsameren Hund – nicht das Halsband!

Lassen Sie mich an dieser Stelle noch einmal wiederholen, dass es nicht auf das Hilfsmittel, sondern die Energie dahinter ankommt. Wäre es »humaner« gewesen, wenn Kathleen das Tier aufgegeben und es damit möglicherweise zum Tode verurteilt hätte? Ich glaube, sie hat die richtige Entscheidung getroffen, indem sie eine Erziehungshilfe fand, die sie ohne Schaden für den Hund einsetzen konnte, den korrekten Gebrauch erlernte, ihre innere Kraft entwickelte und zu einer sehr viel besseren Rudelführerin für ihren Hund wurde. Aber nicht das Halsband an sich hat Nicky verändert – es war nur eine Station auf Kathleens Weg, ihre eigene Stärke und ihr eigenes Potenzial zu akzeptieren.

Dillingers Pistole und Großmutters Zeitung

Die Menschen vergessen oft, wie viel die Kraft der Absicht, der Psychologie und der Energie zur Wirksamkeit einer Erziehungshilfe beiträgt. Diese drei Faktoren wurden legendär, als John Dillinger, der berüchtigte Verbrecher aus der Zeit der Weltwirtschaftskrise, mit einer mit Schuhcreme geschwärzten Holzpistole aus dem »ausbruchssicheren« Gefängnis in Crown Point, Indiana, floh. Falls an dieser schillernden Geschichte etwas dran ist, können Sie wetten, dass Dillinger es in Wirklichkeit seiner Entschlossenheit, seinem Charisma und seinem furchterregenden Ruf zu verdanken hat, dass er aus dem Gefängnis entkam – was die Wärter vermutlich davon abhielt, sich die »Waffe« in seinen Händen allzu genau anzusehen. Falls Ihre 84-jährige Großmutter einen Hund hatte, lag vermutlich immer eine zusammengerollte Zeitung griffbereit. Das ist die altmodische Methode, einen Hund zu disziplinieren (die viele meiner älteren Klienten noch verwenden), und die ich keineswegs befürworte. Aber ist die Methode deshalb falsch? Wenn es zu Misshandlungen kommt, ist sie das natürlich. Andererseits erzählen mir Klienten, deren Eltern oder Großeltern sich dieses Vorgehens bedienten, dass Großmutter den Hund mit der Zeitung für gewöhnlich gar nicht berührte. Sie musste nur danach greifen. An diesem Punkt erkannte das Tier, dass sie es ernst meinte. Da der einfache Griff danach Großmutter ihrem eigenen Verständnis nach Macht verlieh, änderte sich der Hund. Er spürte den Umschlag ihrer Energie, sie wirkte nun viel mächtiger auf ihn. Auch hier löste die Energie, nicht die Zeitung die Veränderung aus. Die ruhige, bestimmte Energie, mit der Sie ein Hilfsmittel verwenden, ist viel wichtiger als das Werkzeug selbst.

Ich kann jedes beliebige Hilfsmittel erfolgreich einsetzen, was natürlich nicht heißt, dass es sich auch für denjenigen eignet, dem ich helfen möchte. Wenn ich meine Klienten zu Hause besuche, frage ich immer: »Womit fühlen Sie sich am wohlsten?« Ich arbeite am liebsten mit einer Erziehungshilfe, die die Leute bereits kennen, weise sie aber natürlich zuerst in den korrekten Umgang ein – denn alles kann bei falschem Gebrauch schädlich sein. Gelegentlich habe ich das Gefühl, dass der Klient mit einem anderen Hilfsmittel besser bedient wäre, weil er noch nicht die richtige Stufe für den korrekten Einsatz der gewählten Methode erreicht hat. In diesem Fall schlage ich ein Vorgehen vor, das meiner Meinung nach besser geeignet ist, um ihm die Kontrolle und, was noch wichtiger ist, das für ein effektives Eingreifen nötige Selbstvertrauen zu geben. Wieder ist das Selbstbewusstsein – die ruhige, bestimmte Energie – der Schlüssel. Im Idealfall strebe ich danach, die ursprüngliche Verbindung zwischen Mensch und Tier wiederherzustellen, um den Umgang ohne Leine zu ermöglichen – und dieses Ziel können wirklich viele Menschen erreichen. Der Traum ist es, sich auf energetischem Weg auf eine Art und Weise mit dem Hund zu verbinden

und mit ihm zu kommunizieren, welche die Notwendigkeit eines Hilfsmittels auf ein Minimum reduziert.

Nehmen wir beispielsweise meine Beziehung zu meinem Pitbull Daddy. Obschon ich ihm eine billige Leine
umlege, wenn das aus gesetzlichen Gründen oder zu seinem eigenen Schutz nötig ist, lenke ich ihn im Grunde
nur mit meinem Denken, meiner Energie und meiner Beziehung zu ihm – die zu 100 Prozent auf Vertrauen und
Respekt basiert. Beim gemeinsamen Spaziergang gibt es
keine Grenze zwischen ihm und mir. Er liest meine Energie und ich die seine, und wir bewegen uns wie eine Einheit vorwärts. Falls ich einen bestimmten Wunsch habe,
kann ich ihm diesen fast immer mit einer Geste oder einem Gedanken mitteilen. Meiner Ansicht nach ist das die
ideale Beziehung zwischen Mensch und Hund – und ein
Ziel, nach dem wir alle streben können.

Obwohl ich bislang in diesem Kapitel erörtert habe, wie
man das Verhalten eines Hundes mit Hilfe der eigenen
Energie kontrolliert, möchte ich klar sagen, dass ich die
gesetzliche Leinenpflicht befürworte. Ich bin in einem
Land ohne derartige Regelung aufgewachsen und glaube,
es ist richtig, wenn von Hundebesitzern verlangt wird,
ihre Tiere in der Öffentlichkeit anzuleinen. Hunde sind
Tiere, und Tiere werden von ihrem Instinkt, nicht von der
Vernunft gelenkt. Sogar dem gewissenhaftesten Frauchen
kann es passieren, dass ihr Hund von einem Kind mit einem Stück Hühnerfleisch oder von einem Baby mit einer
Milchflasche im Buggy oder von einem Artgenossen auf
der gegenüberliegenden Straßenseite angelockt wird. Leider zeigt die Erfahrung, dass die wenigsten Hundebesitzer
ihr Tier in einer solchen Situation im Griff haben.

Ein weiterer Vorteil der Leinenpflicht ist die damit ver-
bundene Kontrolle der Hundepopulation. Einer der stärksten natürlichen Triebe des Hundes ist der Wunsch, sich zu
vermehren, und ohne Leine kann ein nichtsterilisiertes läu-
figes Weibchen im Handumdrehen trächtig sein.

Zusammenfassend lässt sich sagen, dass es beim Thema
Leinenpflicht darum geht, der Realität ins Auge zu sehen
und Unfälle zu vermeiden – und dass ich diese wichtige
Sicherheitsmaßnahme hundertprozentig unterstütze.

Nun, da Sie meine Philosophie zum Einsatz von Hilfsmitteln kennen – nicht auf das Werkzeug, sondern auf die
dahinterstehende Energie kommt es an –, werden wir uns
ein paar der häufigsten Korrekturhilfen ansehen, ihre Vor-
und Nachteile prüfen und Beispielsituationen erörtern, in
denen sie angemessen sein können oder auch nicht.

Das Seil oder die einfache Leine

Ob das Seil meines Großvaters in Mexiko oder die billigen
Nylonleinen, die Sie in jeder Tierhandlung bekommen –
in diese Kategorie gehört alles, was Sie einfach um den
Hals eines Tieres legen, um damit sicherzustellen, dass
es Ihnen folgt. Sinn und Zweck dieses Hilfsmittels ist es
lediglich, eine Grundkommunikation zwischen Ihnen und
Ihrem Hund herzustellen, damit Sie ihm auf einfachste
Art und Weise mitteilen können, dass er Ihnen vertrauen
und folgen oder in dieselbe Richtung laufen soll wie Sie.

Das Anlegen einer schlichten Leine ist die einfachste
Möglichkeit, um zu verhindern, dass ein Tier vor Ihnen
flieht. Für gewöhnlich dient das seinem Wohl. Ich erinnere
mich an meine Erlebnisse auf der Farm meines Großva-

ters, wenn eine Kuh oder ein Pferd in einen Graben gefallen war. Das Tier geriet in Panik, schlug wie wild um sich und tat Dinge, mit denen es sich ganz offensichtlich schaden konnte. Mein Großvater holte sein Seil, legte es um den Hals des Tieres und beruhigte es mit seiner ruhigen, bestimmten Energie. Anschließend brachte er es in Sicherheit. Das Seil vermittelte Vertrauen, Respekt und Führung – und ermöglichte es meinem Großvater, dem Tier unmittelbar mitzuteilen, in welche Richtung es gehen musste, um einer Gefahrensituation zu entfliehen.

Die einfache Leine ist das Mittel meiner Wahl, wenn ich mit dem Rudel unterwegs bin. Sobald ich mit Coco, dem Chihuahua, Louis, dem Chinesischen Schopfhund, und Sid, der Französischen Bulldogge, durch eine fremde Stadt laufe, lege ich ihnen meine kleinen Nylonleinen an, und wir ziehen um ein paar Häuserblocks. Die Schlaufe befestige ich gern hoch oben am Hals, um den Kopf besser kontrollieren zu können und zu verhindern, dass das Tier vom Weg abkommt, Fährten verfolgt oder am Boden schnuppert. Wie bei Daddy herrscht auch bei Coco, Louis und mir volle Übereinstimmung, und wo dies erlaubt ist, folgen sie mir auch ohne Leine problemlos.

Bei Sid sieht die Sache ganz anders aus. Wir haben ihn erst vor ein paar Monaten »adoptiert«, und leider muss er noch sehr viel lernen, wenn es darum geht, Regeln und Grenzen einzuhalten. An diesen Punkten muss ich noch mit ihm arbeiten. Sid ist ein Schauhund im Ruhestand – sogar ein preisgekrönter. Bis vor kurzem spielte sich sein Leben hauptsächlich im Ring der Hundeausstellungen ab. Er ist nie über offenes Land gelaufen oder hat Zeit unter freiem Himmel verbracht, und wenn ein Eichhörnchen vorbeikommt, ist das für ihn ein Riesenereignis, und es lenkt ihn gewaltig ab. Sid versteht noch nicht, dass er draußen nicht einfach in irgendeine Richtung davonstürmen kann. Solange er und ich nicht etwas mehr Zeit miteinander verbracht und das Konzept der unsichtbaren Grenzen immer wieder geübt haben, kann ich ihm das nur mit Hilfe der Leine vermitteln – die ihm das Leben retten wird.

Das einfache Halsband

Das nächste einfache Hilfsmittel zur Beeinflussung eines Hundes ist das schlichte Halsband mit Schließe, das einem Gürtel ähnelt. Meist haben die handelsüblichen Modelle eine Vorrichtung, an der Sie die Leine einhängen und so eine einfache Kombination aus Halsband und Leine herstellen können. Wilde Tiere wehren sich gegen ein zu enges Halsband, aber für den »Durchschnittshund« ist das kein Problem. Diese Kombination steht eine Stufe über den von mir verwendeten Nylonleinen und gibt den meis-

ten Hundebesitzern mehr Sicherheit. Darüber hinaus
kann man Halsbänder in unzähligen verschiedenen De-
signs zu den verschiedensten Preisen bekommen. Einige
Nietenhalsbänder können verhindern, dass andere Tiere
Ihren Hund bei einem zufälligen Angriff am Hals verletzen. In den meisten Fällen haben diese Modelle allerdings
eine rein ästhetische Funktion. Als Daddy und ich die
»Creative Arts Emmy«-Verleihung in Los Angeles mo-
derierten, legte ich ihm zur Feier des Tages sein feinstes
Nietenhalsband an. Hat er den Unterschied bemerkt? Natürlich nicht. Aber die »Paparazzi« fanden ihn besonders
fotogen, als er über den roten Teppich lief ...!

Bei jedem Halsband oder jeder Leine, die Sie einem
Hund anlegen möchten, müssen Sie unbedingt darauf
achten, damit *niemals* auf den Hund zuzugehen. Fordern
Sie ihn stattdessen auf, zu Ihnen zu kommen und die Sachen zu inspizieren. Wenn Sie einem Hund hinterherjagen
und ihn zwingen, sich widerstrebend etwas Fremdes um
den Hals legen zu lassen, fördert das weder das Vertrauensverhältnis, noch verschaffen Sie sich so Respekt. Der
Hund wird entweder glauben, sie wollten mit ihm spielen, oder den Gegenstand selbst fürchten lernen. Lassen
Sie niemals zu, dass Ihr Hund eines Ihrer Hilfsmittel mit
etwas Negativem assoziiert.

Die Flexileine

Flexileinen wurden zunächst für die Spurensuche entwickelt. Vor ihrer Erfindung mussten die Spürhundeführer
5, 10 oder 15 Meter lange Leinen mit sich herumtragen,
damit sie dem Hund erlauben konnten, einer Fährte zu

folgen. Anschließend mussten sie die Leine langsam und mühevoll wieder aufwickeln. Die Flexileine war die perfekte Lösung, weil der Hundeführer dem Tier das Suchkommando geben und es dann laufen lassen konnte. Sobald es sein Ziel aufgespürt hatte, folgte er einfach der Leine bis dorthin, wo der Hund wartete, und rollte sie dabei wieder auf. Mittlerweile ist die Flexileine bei Hundebesitzern zu sehr großer Beliebtheit gelangt. Grund dafür ist meiner Ansicht nach der Mythos, ein Hund bräuchte beim Spazierengehen seine »Freiheit«.

Ja, Hunde brauchen Freiheit. Das gilt für alle Tiere. Allerdings kann man diesen Begriff sehr unterschiedlich definieren. Der Zweck des Spaziergangs mit dem Rudelführer ist es nicht, den Hund ziellos herumstreunen zu lassen, sondern ihm eine starke, ursprüngliche und strukturierte Erfahrung der Verbundenheit zwischen Mensch und Tier zu vermitteln. Die meisten Menschen verstehen nicht, dass der strukturierte Spaziergang für einen Hund eine wahrlich »befreiende« Erfahrung sein kann. Oft hat das Frauchen, das sich so um die »Freiheit« ihres Hundes sorgt, insgeheim Schuldgefühle, weil sie ihn den ganzen Tag allein zu Hause gelassen hat, während sie arbeiten war. Wenn sie sich dann im Namen der »Freiheit« von ihm durch die ganze Nachbarschaft zerren lässt, scheint das irgendwie ihr schlechtes Gewissen zu beschwichtigen…

Wird ein Hund an einer Flexileine spazieren geführt und läuft er weit vorneweg, ist er der Chef. Er befindet sich nicht auf Fährtensuche, denn das ist eine kontrollierte, strukturierte Tätigkeit. Er schnüffelt einfach nur herum. Viele Hundebesitzer befürworten dieses Verhalten, da sie glauben, sie würden ihrem Tier damit erlauben, »die Zeitung« oder das zu lesen, was der eine oder andere als

»Pipipost« bezeichnet. Ja, ihr Hund erfährt *tatsächlich* das »Neueste vom Tage«, indem er Boden, Büsche, Bäume, Hydranten und andere Landmarken beschnuppert. Er findet dabei *in der Tat* heraus, wer hier vor kurzem vorbeigekommen ist, ob jemand ein gesundheitliches Problem hat und den ganzen anderen pikanten Hundeklatsch und -tratsch, den die Tiere den Gerüchen und ihrer Umgebung entnehmen. Allerdings gibt es eine richtige und eine falsche Weise, Ihrem Hund die Gelegenheit zu geben, die neuesten Lokalnachrichten zu erfahren. Erstens kann er dieselben Informationen sammeln, wenn er hinter oder neben Ihnen läuft. Er muss Sie nicht hinter sich herziehen und Ihren Rudelführer spielen. Zweitens rate ich jedem menschlichen »Rudelführer«, dem Hund mitten im Spaziergang eine oder zwei kurze Pausen zu gönnen, in denen er herumwandern und die Gegend erkunden, schnuppern und sein Geschäft machen kann. Der Unterschied liegt darin, dass Herrchen oder Frauchen das Verhalten kontrollieren – sie geben ihrem Hund die Erlaubnis, wann und wo er auf seine Streifzüge gehen darf, und entscheiden auch, wann es Zeit ist, zum strukturierten Marsch zurückzukehren. Auf diese Weise bewahren Sie am Anfang und am Ende des Spaziergangs Ihren Status als Rudelführer und belohnen Ihren Hund zugleich.

Der Gebrauch von Flexileinen wirft auch andere negative Aspekte bezüglich Kontrolle und Sicherheit auf. Eine solche Leine gibt Ihnen nur ein Minimum an Kontrolle über Ihren Hund. Die Leute verheddern sich oft darin, und manchmal passiert das sogar den Tieren. Bei einem aktiven, dominanten Hund mit sehr hohem Energieniveau ist die Wahrscheinlichkeit am größten, dass er an einer so langen Leine und mit so viel Abstand zu seinem Hundeführer in Schwierigkeiten gerät und ihn hinter sich herzieht oder ihm sogar die Leine aus den Händen reißt, was natürlich kontraproduktiv ist. Flexileinen funktionieren am besten bei pflegeleichten Hunden mit mittlerem Energieniveau oder sehr leichten Tieren, die keine Dominanzprobleme haben und grundsätzlich in den meisten Situationen gehorsam sind.

Das Würgehalsband

Das Würgehalsband ist vermutlich die Erziehungshilfe mit dem negativsten Namen und geht ebenfalls auf die Grundidee zurück, dass man eine Schlaufe um den Hals des Tieres legt, um seine Bewegungen zu kontrollieren. Damit sind wir wieder beim Seil meines Großvaters. Korrekt verwendet, wird dieses Hilfsmittel das Tier weder »würgen« noch ihm die Luft abschnüren oder ihm auch nur vorübergehend Unbehagen bereiten. Die Grundüberlegung lautet: Wenn sich die Kette fester um den Hals legt, schickt das eine Korrekturbotschaft an den Hund, während ihre Lockerung andeutet, dass der Korrektur nachgekommen wurde. Der falsche Umgang mit der Kette – wenn man den Hals des Hundes zu kräftig nach oben zerrt – kann natürlich eine Würgereaktion auslösen. Richtig ist, die Leine für den Bruchteil einer Sekunde bestimmt, aber sanft zur Seite zu ziehen. Es ist eine Bewegung, die nur dazu dient, die Aufmerksamkeit des Hundes zu erregen und ihn aus seinem momentanen Zustand herauszureißen. Ich wünschte nur, diese Erziehungshilfe hätte einen anderen Namen – »Schlaufenkette«, »Kettenhalsband«, »Kontrollkette« oder etwas Ähnliches. Jedenfalls nichts, was anklin-

gen lässt, dem Hund könne Schmerz zugefügt werden.
Wie es scheint, werden wir jedoch bei der Bezeichnung
»Würgehalsband« bleiben müssen, die ich deshalb auch
hier weiter verwenden werde.

Ein Würgehalsband muss noch nicht einmal eine Kette
sein, um seinen Zweck zu erfüllen. Während die traditionelle Ausführung aus Metall besteht, halten manche Leute
Halsbänder aus schwerer Baumwolle oder ineinandergrei-
fenden Schlaufen aus dickem Nylon dem Hund gegenüber für humaner. Die bei Hundeausstellungen verwendeten Würgehalsbänder bestehen aus kleinen, ineinander
verschlungenen Metallgliedern, die so eng verzahnt sind,
dass sie wie eine durchgehende Linie aussehen. Sie dienen
demselben Zweck wie die schwereren Modelle. Je dicker
die Kette, desto geringer ist die Wahrscheinlichkeit, dass
der Hund sie zerkaut oder zufällig abstreift, wenn er daran
zerrt. Daraus folgt, dass, je kräftiger der Hund ist, desto
stärker die von Ihnen gewählte Kette sein sollte. Das Konzept des schweren Würgehalsbands wurde ursprünglich

für körperlich sehr kräftige Hunde entwickelt – die einen Menschen, einen anderen Hund oder sich selbst verletzen können, wenn sie loskommen.

Wie immer sollte der Hundebesitzer bei der Wahl eines etwas raffinierteren Hilfsmittels wie dem Würgehalsband daran denken, sich von einem Profi oder zumindest dem Verkäufer in der Tierhandlung praktisch in den korrekten Gebrauch einweisen zu lassen. Am wichtigsten aber ist, dass die Energie am anderen Ende der Kette ruhig und bestimmt sein muss – wie gesagt: nicht aufgebracht, angespannt, nervös oder wütend. Wenn jemand wild herumfuchtelt oder zornig und frustriert an der Kette eines Hundes zerrt, kann dieses eigentlich harmlose und äußerst nützliche Werkzeug das Tier in der Tat würgen – und zu dem grausamen Instrument werden, das seine unglückliche Bezeichnung andeutet.

Ein allgemeiner Hinweis zu Ketten aller Art

Das Dog Psychology Center befindet sich im Süden von Los Angeles und mitten in einer stark von Gangs geprägten Gegend. Offenbar zieht es aggressive Männer immer wieder zu großen, harten Hunden hin, die sie noch härter aussehen lassen sollen. Heute ist offenbar der Pitbull der Hund der Wahl – bei Bandenmitgliedern, Drogenhändlern und anderen dissozialen Typen. In den letzten fünfzehn Jahren hat sich die brutale Kultur der Untergrund-Hundekämpfe zu einer guten Einnahmequelle für Gangmitglieder und Kriminelle entwickelt. Viele der Hunde im Center sind Überlebende dieser grausamen Szene – und in weiten Teilen von Los Angeles können Sie in großen Tierheimen oder Tiernothilfestationen überwiegend Pitbulls sehen, die wohl ihr Leben lassen müssen und eingeschläfert werden, weil ihre Besitzer zufällig dieser Szene angehörten.

Ich bin ein vehementer Gegner dieses Lebensstils. Er ist nicht nur den Tieren gegenüber unmenschlich. Viele Zuschauer bringen zu Hundekämpfen auch ihre Kinder mit und schaffen eine neue Generation von Menschen, die für die Grausamkeit gegenüber Tieren unempfindlich sind. Darüber hinaus entsteht so ein Klima voller Vorurteile gegenüber Pitbulls oder Hunden, die zur Rasse der Bulldoggen zählen und deshalb verschrien sind – was nicht die Schuld der Tiere, sondern der Besitzer ist.

Ketten sind offenbar ein wichtiger Teil dieser zerstörerischen Kultur. Gangmitglieder legen ihren Hunden große, schwere Exemplare um, damit sie grimmiger aussehen – oder weil sie glauben, es stärke sie für den Kampf. Es ist ein Irrtum, zu glauben, wenn man einem Hund ein schweres Gewicht um den Hals hänge, mache ihn das zu einem besseren Kämpfer. Ist der Hals stark, der Körper aber schmal, wird er nicht besonders gut kämpfen. Schwere Ketten können bei den Tieren Kopf- und Nackenprobleme verursachen. Sie werden auch dazu eingesetzt, sie entweder zu Wachzwecken im Hof anzubinden – oder einfach nur, damit man eine Weile Ruhe vor ihnen hat. Für gewöhnlich tun das Kriminelle und Menschen, die es entweder nicht besser wissen oder immun gegen diese Grausamkeit sind. Dabei handelt es sich um eine äußerst gefährliche und grausame Praxis. Je weniger Bewegungsspielraum der Hund hat, desto mehr Energie wird sich in ihm aufstauen. Und je mehr Energie sich aufstaut, desto stärker wächst seine Aggression. Ein frustrierter Ketten-

hund verwandelt sich in eine Waffe, und die Wahrscheinlichkeit, dass er einen Menschen oder einen Hund angreift
oder beißt, ist dreimal so hoch wie bei Tieren, die frei im
Garten herumlaufen.[1] Viele Tierschützer arbeiten darauf
hin, dass Gesetze gegen diese Praxis erlassen werden; und
ich unterstütze ihre Bemühungen.

Ehe ich mit der Rehabilitation von Hunden begann, trainierte ich Schutz- und Wachhunde. Jeder Polizeihunde-
führer wird Ihnen sagen, dass sich ein auf aggressives Verhalten gegenüber Menschen konditionierter Hund nicht
so leicht »ausknipsen« lässt. Die Leute, die mit ihnen
arbeiten, sind erfahrene Hundeführer und haben eine
besondere Ausbildung, um sie kontrollieren zu können.
Wie ich bereits in meinem Buch *Tipps vom Hundeflüsterer*
geschrieben habe, sollte jeder lange und gründlich nachdenken, ehe er beschließt, einen Hund als Waffe einzusetzen …

Das Martingale-Halsband

Das Martingale-Halsband soll verhindern, dass dem Hund
Unannehmlichkeiten bereitet werden, und gleichzeitig
dafür sorgen, dass er sicher an der Leine bleibt. Wenn der
Hund an der Leine zerrt, kommt Spannung auf eine kleine
Schlaufe, was die große Schlaufe um den Hals des Hundes strafft. Das breite Stück verhindert, dass sich die Kette
im Fell des Hundes verheddert oder das Halsband so eng
wird, dass es ihm die Luft abschnürt.

Meiner Erfahrung nach sind Martingale-Halsbänder
eine gute Alternative für pflegeleichte Hunde, die nicht
häufig korrigiert werden müssen, sowie für grundsätzlich

wohlerzogene Tiere, die nur gelegentlich erinnert werden müssen.

Das Illusion-Halsband

Vor einigen Jahren machte meine Frau Ilusion den Vorschlag, ich solle eine Leine entwickeln, die Hundebesitzer dabei unterstützt, den Hals ihres Tieres beim Spaziergang so gerade wie möglich zu halten – wie ich das auch in unserer Sendung tue. Ich schlug vor, sie solle sich selbst einmal daran versuchen. Mit Unterstützung der Designerin Jaci Rohr perfektionierte sie den ersten Entwurf des Illusion-Halsbands, das dem Hundebesitzer helfen soll, den natürlichen Bau des Hundehalses zu seinem Vorteil zu nutzen.

Was Führung und Leinenarbeit angeht, lässt sich der Hals eines Hundes in drei Abschnitte gliedern – den oberen, mittleren und unteren Teil.

Der untere Nackenabschnitt ist der stärkste, hier hat der Hund die größte Kontrolle. Will man ein unausgeglichenes Tier beherrschen, bei dem die Leine an dieser Stelle sitzt, kann es vorkommen, dass man ihm die Luft abschnürt, dass es an der Leine zerrt, kämpft' und Sie aus diesem Kräftemessen als Verlierer hervorgehen. Ist die Leine dagegen an der obersten Stelle des Halses angebracht, setzen Sie am empfindlichsten Teil an. Dann brauchen Sie nur wenig Kraft, um mit Ihrem Hund zu kommunizieren, ihn zu führen und zu korrigieren. Er empfindet es als natürlicher, einzulenken und eine positive Lernerfahrung zu machen. Darüber hinaus wird seine Nase vom Boden gehoben und er so vor den Ablenkungen seines Umfelds bewahrt. Das Illusion-Halsband ist so konstruiert, dass der untere Teil als Stütze dient, während es gleichzeitig den oberen Halsabschnitt zur Kommunikation und Kontrolle nutzt.

Darüber hinaus trägt das Illusion-Halsband dazu bei, die Körpersprache eines Hundes zu verändern, sodass er aussieht, als sei er stolz auf sich. Ich glaube, dass bei Hundeschauen die Leinen deshalb ganz oben am Hals ange-

 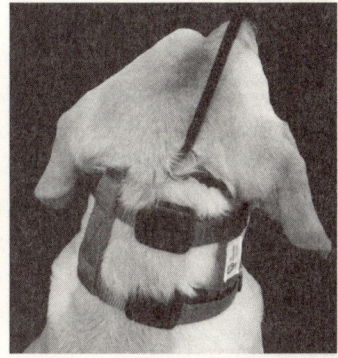

bracht werden, damit der Hund den Kopf hebt und den Jurymitgliedern sowie dem Publikum zeigt, was für ein stolzer, selbstbewusster Kandidat er ist. Diese Wirkung lässt sich mit jeder Leine oder jedem Halsband erzielen, das weit oben um den Hals gelegt wird. Wir haben das Illusion-Halsband nur entworfen, um die Anwendung quasi narrensicher zu machen. Wenn ein Hund mit hoch erhobenem Kopf nach vorn blickt, verändert sich seine ganze Körpersprache. Schwanz und Brust folgen oft auf dem Fuße und werden ebenfalls aufgerichtet. Sobald sich die Körpersprache verändert hat, wandelt sich auch die Energie. Ein Hund mit erhobenem Haupt drückt aus, dass er stolz auf sich ist.

Projiziere ich menschliche Gefühle auf sie, wenn ich sage, dass Hunde Stolz empfinden? Meiner Meinung nach nicht. Im ganzen Tierreich finden wir die Zurschaustellung einer Körpersprache, die Stolz ausdrückt. Sicher kennen Sie die Redensart »stolz wie ein Pfau«? Wenn ein männlicher Pfau mit seinen bunten Federn ein Rad schlägt, die Brust herausdrückt und umherstolziert, will er ein Weibchen anlocken. Für mich ist das eine tierische Form von Stolz. In der Tierwelt steht Stolz für Selbstbewusstsein, Selbstwertgefühl, Energie und Durchsetzungskraft oder gar Dominanz. Diese Art von »Dominanz« kann sich sogar bei eher unterordnungsbereiten Hunden zeigen – da das von mir beschriebene Selbstbewusstsein oder Selbstwertgefühl ein spielerisches Element enthält. Es handelt sich nicht um hundertprozentige Dominanz, mit der die Unterwerfung anderer gefordert wird – sondern schlicht um ein Tier, das es genießt, ein Hund zu sein.

Wenn ich mir so ansehe, was ich gerade geschrieben

habe, dann unterscheidet sich das nicht allzu sehr von dem, was wir in der menschlichen Welt unter »Stolz« verstehen. Ich glaube, stolz auf sich zu sein ist ein natürlicher Zustand und im ganzen Tierreich verbreitet. Ebenso wie ein schwaches Selbstwertgefühl. Die Körpersprache, die diese beiden Zustände offenbart, variiert nicht groß von Tier zu Tier oder gar von Tier zu Mensch.

Hundegeschirr

Vor kurzem war ich im Central Park und beobachtete dort die vielen Hunde und ihre Besitzer. Die New Yorker sind großartig! Sie verstehen viel besser als die »Angelenos« mit ihren großen Gärten, dass Hunde ausgeführt werden müssen. Es leuchtet ein, dass ein Hund, der den ganzen Tag in einer kleinen Wohnung sitzt, sich bewegen muss. Die New Yorker sind auch große Spaziergänger. Allerdings führte nur ein kleiner Prozentsatz die Hunde, die ich im Park sah, korrekt. Viele Besitzer wurden von ihren Tieren die Wege entlanggezerrt. Zudem fiel mir auf, dass Hundegeschirre offenbar groß in Mode waren.

Was dieses Geschirr angeht, dürfen wir nicht vergessen, dass es für Spür- und Zughunde und nicht zur besseren Kontrolle der Tiere entwickelt wurde. Der Husky war die erste Rasse, die ein Geschirr trug, um in kalten Regionen Schlitten über den Schnee zu ziehen. Karrenhunden wie dem Großen Schweizer Sennenhund und dem Deutschen Schäferhund wurde ein Geschirr angelegt, damit sie für den Menschen Lasten trugen. Bernhardiner retten damit Menschen aus dem Schnee. Das Geschirr gestattet es dem Tier, diese Aufgabe unter Einsatz seines gesamten Körpergewichts zu erfüllen. Da liegt es nahe, dass alles, was hinter dem Hund ist, einfach nachgezogen wird – selbst wenn es sich um das Herrchen handelt …

Bei der Fährtenarbeit ermöglicht das Geschirr den direkten Kontakt zwischen Hundenase und Boden. Ein Hund mit Halsband oder einer um den Hals gelegten Leine kann nicht uneingeschränkt von seiner Nase Gebrauch machen, was bei der Fährtenarbeit freilich unerlässlich ist.

Ich habe die Erfahrung gemacht, dass Menschen, die nicht korrekt mit Leine oder Halsband umgehen können, ihren Hund gelegentlich husten hören und fürchten, sie schnüren ihm die Luft ab. Manche Hunde haben eine weichere und empfindlichere Kehle, leiden unter einer Krankheit oder wurden einfach nicht richtig darauf konditioniert, die Leine zu akzeptieren. Für ihre Besitzer ist das Geschirr dann häufig das Mittel der Wahl. Das kann eine kluge Entscheidung sein, wenn bereits für die richtige »Etikette« beim Spaziergang gesorgt wurde und der Hund neben dem Herrchen läuft. Ein gelassenes, pflegeleichtes Tier ohne Gehorsamsprobleme kommt wunderbar mit einem Geschirr zurecht. Die Schwierigkeit liegt darin, dass es bei vielen Hunden einen Zugreflex auslösen kann. Ich beobachte häufig, dass es fast so aussieht, als machte es dem einen oder anderen tatsächlich Spaß, sich von seinem Hund ziehen zu lassen! Es mag auch durchaus vergnüglich sein – genau wie das Wasserskilaufen. Allerdings werden Sie sich auf diese Weise nie den Respekt Ihres Hundes verdienen.

Ich sehe viele Menschen – vor allem Männer am Strand –, die von kampfhundartigen Tieren im Geschirr entlanggeschleppt werden. Für mich ist das, als wollten sie lauthals verkünden: »Seht nur her, ich muss schon ein besonders knallharter Kerl sein, weil ich einen so starken Hund habe.« Das Tier wird zu einem Macho- und Statussymbol wie ein Motorrad oder Sportwagen. Ich möchte alle Menschen, auf die diese Beschreibung passt, daran erinnern, dass ein Hund ein lebendiges, atmendes Wesen mit eigenen Bedürfnissen ist – kein glänzendes neues Zusatzteil für die Stereoanlage. Außerdem: Wenn Ihr Hund Sie nicht respektiert, ist das nicht besonders »macho« – nicht wahr?

Das Anti-Zug-Geschirr

Es sind verschiedene Modelle und Marken von Anti-Zug-Geschirren erhältlich. Diese Variante ist humaner konstruiert und soll sich für das Tier normaler anfühlen als die üblichen Geschirre, Leinen und übrigen Möglichkeiten. (Man kann sie sogar für Schweine, Katzen, Kaninchen und andere Tiere kaufen!) Der Körper des Hundes soll vorsichtig zusammengedrückt werden, sobald er anfängt zu ziehen. Dadurch entsteht ein unangenehmes Gefühl, welches das Zerren angeblich unterbindet.

Viele Hundebesitzer schwören darauf, aber wie all die anderen genannten Hilfsmittel hat es auch seine Nachteile. Ich habe im Central Park viele Hunde mit Anti-Zug-Geschirren gesehen, denen es keinerlei Schwierigkeiten bereitete, ihre Besitzer hinter sich herzuzerren! Ihr Körper war dabei nur seltsam verrenkt, und sie zogen stark auf eine Seite.

Ich empfehle diese Geschirre nicht für Hunde mit (sehr) hohem Energieniveau. Sie geben zwar etwas mehr Kontrolle als die üblichen Modelle – vor allem auf einem durchschnittlichen Spaziergang –, sind aber keinesfalls optimal für ein Tier, mit dem man ohnehin nur schwer klarkommt.

Das »Halti«

Es ist nicht neu, ein Tier am Kopf statt am Hals zu führen. Die Menschen tun dies seit vielen tausend Jahren. Im Umgang mit Pferden ist dies die beliebteste Methode – bei Tieren, die viel größer und stärker sind als wir. Das Halti oder den Kopfhalter gibt es in zahlreichen Formen und unter vielen Bezeichnungen, und es wird unter anderem als »sanfter Führer« bezeichnet. Es funktioniert genau wie alle anderen Hilfsmittel, wenn es korrekt und mit der richtigen Energie eingesetzt wird, und wirkt am besten bei einem bestimmten Typ von Hunden – vor allem solchen mit einer langen Schnauze. Manche Halter schwören darauf und behaupten, es sei bei weitem die beste Möglichkeit, einen Hund zu kontrollieren. In den falschen Händen kann es allerdings ebenso wirkungslos bleiben wie jedes andere Werkzeug und für das Tier vereinzelt sogar unangenehm werden.

Ein Vorteil des Haltis ist folgender: Falls Sie einen schwer kontrollierbaren Hund haben und körperlich nicht kräftig genug für ein normales Trainingshalsband sind, kann es Ihnen einen direkteren Zugang zu ihm geben und verhindern, dass er Sie herumzerrt. Das Halti soll auf den Kopf des Hundes passen und sitzt weit vorn auf der Schnauze. Es funktioniert nach demselben Prinzip wie alle anderen Erziehungshilfen, mit denen Sie Hunde korrigieren können, die ein unerwünschtes Benehmen an den Tag legen. Sobald das Tier zu zerren beginnt, zieht sich das

Halti um seine Schnauze zusammen. Entspannt sich der Hund, lockert sich auch das Halti automatisch. Das Zusammenspiel von Ursache und Wirkung in der Korrektur soll dafür sorgen, dass der Hund in der vom Halter gewünschten Position bleibt.

Ein Nachteil des Haltis ist es, dass einige Hunde sich damit automatisch unwohl fühlen. Sie empfinden es als unnatürlich, etwas Fremdes ums Maul zu haben. Deshalb kann es leicht vorkommen, dass sie sich dagegen wehren und versuchen, es mit den Vorderpfoten abzustreifen. Oder aber sie verdrehen den Kopf, um das Halti abzuschütteln. Dagegen können Sie sich am besten versichern, indem Sie dafür sorgen, dass die ersten Erfahrungen mit dem Halti mit sehr angenehmen Belohnungen verbunden sind, etwa Futter und einer Massage.

Wie immer empfehle ich, einen professionellen Hundeerzieher oder Tierverhaltenstherapeuten, einen Tierarzthelfer oder zumindest den Mitarbeiter einer seriösen Tierhandlung zu Rate zu ziehen, damit das Halti auch perfekt passt und jede Möglichkeit einer körperlichen Belastung oder gar Schädigung ausgeschlossen wird. Wer sich für dieses Hilfsmittel entscheidet, muss darüber hinaus auch zu Hause an seinen Führungsqualitäten arbeiten, damit der Hund nicht vom Halti abhängig wird und es sich zu seiner einzigen Ursache für gutes Verhalten entwickelt.

Der Maulkorb

Das Tragen eines Maulkorbs fühlt sich für einen Hund nicht natürlich an. Im Gegensatz zum Halti hindert dieser ihn gänzlich daran, sein Maul zu benutzen, was ihm

anfangs äußerst unangenehm sein kann. Der Maulkorb
wurde ausdrücklich zur Prävention erfunden – er soll den
Hund davon abhalten, einen Menschen oder ein Tier zu
beißen. Ich befürworte diese Methode nur als kurzfris-
tige Behelfsmaßnahme, während man an der allgemeinen
Rehabilitation arbeitet. Wenn Sie das Haus nur verlassen
können, sofern Ihr Hund einen Maulkorb trägt, dann haben Sie vermutlich sehr viel größere Probleme als die Suche nach dem richtigen Erziehungswerkzeug.

Ein Hund wird sich automatisch gegen einen Maulkorb
wehren. Deshalb ist es unumgänglich, ihn langsam damit
bekannt und ihm diese Erfahrung so angenehm wie möglich zu machen. Ich empfehle Ihnen, grundsätzlich einen
strammen Spaziergang mit ihm zu unternehmen oder mit
ihm zu laufen, ehe Sie neue Erziehungshilfsmittel einführen. Der Hund sollte weder überhitzt noch durstig sein,
sondern lediglich angenehm müde und entspannt. Anschließend versorgen Sie sich mit ein paar Leckereien wie
Hot Dogs, Hamburgern oder gekochtem Hühnchen und
zeigen ihm den Maulkorb. Erlauben Sie im, ihn ungestört
zu beschnuppern und zu erkunden, und belohnen Sie ihn
anschließend mit Futter.

Hängen Sie ihm den Maulkorb nun um, aber setzen Sie

Grundregeln für das Anlegen eines Maulkorbs

– Versuchen Sie es nach dem Spaziergang.
– Beginnen Sie, wenn Ihr Hund körperlich entspannt ist.
– Hören Sie auf, wenn er geistig entspannt ist.
– Belohnen Sie die Erfahrung.
– Überstürzen Sie nichts.

ihn dem Hund noch nicht auf. Zu Beginn kann ihm das unangenehm sein. Warten Sie trotzdem, bis er sich entspannt, und belohnen Sie ihn dann mit Futter. Sie dürfen ihm nur etwas geben, wenn er locker ist. Ihr Ziel ist es, dass er den Maulkorb mit Angenehmem (Futter) und Entspannung verknüpft. Der nächste Schritt besteht darin, Leckerli in den Maulkorb zu legen und ihn allmählich Stück für Stück anzulegen, während Sie den Hund weiter füttern. Lassen Sie den Maulkorb so lange angelegt, bis er sich völlig entspannt. Nehmen Sie ihn ab und versuchen Sie es später noch einmal.

Erwarten Sie nicht, dass Ihr Hund sich postwendend an den Maulkorb gewöhnt und mit Ihnen zu einem Spaziergang aufbricht. Wiederholen Sie den Vorgang eine oder zwei Stunden später noch einmal und beginnen Sie den Belohnungsprozess erneut mit dem Maulkorb um den Kopf. Sobald er korrekt befestigt ist und Ihr Hund damit läuft, belohnen Sie ihn auch beim Abnehmen jedes Mal mit Futter.

Viele Hunde sträuben sich gegen alles, was ihnen angelegt wird – selbst wenn es zu ihrem Besten ist. Zum Beispiel fühlen sich Stiefel bei Schnee oder extremer Hitze wie auch Bandagen für sie beim ersten Mal immer unnatürlich an. Es liegt an Ihnen, dass Sie sich die Zeit nehmen und die Geduld aufbringen, um bei Ihrem Hund bestimmte Assoziationen aufzubauen, sodass er alle verwendeten Hilfsmittel mit angenehmen Belohnungen verknüpft.

Das Stachelhalsband

Das Halsband mit dem unschönen Namen ist ein weiteres Hilfsmittel, das bei korrektem Gebrauch unschätzbar wertvoll, bei falschem Einsatz jedoch potenziell schädlich sein kann. Kathleen und Nicky, die uns bereits an anderer Stelle in diesem Kapitel begegnet sind, waren die idealen Kandidaten dafür. Bei einem unbeschwerten, entspannten Hund, einem kleinen, leichten Tier unter 15 Kilogramm und vor allem in den Händen eines uninformierten Halters ist es nicht angebracht. In anderen Fällen, wie etwa bei Kathleen, kann es den Unterschied zwischen verantwortungsbewusstem Hundebesitz und einer programmierten Katastrophe machen: zwischen dem Versuch, ein unausgeglichenes Tier zu retten, und der Rückgabe ins Tierheim, wo – in vielen Ländern, wie zum Beispiel in den USA – schließlich nur noch der Tod wartet.

Das Stachelhalsband wurde entwickelt, um den Biss eines Muttertiers oder eines dominanteren Hundes nachzuahmen, und ähnelt der von mir als natürliche Rehabilitationsmethode verwendeten »Klaue«. Bei den meisten Fleischfressern sind die Zähne das wichtigste Disziplinierungswerkzeug – sogar dann, wenn sie scharfe Krallen haben. Sie fletschen sie warnend und beißen – fest oder sanft – zu, um anderen Tieren ihr Missfallen mitzuteilen. Bären-, Tiger- und Hundemütter beißen ihre Jungen in den Hals oder den Nacken und sagen ihnen so: »Hör auf damit!« Dabei verletzen sie weder die Haut der Kleinen, noch fügen sie ihnen Schmerzen zu. Aber sie machen deutlich, was Sache ist. Bei korrektem Gebrauch kann man mit einem Stachelhalsband meiner Ansicht nach sehr viel schneller eine unmittelbare Reaktion erzielen als mit vielen anderen Hilfsmitteln – einfach deshalb, weil es der Natur nachempfunden ist.

Es besteht aus Kettengliedern, die an der losen, faltigen Haut am Hundehals anliegen. Zieht der Besitzer das Halsband zu, kommt es zu einer schnellen, überraschenden, bissähnlichen Korrektur. Wird dies korrekt gemacht, sollte es niemals schmerzhaft sein. Die ideale Korrektur mit dem Stachelhalsband sollte eher einem Druck als einem Zwicken ähneln und so auf die Muskeln drücken, dass sie dadurch entspannt werden. Stellen Sie sich vor, wie ein erfahrener Masseur seine Daumen in Ihre verspannten Nackenmuskeln bohrt. Zuerst spüren Sie den Druck, dann folgt sofort die Entspannung. Ein informierter Hundehalter, der mit einem Stachelhalsband arbeitet, kann einen angespannten Hund auf diese Art und Weise beruhigen; doch der falsche Gebrauch kann die Anspannung noch weiter erhöhen und das Tier zum Kampf anstacheln.

Auch hier gilt: Erfolgt die Korrektur mit der falschen Energie (Frustration, Wut) oder zur falschen Zeit (unregelmäßig oder nicht im Augenblick des Fehlverhaltens), schadet das dem Hund. Wenn der Halter herumzerrt und immer wieder korrigiert, weil das Tier nicht reagiert, kann es gegenüber der Korrektur abstumpfen. Ein zu lockeres Stachelhalsband kann verrutschen. Wird wiederholt heftig daran gezerrt, kann es auch durchaus die Haut des Hundes verletzen – vor allem dann, wenn es nicht korrekt angepasst wurde. Das Ziel ist es, Druck zu erzeugen, nicht Schmerz. Zum Glück gibt es inzwischen Halsbänder mit Stacheln, die aus Plastik gemacht oder mit Gummi überzogen sind, sodass der Hund das Metall nicht mehr spüren muss.

Hundebesitzer, deren Tiere ihr Revier gewaltsam verteidigen oder mit aggressiver Dominanz auf Artgenossen reagieren, sollten von einem Profi in den korrekten Umgang mit dem Stachelhalsband eingewiesen werden, ehe sie es allein versuchen. Meiner Ansicht nach kann es einen bereits angespannten Hund nämlich durchaus auf die Idee bringen zuzubeißen.

Wie bei allen Hilfsmitteln liegt der Nutzen eines Stachelhalsbands im Idealfall darin, die Beziehung zwischen Mensch und Hund so weit zu fördern, dass das Tier lernt, welches Verhalten beim Besitzer erwünscht und welches inakzeptabel ist. Der Hund soll den Menschen als Rudelführer respektieren, sodass dieser sich immer stärker auf seine Führungskraft und Energie verlassen kann – und nicht auf irgendein Hilfsmittel –, um dem Tier seine Wünsche mitzuteilen.

Das Elektrohalsband

Kaum ein vom Menschen erdachtes Erziehungsmittel steht so stark in der Kritik wie das Elektrohalsband – oder, wie seine Gegner sagen, das Elektro*schock*halsband. Ich stimme den Kritikern dieser Methode zu, dass sie bei falschem Gebrauch oder in den falschen Händen Ihren Hund nicht nur traumatisieren, sondern sogar dauerhaft das Vertrauen zerstören kann, das Sie zu ihm aufbauen möchten. Wird dieses Halsband allerdings in der richtigen Situation von einem vorbildlichen Halter eingesetzt, erachte ich es als eine Möglichkeit, die in der Tat den Unterschied zwischen Leben und Tod für Ihr Tier machen kann.

Das Elektrohalsband wurde ursprünglich für die Jagd erfunden. Erste Patente dafür gab es bereits im Jahr 1935.[2] Dieses Hilfsmittel sollte dem Halter die Korrektur eines Hundes ermöglichen, der unter Umständen einer Spur folgt und nun, sagen wir, einen halben Kilometer weit weg ist. Wie kommen Sie an den Hund heran, um ihm zu signalisieren, dass er die falsche Fährte verfolgt, wenn Sie ihn nicht einmal sehen? Darüber hinaus sind die Nasen von Jagdhunden sehr hoch entwickelt, und sobald sie eine Spur entdeckt haben, ist es sogar aus nächster Nähe so gut wie unmöglich, sie davon abzubringen – geschweige denn, wenn sie sich außerhalb der körperlichen Reichweite des Hundeführers befinden. In diesen Fällen kann nicht nur die Jagd, sondern der Hund selbst in Gefahr sein. Er kann sich verirren oder umkommen – ein Hund, der zwanghaft einer falschen Fährte folgt, ist vielen Risiken ausgesetzt. Das Elektrohalsband hat dieses Problem gelöst, da es die Möglichkeit bietet, aus der Ferne mit einem Hund

zu kommunizieren und ihn auf die richtige Spur zurück-
zulotsen.

Viele Menschen, die mit dem korrekten Gebrauch elek-
tronischer Halsbänder nicht vertraut sind, glauben zudem
fälschlicherweise, sie würden einem Hund Schmerzen zufügen. Der Mythos lautet, der Hund erleide eine Behandlung, die unserer Vorstellung von einer Elektroschockthe-
rapie in der Anfangszeit primitiver Nervenheilanstalten
ähnelt. Da diese Halsbänder seit mehreren Jahrzehnten im Gebrauch sind, konnten die Besitzer der ersten
Modelle weder die Länge noch die Intensität des Rei-
zes einstellen; und sicher nahm die Technik damals weniger Rücksicht auf den Hund, als das bei den Halsbän-
dern der Fall ist, die heute auf dem Markt sind. Aber die
Technik hat sich weiterentwickelt und unsere Hilfsmittel
mit ihr. Die Wahrheit ist, dass sich der von renommier-
ten Elektrohalsbändern erzeugte Stromstoß eher mit dem
Reiz eines TENS-Geräts zur transkutanen elektrischen
Nervenstimulation vergleichen lässt, der sich Menschen
im Rahmen einer Physiotherapie freiwillig unterziehen.
Die Muskeln meiner Mitautorin werden zweimal die Woche beim Chiropraktiker jeweils zwanzig Minuten mit einem solchen Gerät stimuliert. Sie beschreibt das Gefühl
als »Prickeln«.

Bei den Korrekturen mit einem bewährten Elektrohalsband (und einem aufgeklärten, verantwortungsbewussten
Halter) kommt es auch auf die Dauer des Stromstoßes an.
Ein wirkungsvoller Reiz sollte nicht länger als eine Vier-
zigstelsekunde dauern – das ist kürzer als ein durchschnitt-
liches Fingerschnippen. Sinnvolle Korrekturen *aller Art*
sollten stets in dieser Geschwindigkeit erfolgen. Hunde
leben im Augenblick, und deshalb muss die Maßnahme

in dem Sekundenbruchteil erfolgen, in dem das unerwünschte Verhalten einsetzt. So kann das Tier »zwei und zwei zusammenzählen« und wird auf die Verhaltensänderung hin konditioniert.

Weshalb sehen wir dann, dass Hunde auch beim korrekten Einsatz des Elektrohalsbands infolge des Stromstoßes hochspringen, erschrecken oder gar aufjaulen? Die meisten Passanten können sich nicht vorstellen, dass wir den Hund dabei nicht irgendwie »verletzen« – was wir natürlich um jeden Preis vermeiden möchten. Die Antwort liegt in dem grundlegenden Unterschied zwischen Mensch und Tier – der Fähigkeit zu logischem Denken. Die meisten Menschen sammeln bereits früh Erfahrungen mit Elektrizität. Wir hören die Geschichte von Benjamin Franklin, der während eines Gewitters einen Drachen steigen ließ, und von Thomas Edison und seiner Glühbirne. Wir lernen, dass wir die Finger nicht in Steckdosen stecken und keine elektronischen Geräte in der Badewanne benutzen dürfen. Und wir wissen, dass wir bei Gewitter niemals mit einem Regenschirm nach draußen gehen sollten, der einen Metallstiel hat. Mit anderen Worten, wir verfügen über ein Wissen zu Ursache und Wirkung der Elektrizität, das unseren Hunden fehlt. Das Gefühl eines schwachen elektrischen Schocks – etwa wenn sich unsere Füße am Teppich aufgeladen haben oder unsere Muskeln beim Chiropraktiker mit einem TENS-Gerät gelockert werden – ist uns nicht gänzlich unbekannt. Im letzten Fall ist uns klar, dass sich das anfangs etwas seltsam anfühlen kann, am Ende aber gut für uns ist. Ein Mensch, der außerhalb unserer Zivilisation lebt, empfände dabei wohl dieselbe unangenehme Überraschung, die ein Elektrohalsband einem Hund beschert. Zum Glück lässt sich bei den modernen

Modellen die Stärke der Stimulation einstellen. Wir haben die volle Kontrolle darüber und können mit einer so niedrigen Stufe anfangen, dass der Hund kaum etwas davon spürt. Das ist das korrekte Vorgehen, um ein Tier mit einem Elektrohalsband vertraut zu machen.

Eine weiteres wichtiges Wort der Warnung an alle, die sich in angemessenen Situationen für das Elektrohalsband entscheiden: Sorgen Sie dafür, dass die Fernbedienung niemals in falsche Hände gelangt. Das fürs Halsband verantwortliche Familienmitglied sollte sie stets bei sich tragen oder an einem sicheren Ort aufbewahren, wo sie Kindern oder anderen Personen unzugänglich ist, die sich nicht damit auskennen und sie missbrauchen könnten.

Wir haben bereits in Kapitel 3 erklärt, dass die direkte Bestrafung eine effektive Erziehungsmethode sein kann. Bei falschem oder wahllosem Gebrauch kann sie aber auch sehr große Schäden anrichten. Wenn der Stromstoß des Elektrohalsbands den Hund erschreckt, verbindet er das sofort mit dem Gegenstand oder dem Verhalten, mit dem er in genau diesem Augenblick beschäftigt war. Der falsche Gebrauch eines solchen Halsbands kann das Vertrauensverhältnis zwischen Ihnen und Ihrem Hund beeinträchtigen. Daher empfehle ich allen Haltern, die es zur Verhaltensmodifikation einsetzen möchten, sich mit einem im Umgang mit Elektrohalsbändern erfahrenen Hundetrainer in Verbindung zu setzen, der auch weiß, wie man die Strafe so gering wie möglich halten kann. Zudem glaube ich, dass sich diese Maßnahme *nicht zur langfristigen Konditionierung eignet*. Der korrekte Einsatz durch einen gut ausgebildeten Halter kann einem Hund unter Umständen das Leben retten. Allerdings sollte es letztlich wie immer unser Ziel sein, die Notwendigkeit für ein derartiges Eingreifen durch ruhiges und bestimmtes Führungsverhalten zu beseitigen.

Molly und der Mähdrescher

Zur Verdeutlichung erzähle ich Ihnen einen Fall aus der dritten Staffel meiner Sendung »Dog Whisperer«. Molly war ein eineinhalb Jahre alter Australian Cattle Dog und lebte auf der Farm der Familie Eggers in Omaha, Nebraska. Sie war der perfekte Hund für den Hof – bis auf ein einziges Problem. Sie war besessen davon, hinter Reifen herzujagen: von den kleinen Reifen am Pritschenwagen von Herrchen Mark Eggers bis hin zu den riesigen Mähdrescherreifen mit über zwei Metern Durchmesser. Als ich in ihr junges Leben trat, war Molly gerade dazu übergegangen, ihre Zähne in die sich bewegenden Reifen zu schlagen. Dabei hatte sie ein Auge verloren, und ihr Unterkiefer war in den Oberkiefer geschoben worden. Das änderte nichts an ihrer Besessenheit, die jeglichen natürlichen »Verstand« außer Kraft setzte. Ihre Besitzer Mark und Lesha waren in großer Sorge, denn Molly hatte sich in ihren Herzen und in ihrem Leben einen festen Platz erobert. Gleichzeitig wussten sie, dass es nur eine Frage der Zeit war, bis sie eines Tages mit den Zähnen in einem Reifen stecken bleiben und es nicht überleben würde.

Als ich den Hof der Eggers besuchte, erfuhr ich, dass Mark und Lesha es im letzten Jahr mit einem Elektrohalsband versucht hatten. Es funktionierte kurz, allerdings hatten sie dann nicht konsequent weitergemacht. Das Halsband war zu groß für Mollys Hals, und deshalb waren die Korrekturen auch nicht konsequent gewesen. Zudem hatten ihre Besitzer weder darauf bestanden, dass sie es jeden Tag trug, noch, dass sie es die erforderlichen zehn Stunden täglich umhatte. Dann waren Saat und Ernte aufeinandergefolgt. Die Eggers kümmern sich selbst um den Hof und mussten die Sicherung ihres Lebensunterhalts über Mollys Neukonditionierung stellen. So wurde die Idee mit dem Halsband wieder verworfen – und schon bald hatte Molly ihren nächsten schweren Unfall.

Ich hatte für Molly ein Elektrohalsband dabei, das für ihren dünnen Hals perfekt war. Wir vergewisserten uns, dass sie sich wohl damit fühlte, und begannen dann mit der Korrektur. Wir führten sie mit den Reifen des Pritschenwagens in Versuchung. Sobald sie auf die Räder zulief, drückte ich den Knopf. Das Gerät war auf Stufe 40 eingestellt. Sie drehte postwendend ab und kam in großem Bogen zurück. Dann näherte sie sich dem gefährlichsten Fahrzeug auf der Farm, dem Mähdrescher. Ich brachte Mark und Lesha bei, den Sekundenbruchteil zu erkennen, in dem sich Molly auf den Reifen fixierte, und zeigte ihnen, wann sie drücken mussten. Wieder drehte Molly ab und lief davon. Sie zeigte weder Schmerz noch Unbehagen, sondern schlug nur schnell einen großen Bogen um das Objekt, das sie bereits mit dem Reiz in Verbindung brachte.

All das vermag das richtige Elektrohalsband, wenn es korrekt eingesetzt wird. Am Abend mussten Mark und Lesha das Gerät nur noch auf die niedrigste Vibrationsstufe stellen und den Knopf drücken, und Molly verstand sofort. Bevor ich ging, konnte ich mit dem Mähdrescher an Molly vorbeifahren, während sie friedlich ein wenig abseits lag. Das war bei ihr etwas ganz Neues.

Ich empfahl den Eggers, Molly das Halsband drei Monate lang jeweils zehn Stunden täglich anzulegen und bei Bedarf weiter mit der niedrigsten Korrekturstufe zu arbeiten (in diesem Fall »Vibrieren«), sobald sich ihre Fixierung auf die Reifen bemerkbar machte. Nach diesem Vierteljahr hatte sich das Verhalten völlig normalisiert, und auch die Notwendigkeit zum Tragen des Elektrohalsbands bestand nicht mehr. Mit minimalem Unbehagen für Molly ist es uns gelungen, dass sie sich nun auf ein langes, produktives Leben als Hütehund freuen kann – und ihre Familie sie noch viele glückliche Jahre lang lieben darf.

Rocco und die Klapperschlange

Ein Elektrohalsband kann auch nur ganz kurz eingesetzt werden, um Hunde negativ auf Situationen zu konditionieren, in denen es um Leben und Tod geht. Vor kurzem hat meine Freundin Jada Pinkett Smith ihren geliebten Hund Rocco verloren, nachdem er auf ihrem Wüstenanwesen von einer Klapperschlange angegriffen worden war. Die tierärztliche Fakultät der University of California in Davis schätzt, dass jedes Jahr ungefähr 150 000 Haustiere von Giftschlangen gebissen werden. Ich war bestürzt, als ich von dieser Statistik erfuhr. Alle Hunde, die ich in Mexiko gekannt hatte, wussten offenbar, dass sie sich von Schlangen und Skorpionen fernzuhalten haben.

Ich bin mit meinem Rudel häufig auf Jadas Wegen und in anderen Gegenden Südkaliforniens unterwegs, in denen es Schlangen gibt. Folglich wollte ich wissen, ob meinen Tieren von dieser Seite her Gefahr drohte. Ich beschloss, im Center ein Experiment zu machen, und besorgte mir eine Klapperschlange im Käfig, die ich meinem Rudel zeigte. Verblüfft musste ich feststellen, dass ich in wenigen Minuten mindestens fünf Hunde verloren hätte, wäre die Schlange nicht im Käfig gewesen. Das liegt daran, dass es sich um Stadttiere handelt und dem Großteil des Rudels der instinktive, vorsichtige Umgang mit diesen Tieren nicht beigebracht worden ist. Stattdessen waren sie neugierig. Jada und ich beschlossen, einen Spezialisten zu engagieren, der Hunde zur Vorsicht vor Schlangen konditionierte, und ihn mit allen Tieren beider Rudel arbeiten zu lassen.

Bob Kettle war ein rauer, bodenständiger Bursche, und er setzte das Elektrohalsband ein. Er brachte mehr als eine Schlange mit, um sicherzugehen, dass die Hunde keine allzu speziellen Vorstellungen von ihnen hatten, da jede Art auch anders riecht. Er wies mich an, das Rudel aufs Feld zu führen, dann sollten wir uns den Schlangenkäfigen nähern.

Daddy war zuerst an der Reihe. Sobald er die Schlange bemerkte und sich darauf zubewegte, rief Bob: »Jetzt«,

Die Hunde des Dog Psychology Center waren viel zu neugierig auf die Klapperschlange.

und aktivierte das Elektrohalsband. Im selben Augenblick machte ich kehrt und zog Daddy von der Schlange weg. Diesen Vorgang wiederholten wir knapp zehn Minuten lang, und am Ende wollte Daddy nur keiner Schlange mehr zu nahe kommen. Er bestand den Test mit Bravour und spielte anschließend glücklich eine Stunde lang mit mir.

In der Woche darauf brachte ich erneut eine im Käfig eingeschlossene Schlange ins Center, weil ich Daddy ein letztes Mal prüfen wollte. Er musste die Schlange noch nicht einmal sehen, um hinter mich zu laufen und dort zu bleiben. Diese Konditionierung hat nur zehn Minuten gedauert, und sie beschert mir ein sorgenfreies Leben, wenn ich mit Daddy und dem Rest meines Rudels in den Santa Monica Mountains spazieren gehe, wo es vor Schlangen nur so wimmelt.

Dies sind zwei Fälle, in denen ich das Elektrohalsband für ein kluges und humanes Mittel zur Hundeerziehung halte. Wenn es wie hier oder auch in Mollys Fall um Leben oder Tod geht und ich gefragt würde, ob ich Elektrohalsbänder befürworte, müsste ich die Frage bejahen.

Die Gefahren von Elektrohalsbändern

Wie gesagt können Elektrohalsbänder in den falschen Händen und bei inkorrektem Gebrauch negative Folgen haben. Dank technischer Fortschritte macht der richtige Einsatz von Techniken, die mit geringer Stimulation arbeiten, sie in einigen Fällen zu einem nützlichen Hilfsmittel bei Erziehung und Verhaltensmodifikation. Der Hund sollte stets so an das Elektrohalsband herangeführt werden, dass er versteht, was die Stimulation bedeutet. Darüber hinaus sollte man die Einstellung finden, bei der er den Reiz gerade noch spürt. Er sollte ihm weder Angst noch Sorge bereiten, sondern einfach eine neue, fremdartige Empfindung sein, auf die er reagiert – wie das Gefühl einer neuen Leine. Ohne vorsichtige Einführung, die sein Verständnis weckt, könnte Ihre Beziehung und möglicherweise das alles entscheidende Vertrauen zwischen Ihnen und Ihrem Hund Schaden nehmen. Ich muss noch einmal betonen: Um ein beliebiges Hilfsmittel effektiv einsetzen zu können, müssen wir ruhige und bestimmte Anführer sein. Vertrauen und Respekt sind der Schlüssel zur Beziehung zwischen Mensch und Hund. Wenn eines von beidem fehlt, ist das Verhältnis zwischen Ihnen und Ihrem Tier nicht ausgeglichen.

Am wenigsten bewirken Elektrohalsbänder bei zwanghaftem Verhalten. Trotzdem gibt es viele Menschen, die damit arbeiten. Wieso? Weil sie häufig schnellere, wenn auch für gewöhnlich oberflächliche und kurzfristigere Ergebnisse liefern.

Als ich seinerzeit in einer Hundeschule arbeitete, in der auch Wach- und Schutzhunde ausgebildet wurden, wandten wir Tag für Tag zahlreiche Techniken an, die ich inzwischen in den meisten Fällen für negativ und sogar gefährlich halte. Die Einrichtung bekam viel Geld dafür, dass die Hunde nach zwei Wochen bestimmte Befehle befolgen konnten. Deshalb wurden wir Mitarbeiter angewiesen, alles Nötige zu tun, um in dieser Zeit die gewünschten Ergebnisse zu erzielen.

Das ist einer der Gründe, weshalb ich meine Einstellung zu Hunden und zur Hundeerziehung allmählich geändert und stattdessen mein Konzept der Hunderehabilitation

entwickelt habe. Es ist völlig sinnlos, einem unsicheren
Hund eine zweiwöchige Frist zu setzen, in der er Gehorsam lernen soll. Jeder Hund braucht seine Zeit, um zu lernen und zur Ausgeglichenheit zu finden. Da kann man
nichts überstürzen, und man kann seinen Hund auch
nicht einfach »fortgeben«, damit andere die Sache erledigen. Wie gesagt sind Hunde keine Art Haushaltsgeräte.
Für den wahren Gehorsam eines Hundes sind die Geduld,
die Führungskraft und der Respekt des Besitzers oder Halters nötig. Das Elektrohalsband liefert zwar oft schnelle
Ergebnisse. Trotzdem möchte ich wiederholen, dass bei
diesem Gerät eine sehr große Gefahr des Missbrauchs und
der Ausbeutung besteht, falls es nicht um Leben oder Tod
geht. Wieder gilt: Wenn die Energie des Menschen am anderen Ende des Elektrohalsbands durch Wut oder Frustration gekennzeichnet ist oder eine andere negative Emotion dahintersteht, haben Sie so gut wie keine Chance, ein
positives Langzeitresultat damit zu erzielen.

Wie immer bin ich der Ansicht, dass Sie die Entscheidung für ein bestimmtes Hilfsmittel und bezüglich der
Frage, wie Sie mit den Tieren in Ihrer Obhut umgehen
wollen, mit Ihrem Gewissen, Ihrer Spiritualität und Ihrer
Beziehung zu der höheren Macht ausmachen müssen, an
die Sie glauben. Wenn Ihnen das Elektrohalsband nicht
als die geeignete Erziehungshilfe erscheint, haben Sie
zum Glück viele andere Möglichkeiten. Ganz gleich, ob
Sie sich nun dafür oder dagegen entscheiden, empfehle
ich Ihnen grundsätzlich, sich an einen Fachmann zu wenden, dessen Methoden und Philosophie Ihnen zusagen,
und sich eine korrekte, praktische Einweisung geben zu
lassen, ehe Sie versuchen, das Verhalten Ihres Hundes zu
beeinflussen.

Das elektronische »Anti-bell-Halsband«

Eine weitere Anwendungsmöglichkeit für Elektrohalsbänder ist es, Hunde damit vom zwanghaften Bellen zu kurieren. Und ja, das *kann* durchaus funktionieren. Allerdings konnte ich ganz allgemein beobachten, dass es sich bei zwanghaften Kläffern fast immer um Tiere mit aufgestauter Frustration handelt, die sich viel hinter Mauern befinden und nicht genügend Bewegung bekommen – vor allem keine Spaziergänge mit dem Herrchen, wie sie im Rudel üblich sind. Gelegentlich wählt Frauchen auch den leichteren Weg. Wenn sie zur Arbeit geht, wartet sie, bis sie das Haus verlassen hat. Anschließend aktiviert sie die Fernsteuerung, die den Hund stoppen soll, sobald er im Haus bellt. Das Halsband ist so eingestellt, dass es immer dann einen Reiz auslöst, wenn der Hund im Laufe des Tages bellt – ob die Besitzerin in der Nähe ist oder nicht.

Früher wurden einige Anti-bell-Halsbänder auch bei Geräuschen ausgelöst, die nichts mit dem Lautgeben des Hundes zu tun hatten. Das konnte ein anderes Tier sein, das draußen bellte, ein Echo im Haus oder gar eine Folge davon, dass der Hund irgendwelchen Metallgegenständen zu nahe kam. Plötzlich lösen nicht nur das Gebell des Hundes, sondern auch viele andere widersprüchliche und unabsehbare Anlässe den Reiz aus. Das Tier hat keine Möglichkeit, einen Zusammenhang zwischen Ursache und Wirkung herzustellen – doch darauf kommt es bei Konditionierungen aller Art schließlich an. Hunde leben in einem fein säuberlichen Universum aus Ursache und Wirkung und wissen automatisch, dass Aktion gleich Reaktion ist. Willkürliche, unvorhersehbare Bestrafungen erdulden zu müssen, das ist so ziemlich das Schlimmste, was einem Hund passieren kann. Es führt unter Umständen dazu, dass er allgemein ängstlich, nervös oder in seltenen Fällen sogar aggressiv wird, obwohl er vor den unregelmäßigen Korrekturen vielleicht überhaupt nicht angriffslustig war. Verwenden Sie niemals ein Anti-bell-Halsband, das nur mit einem Mikrofon funktioniert. Zum Glück reagieren die meisten dieser Hilfsmittel heute auf die Vibrationen, die allein vom Bellen des Hundes ausgelöst werden. Derartige Halsbänder üben bei anderen Geräuschen keinen Reiz aus. Trotzdem glaube ich, dass es natürlichere Möglichkeiten gibt, einem Hund mit einem Bellproblem zu helfen. Diese nehmen allerdings mehr Zeit in Anspruch und fordern Sie als Besitzer sehr viel mehr. Die wichtigste – Sie haben's erraten – sind regelmäßige, flotte einstündige Spaziergänge an Ihrer Seite und in Ihrer Umgebung.

Das Sprayhalsband

Eine Möglichkeit für Leute, denen nicht wohl dabei ist, bei Bellproblemen ein Elektrohalsband zu verwenden, ist das Sprayhalsband, das in den Vereinigten Staaten erst seit 1995 auf dem Markt ist. Eine Studie der tierärztliche Fakultät der Cornell-Universität fand heraus, dass diese Methode – bei der dem Hund ein natürlicher Zitronelladuft gegen den Hals gesprüht wird (dieselbe Pflanzensubstanz wird bei der Herstellung von Duftkerzen verwendet, die Sie im Sommer auf die Terrasse stellen, um die Stechmücken abzuwehren) – bei dem in der Untersuchung so genannten »störenden Bellen« sogar wirksamer ist als ein Elektromodell.[3] Ein Mikrofon löst den Sprühstoß aus, der den Hund verwirrt, da dieser merkwürdige, unbekannte Geruch seine äußerst empfindliche Nase irritiert. Das unangenehme Gefühl in der Nase sendet ein Signal an sein Gehirn, dass er das Bellen einstellen und einfach atmen soll, damit diese Empfindung aufhört.

Geht man wiederum von der Philosophie aus, dass der Hund das Elektrohalsband zehn Stunden am Tag tragen sollte, ob es nun angeschaltet ist oder nicht, kann man auch das Sprayhalsband durch eine Attrappe ersetzen, sobald der Hund regelmäßig darauf reagiert. Wie bei den älteren Elektrohalsbändern können die Mikrofone allerdings auch hier von anderen Geräuschen aktiviert werden – wie dem Bellen eines fremden Hundes. Allerdings darf die Lärmquelle nicht weiter als zehn Zentimeter von dem Gerät entfernt sein. Wer sich für diese Möglichkeit entscheidet, sollte das Mikrofon unbedingt von einem Fachmann einstellen lassen, damit der Hund fair behandelt wird und man nicht irgendwelche Fehlverhaltensweisen korrigiert, die ihm gar nicht anzulasten sind.

Sowohl Elektro- als auch Sprayhalsbänder können bei Bellproblemen nur eine vorübergehende Maßnahme sein. In beiden Fällen kann der Hund »seinen Menschen« allerdings mit Leichtigkeit austricksen, wenn er feststellt, dass er ohne Halsband tun und lassen kann, was er will. Deshalb müssen Sie beide Methoden unbedingt konsequent anwenden.

Der Elektrozaun

Es gibt, zum Beispiel in den Vereinigten Staaten, immer noch Gegenden, in denen es gesetzlich verboten ist, das eigene Anwesen einzuzäunen. Außerdem kann ein Zaun sehr teuer sein. Ein Elektro- oder ein unsichtbarer unterirdischer »Zaun« (ein verlegtes Kabel), der über einen Halsband-Empfänger Signale auslöst (zuerst ein »Warnsignal« und dann gegebenenfalls einen schwachen elektrischen Impuls), errichtet eine künstliche Sperre, sodass der Hund die Grenzen seines Reviers kennenlernt. Jedes Mal, wenn er sich dieser »Grenze« nähert, bekommt er einen schwachen Schlag.

Elektrozäune funktionieren in vielen Fällen sehr gut. Man könnte sogar anführen, dass sie Mutter Natur nachahmen, die den Tieren fortwährend ihre Grenzen aufzeigt. Der Anblick einer Klippe teilt einem Hund in freier Wildbahn mit, dass er sich verletzen wird, wenn er zu weit geht. Wagt er sich zu nahe an ein Dorngestrüpp, machen ihm die mit den Stacheln verbundenen Unannehmlichkeiten klar, dass dies kein sicherer Ort für ihn ist. Hunde lernen sehr schnell von ihrer Umgebung; und der Elektrozaun funktioniert nach diesem Prinzip. Dieses Hilfsmittel kann meiner Meinung nach viele Leben retten, aber auch hier müssen die Besitzer lernen, ihre Tiere richtig zu konditionieren, wenn sie den Zaun aufstellen. Sie sollten ihren Hund beispielsweise niemals »testen«, indem sie einen Ball über den Zaun werfen, damit er dann einen Schock bekommt, wenn er ihn holen will. Schließlich soll er den leichten Stromschlag, den ihm der Zaun versetzt, keinesfalls mit seinem Halter in Verbindung bringen.

Wer den Hund erstmals mit dem Zaun bekannt macht, sollte dafür sorgen, dass das Tier entweder müde oder nicht besonders energiegeladen ist, da es mit einem sehr hohen Energieniveau den Schlag in seiner Erregung ignorieren könnte. Ist ein Hund aufgeregt oder auf irgendetwas fixiert, kann man ihn unter Umständen nicht konditionieren. Er sollte müde sein und die neuen Grenzen dann allein erkunden. Unter Umständen hat man nur eine einzige Chance, es richtig zu machen – die für den Hund später über Leben und Tod entscheiden kann.

Elektromatten

Hinter diesen Matten steckt dieselbe Idee wie hinter dem Elektrozaun – man bedient sich der Technik, um die natürliche Warnung von Mutter Natur nachzuahmen und Tiere von bestimmten Plätzen oder Gegenständen fernzuhalten. Die Elektromatte wurde ursprünglich für Katzen erfunden, die gern auf Möbelstücke, Anrichten, Bücherregale oder sonst wohin springen. Es handelt sich dabei um eine Plastikmatte, die von Drähten durchzogen ist. Sie erzeugt einen kurzen Stromstoß. Auch dies entspricht in etwa dem Schlag, den ein Mensch bekommt, wenn er sich über den Fußboden elektrostatisch aufgeladen hat. Der Schreck lässt die Katze von der Anrichte springen und veranlasst sie dazu, dieses Möbelstück nach zwei oder drei weiteren Versuchen künftig zu meiden. Bei Hunden erfüllt dieses Hilfsmittel natürlich denselben Zweck.

Wie der Elektrozaun haben die (etwas weniger starken) Elektromatten Erfolg, weil das Tier die Wirkung mit seiner Umgebung verbindet. Für alle mit Strom betriebenen Geräte gilt: Der Eigentümer muss sicherstellen, dass sie sich in einem guten Zustand befinden und keine losen oder ausgefransten Kabel oder Sonstiges zu sehen sind, die eine Gefahr für das Tier oder Kinder sein könnten.

Weitere Erziehungshilfen

Großmutters Zeitung

Ihre Großmütter und -väter schworen auf die zusammengerollte Zeitung, mit der sie dem Hund einen Klaps auf die
Schnauze gaben. Es war die einzige »Erziehungshilfe«, die
sie brauchten, und stellt eine altmodische, technisch wenig fortgeschrittene und kostengünstige Form der Disziplinierung dar. Bei Ihrer Großmutter mag sie auch durchaus funktioniert haben. Wie gesagt wurde sie vermutlich
schon in dem Augenblick von Macht erfüllt, in dem sie die
Zeitung in die Hand nahm – und im Kopf des Hundes entstand eine Verknüpfung zwischen der Bewegung und dem,
was er nicht tun sollte. Aber jede Form der Disziplinierung,
bei der man mit den Händen zuschlägt, kann bei Hunden
zu äußerst negativen Komplikationen führen. In ihrer Welt
sind Schläge unnatürlich. Sie disziplinieren einander nicht
auf diese Weise, weshalb sie die Vermeidung von Schlägen
seltener mit Regelverstößen verknüpfen. Vielmehr handelt
es sich um eine instinktive Angstreaktion, die Schüchternheit, Misstrauen und andere negative Empfindungen her-
vorrufen kann. Wenn eine Hand auf sie zufliegt, ist das eine
fremdartige Erfahrung, die ihren Instinkten zuwiderläuft,
sodass sie möglicherweise alle Hände meiden – nicht nur
diejenigen, die eine Zeitung halten. Hat ein Hund Angst vor
Händen, kann das dazu führen, dass er sie entweder meidet
oder beißt.

Hilfsmittel, die den Hund mit Geräuschen erschrecken

Will man die Zeitung zur Disziplinierung verwenden, ist
es etwas besser, wenn man sie einfach zusammenrollt

und damit in die Hand *klatscht*, um einen Hund aufzu-
schrecken. Hunde haben ein empfindliches Gehör, sind
allzeit wachsam und reagieren schnell auf seltsame, laute
Geräusche. Diese Philosophie bildet die Grundlage einer
ganzen Untergruppe von Erziehungshilfen wie Klapper-
büchsen oder Wurfketten. Meist werden sie verwendet,
um einen Hund zur Stubenreinheit zu erziehen. Sobald
er sich einer bestimmten Stelle nähert, um sich zu erleichtern, wirft der Besitzer einen Gegenstand auf den
Boden, um ihn zu erschrecken. Das Problem dabei ist,
dass Hunde meist nicht glauben, dass dieses Geschoss aus
heiterem Himmel angeflogen kommt; sie haben ein sehr
gutes Gespür für Ursache und Wirkung und einen hervorragenden Orientierungssinn. Verknüpfen sie diesen fremden Gegenstand erst einmal mit Ihnen als dem Werfer,
haben Sie den ersten Schritt getan, um das vertrauens-
volle Band zwischen Ihnen zu zerstören – ein Hund versteht nämlich nicht, wenn man Gegenstände nach ihm
wirft. Möglicherweise wird er dadurch zwar so weit auf-
geschreckt, dass er von seinem Verhalten absieht. Ein solches Vorgehen wird allerdings weder dafür sorgen, dass er
Sie respektiert, noch bewirken, dass er ruhige Unterordnungsbereitschaft zeigt.

Verbringen Sie einmal einen Tag im Zoo und beobachten Sie eine beliebige kleine Primatengruppe. Sie werden
sehen, dass es vor allem eine »Primatengewohnheit« ist,
Gegenstände zu werfen, um die Aufmerksamkeit anderer
auf sich zu ziehen.[4] In den Pausen können Sie dieses Verhalten auch bei großen Kindergartengruppen beobachten.
Es handelt sich dabei um eine Aktivität, die für Primaten –
aber keineswegs für Hunde – typisch ist! Ich glaube an
Techniken, die sich so weit wie möglich am Umgang der

Hunde untereinander orientieren und an der Art und Weise, wie sie draußen in der Natur lernen. Um mit dieser Methode überhaupt Erfolg zu haben, müssen Sie den Hund erstens überraschen. Zweitens müssen Sie heimlich vorgehen – wie ein Jäger. Werfen Sie den Gegenstand so, dass das Tier nicht genau weiß, wo er herkommt. Drittens müssen Sie das Objekt ständig bei sich tragen, und viertens muss Ihr Timing bei der Korrektur absolut perfekt sein. Diese Technik erfordert Geduld, Genauigkeit und bereitet einige Umstände. Obwohl sie theoretisch funktioniert und von den meisten Menschen für human gehalten wird, versagen neun von zehn Hundebesitzern – und geben frustriert auf.

Sprühflaschen
Viele halten auch die Sprühflasche für eine menschliche Möglichkeit, um gegen das unerwünschte Verhalten eines Hundes anzugehen. Dieser Ansatz ist allerdings zwangsläufig etwas konfrontativer. Wie bei den oben beschriebenen Methoden, Hunde mit Geräuschen zu erschrecken, hängt die Wirkung vollkommen von Konsequenz und Timing ab. Das heißt, Frauchen oder Herrchen muss die Sprühflasche immer und überall bei sich tragen. Meiner Erfahrung nach funktioniert dieses Vorgehen in ungefähr 40 Prozent der Fälle, und das auch nur bei bestimmten Verhaltensauffälligkeiten. Darüber hinaus ist sie nicht gänzlich harmlos. Der falsche Gebrauch von Sprühflaschen hat schon bei einigen Hunden Augen-, Ohren- und Nasenirritationen verursacht. Ich bin der Ansicht, dass es sich dabei ebenso wenig wie bei den Gegenständen, mit denen man einen Hund schlägt oder die man nach ihm wirft, um eine in seiner Welt als natürlich empfundene Disziplinierungs-

maßnahme handelt. Und bedenken Sie, dass der Hund unausweichlich einen Zusammenhang zwischen Ihnen und der Sprühflasche herstellen wird. Sie müssen daher unbedingt ruhig und bestimmt bleiben.

Die Notwendigkeit für den Einsatz von Hilfsmitteln reduzieren

Dieses Kapitel sollte Ihnen einen Überblick über einige der wichtigsten Erziehungshilfen bei der Verhaltensmodifikation geben, die Ihre Beziehung zu Ihrem Hund unterstützen können. Grundsätzlich ziehe ich keines einem anderen vor, obwohl die Beschreibungen verdeutlichen sollten, dass ich die eine oder andere Methode in bestimmten Situationen und bei gewissen Hundetypen wirksamer finde. So mancher wird mir da vielleicht nicht zustimmen und sogar Beweise oder Erfahrungen haben, die ihn in seinem Glauben bestärken. Ich möchte Sie dazu ermuntern, sich so umfassend wie möglich über das Angebot an Erziehungshilfen zu informieren.

Damit will ich sagen, dass es eine sehr persönliche Angelegenheit ist, welche Hilfsmittel man verwendet oder nicht. Jeder Hund ist anders. Jeder Hund zeigt andere Verhaltensauffälligkeiten. Auch jeder Besitzer ist anders.

Wenn es um ein Elektro- oder Stachelhalsband, einen Maulkorb usw. geht – ich kann es nicht genug betonen –, sollten Sie sich zur Einweisung in den korrekten Gebrauch professionelle Hilfestellung geben lassen. Falls ein solches Hilfsmittel im Umgang mit Ihrem Hund nötig sein sollte, ist fachmännischer Rat unumgänglich – selbst wenn es sich dabei lediglich um die ausführliche individuelle Einführung durch den Verkäufer der Tierhandlung Ihres Vertrauens vor Ort handelt. Zudem gibt es viele tausend qualifizierte Hundeerzieher und -verhaltenstherapeuten, die nur auf einen Anruf warten. Wenn Sie einen davon für eine Stunde zu sich kommen, sich von ihm den korrekten Gebrauch des Geräts zeigen und alle etwaigen Fragen beantworten lassen, lohnt sich die relativ kleine Investition.

Unter den Hundeerziehern müssen Sie genau wie bei den Hilfsmitteln den Fachmann finden, der zu Ihrer Philosophie und Ihren Werten passt, und Sie sollten sich zuerst Referenzen besorgen und sich mit ihm über seine Ansichten und Methoden unterhalten, ehe Sie ihm Ihren Hund anvertrauen. Es heißt, wenn es eines gibt, worauf sich zwei Menschen einigen können, die beruflich mit Tieren zu tun haben, dann darauf, dass ein Dritter alles falsch macht. Vertrauen Sie mir – es gibt genügend unterschiedliche Meinungen, Methoden und Philosophien. Sicher werden Sie etwas finden, was sich in Ihrem Herzen richtig anfühlt. Bei unseren Haustieren müssen wir stets einen Ausgleich zwischen unserem Herzen und unseren praktischen Umständen finden. Ein guter Fachmann sollte Ihnen helfen können, beides zu verbinden, damit das Band zwischen Ihnen und Ihrem Hund stärker und gesünder wird.

Letzten Endes glaube ich, dass die von Ihnen gewählte Erziehungshilfe Sie im Idealfall nur dabei unterstützen sollte, sich mehr auf Ihr bestes und treuestes Werkzeug verlassen zu können – Ihre Energie. Das perfekte Szenario sieht so aus, dass Sie vielleicht mit einem Hilfsmittel wie dem Stachelhalsband anfangen, daraufhin Selbstvertrauen gewinnen, eine bessere, auf Vertrauen und Respekt basierende Beziehung zu Ihrem Hund aufbauen und schließlich zu einem Würgehalsband aus Nylon zurückkehren. Ungefähr ein Jahr später können Sie dann ein einfaches Seil verwenden – und noch ein Jahr darauf gemeinsame Erfahrungen ohne Leine sammeln.

Sollten Sie sich schlecht fühlen, wenn Sie nach drei Jahren immer noch stärkere Hilfsmittel zur Kontrolle Ihres

---

Was Sie im Umgang mit Erziehungshilfen tun und lassen sollten

- Informieren Sie sich umfassend über das von Ihnen in Betracht gezogene Hilfsmittel. Nehmen Sie keine der Aussagen unkritisch hin – holen Sie mindestens drei Meinungen ein.
- Wenden Sie sich an einen Fachmann, wenn Sie mit einer Erziehungshilfe nicht vertraut sind.
- Bedenken Sie stets, dass ein Hilfsmittel nur eine Erweiterung Ihrer selbst und Ihrer Energie ist.
- Arbeiten Sie darauf hin, die Notwendigkeit einer Verwendung von Hilfsmitteln zu verringern, vor allem wenn es sich um drastischere Methoden handelt.
- Arbeiten Sie weiter an Ihrer ruhigen, bestimmten Energie und an Ihren Führungsfähigkeiten, ganz gleich, welche Erziehungshilfe Sie verwenden.
- Benutzen Sie ein Hilfsmittel nie, wenn Sie angespannt, nervös, wütend oder frustriert sind.
- Betrachten Sie Erziehungshilfen nicht als Bestrafungswerkzeuge.
- Massivere Erziehungshilfen wie Elektrohalsbänder sind keine Dauerlösung.
- Verwenden Sie niemals etwas, von dem Sie nicht hundertprozentig intellektuell, moralisch oder spirituell überzeugt sind, ganz gleich, was die Experten sagen.

Hundes benötigen? Natürlich nicht. Heißt das, dass Sie aufgeben und aufhören sollten, an Ihren Führungsfähigkeiten und daran zu arbeiten, ein stärkerer Rudelführer zu sein? Keineswegs! Es liegt in der menschlichen Natur, dass wir stets danach streben, uns und unsere Welt besser zu machen. Ich glaube, meinen Söhnen ein guter Vater zu sein. Trotzdem höre ich nie auf zu denken, ich könnte noch besser sein. Bei meinen Klienten habe ich festgestellt, dass sich die Verbindung zu ihren Hunden mit ihrem wachsenden Selbstvertrauen verbessert und sie sich automatisch weniger auf Hilfsmittel verlassen und lernen, Regeln und Grenzen mit ihrer Energie aufzuzeigen. Nichts kann diese Energie und Verbundenheit ersetzen – kein Hilfsmittel, das man mit Geld bezahlen könnte –, und fast nichts auf Erden kommt jener spirituellen Nähe gleich, die entsteht, wenn Sie und Ihr Hund ganz natürlich im Einklang sind.

4. SO SORGEN SIE DAFÜR, DASS DIE RASSE ERFÜLLUNG FINDET

»Ein unersetzlicher Hund, ein echter Kamerad,
ist eine Laune der Natur.
Man kann ihn weder züchten noch mit Geld kaufen.«

E. B. White

»Wir haben Freunde, die sind Jäger«, grübelte John Grogan, der Autor von *Mein Hund Marley & Ich*. »Sie kommen hierher, werfen einen Blick auf Gracie und sagen: ›Himmel, was für eine Verschwendung.‹ Dass Nichtjäger einen so wunderbaren Jagdhund haben.«

Wir schrieben den Sommer 2006, und Marley, der geliebte goldene Labrador-Retriever, der in aller Welt die Herzen erobert hatte, war gestorben. Ich war in eine friedliche Ecke des ländlichen Pennsylvania gekommen, um mir Gracie anzusehen, den neuen Labrador von John und Jenny Grogan, Marleys ergebenen Besitzern. Dieses wunderschöne Tier gehörte zwar derselben Rasse an wie sein Vorgänger, zeigte aber völlig andere Auffälligkeiten. Oder doch nicht?

Die Grogans, Gracie und ich

Nachdem sie die Trauer um den Verlust ihres über alles geliebten Marley verwunden hatten, wurde den Grogans wie so vielen von uns klar, dass ihr Haus ohne einen Hund niemals wieder ein richtiges Heim sein würde. Neun Monate nach Marleys Tod fuhr Jenny zu einem Züchter und suchte einen entzückenden reinrassigen Labrador aus, der dem Freund ähnlich sah, den sie verloren hatten. Weil Marley so energiegeladen und wild gewesen war, wurde Jenny von der vermeintlichen Ruhe dieses weiblichen Welpen angezogen und nahm das Tier mit nach Hause. Sie dachte, nach den dreizehn Jahren mit Marley stünden die Chancen gut, dieses Mal den »perfekten« Hund zu bekommen. Die Familie nannte sie »Gracie«.

Wie Jenny vermutet hatte, wuchs Gracie zu einem sehr viel ruhigeren und gelasseneren Hund heran als Marley. Im Gegensatz zu ihrem Vorgänger fraß sie weder Möbel noch Kleidungsstücke, und sie verletzte sich auch nicht, weil sie während eines Gewitters nicht versuchte, sich durch Wände zu graben, um zu entfliehen. Gracie teilte weder

Marleys Angst vor lauten Geräuschen noch seine hyperaktive Energie oder sein brennendes Bedürfnis, sich mit vollem Körpereinsatz auf jeden Fremden zu werfen, der das Haus betrat. Drinnen war Gracie friedlich und gehorsam, obwohl sie sich gelegentlich ein wenig reserviert gab und lieber ihr eigenes Ding durchzog. Auch darin war sie das genaue Gegenteil von Marley, der immer mitten im Familiengeschehen sein wollte. Aber wenn es nach draußen ging, wurde Gracie zu einem echten Problem für die Grogans.

John und Jenny besitzen ein weitläufiges, zwei Morgen großes Anwesen inmitten von Hügeln, Bäumen, Bächen und Seen mit Eichhörnchen, Hasen und anderen wilden Tieren – eine friedliche, private Oase und das perfekte Hundeparadies. Sie installierten einen jener unsichtbaren unterirdischen »Zäune«, die über einen Halsband-Empfänger Signale auslösen, um Gracie Grenzen zu setzen, und ließen sie den ganzen Tag frei auf dem Gelände herumstreunen. Wie viele meiner Klienten waren sie fälschlicherweise der Annahme, sie würde sich auf diese Weise ganz allein und auch ohne tägliche Spaziergänge mit der Familie reichlich Bewegung verschaffen. Sobald Gracie zur Tür hinauslief, wurde sie stattdessen zu einem völlig anderen Hund. Sie weigerte sich, zu kommen, wenn sie gerufen wurde; und Jenny konnte sie nur mit Wurstscheiben ins Haus zurücklocken. »Das klappt ganz wunderbar – bis die Wurst ausgeht«, erklärte mir Jenny verdrießlich.

Das andere Problem (das die Grogans keineswegs in Zusammenhang mit Gracies Mangel an konsequentem Gehorsam brachten) war ihre Jagdbesessenheit. Den lieben langen Tag pirschte sie sich an die Kleintiere oder Vögel heran, die durch den Garten liefen, und machte sich darüber her. Die Familie hatte einige Hühner, die sie mit Eiern versorgten, frei auf dem Gelände herumliefen und halfen, den Garten von Insekten und anderem »Ungeziefer« zu befreien. Natürlich entwickelte die Familie eine Beziehung zu den Hühnern und behandelte sie wie Haustiere. Leider trat eines davon vor seinen Schöpfer, nachdem Gracie ihren Jagdblick darauf gerichtet hatte.

»Sie hat Liberace gefressen«, gestand Jenny und verzog das Gesicht. »Wenn die eigene Hündin erst mal ein anderes Haustier gefressen hat, sieht man sie mit anderen Augen.«

Die Grogans verlegten den unsichtbaren Zaun, bis der Hühnerstall einen guten Meter hinter dieser Grenze lag, die Gracie nicht überschritt. Trotzdem pirschte sie sich zwanghaft an sie heran, weshalb die Grogans die Hühner

Ich desensibilisiere Gracie für eines der überlebenden Hühner
der Grogans.

nicht mehr frei herumlaufen lassen konnten. Und wenn sich Gracie im Jagdmodus befand, konnte sie natürlich nicht einmal eine Wurst dazu bringen, ihren Besitzern zu gehorchen.

Für mich lag das Problem auf der Hand. Es gab einen klaren Zusammenhang zwischen Gracies Gehorsamkeitsproblemen und ihrem Jagdverhalten. Die Grogans hatten sich einen hundertprozentig reinrassigen Spitzen-Retriever gekauft und sich zugleich mit ihm auch seinen genetischen Bauplan ins Haus geholt. Obwohl Gracie vertrauensvoll, loyal und freundlich war, befriedigten die Grogans die »primären tierischen« Bedürfnisse, wie ich sie bezeichne, weder mit strukturierten Übungen noch mit klaren Regeln und Grenzen. So kam es zu diesem unangenehmen Zusammenstoß mit Gracies *Rasse*, die das Kommando übernahm, damit sie ihre aufgestaute Energie und Frustration abbauen konnte. *Je reinrassiger das Tier, desto stärker sind die rassebedingten Bedürfnisse.* Gracies Gene – ihre Rasse – machten sie zu einer zielstrebigen, konzentrierten und außergewöhnlichen Jägerin, aber keineswegs zu einem besonders respektvollen Haustier.

Die Bedeutung der Rasse

Um die Bedürfnisse unserer Gefährten zu erfüllen, sodass diese sich bereitwillig und voller Freude dafür revanchieren, müssen wir uns dringend mit dem *Tier* im Hund beschäftigen. Alle Tiere müssen für ihr Fressen und ihr Wasser arbeiten und verständigen sich auf energetischer Ebene miteinander. Die nächste Kommunikationsebene in Ihrem Haustier ist der *Hund*. Ein Hund ist ein soziales, fleisch-

fressendes Lebewesen und hat den angeborenen Wunsch,
Teil eines Rudels zu sein. Hunde bemühen sich um eine
äußerst geordnete »Weltsicht« mit klaren Lebensregeln sowie einer eindeutigen Hierarchie der Aufgaben und Po-
sitionen. Sie erfassen die Welt zunächst mit der Nase, dann
mit den Augen und schließlich mit den Ohren. Indem
man zunächst die tierischen und dann die hundespezifischen Bedürfnisse seines Tierkameraden zu erfüllen lernt,
kann man einen großen Teil der Probleme vermeiden oder
beseitigen, die man vielleicht mit ihm hat.

Die nächste Stufe in der Psychologie Ihres Hundes ist
dann eben die *Rasse*. So, wie er »Signale« von seiner »tierischen« und seiner »hündischen« Seite bekommt, steht er
auch mit seiner Rasse in Kontakt. Je reinrassiger er ist, desto
stärker ist diese Kommunikation, und umso mehr wird er
sich gezwungen fühlen, darauf zu reagieren.

Die Rasse ist kein Schicksal

Ich halte nichts von der weit verbreiteten Ansicht, dass die
Rasse eines Hundes sein weiteres Leben bestimmt – vor
allem sofern man ihn in erster Linie als *Tier* und als *Hund*
betrachtet. Wenn mir jemand sagt: »Ich habe schreckliche
Angst vor Pitbulls. Pitbulls sind Killer«, mache ich ihn mit
Daddy bekannt, dem Star-Pitbull in meinem Rudel und
dem süßesten, sanftesten, freundlichsten und entspanntes-
ten Hund, den Sie je kennenlernen könnten. Er gehört in
der Tat zur Rasse der Pitbulls, und mit seinem riesigen Kopf
und seinem dicken Hals wirkt er auch noch ziemlich be-
ängstigend! Wer ihn aber kennt, sieht in ihm nur ein wunderbares, durch und durch liebenswertes Tier, einen Hund
im *Gewand* eines Pitbulls. Solange ich auf alle seine tierischen und hundespezifischen Bedürfnisse eingehe und

sie befriedige, fällt seine Pitbullseite nicht unangenehm auf. Bleiben sie allerdings unerfüllt, kann und wird sich die *Rasse* häufig in seinen körperlichen und psychischen Reaktionen auf die Stressfaktoren des Lebens und in dem daraus folgenden Energiestau bemerkbar machen.

Die DNA einer Hunderasse enthält gewissermaßen einen Teil der »Gebrauchsanweisung«. Sie ist das, wofür er geschaffen wurde – und je reinrassiger er ist, desto größer ist auch die Wahrscheinlichkeit, dass er auf rassetypische Eigenschaften zurückgreifen wird, um aufgestaute Energie und Frustration abzubauen.

Ich begann, mit Daddy zu arbeiten, als er vier Monate alt war. Hätte ich in seinen jüngeren Jahren nicht dafür gesorgt, dass er sich jeden Tag reichlich bewegte, hätte ich ihm nicht bereits als Welpen klar und konsequent Regeln und Grenzen aufgezeigt und wäre ich nicht rund um die Uhr und ohne jede Frage sein Rudelführer gewesen, hätten seine Pitbull-Gene vielleicht dafür sorgen können, dass er im Falle einer aufgestauten Frustration zerstörerisch geworden wäre. So aber habe ich ihn mit Hilfe konsequenter Rudelführung vor dem Schicksal bewahrt, die schlechten Klischees seiner Gene zu erfüllen. Zu meinem Rudel gehören auch noch ein halbes Dutzend weiterer Pitbulls, die vor der Rehabilitation allesamt entweder gegenüber Menschen oder anderen Hunden aggressiv waren und nun nicht mehr dazu verdammt sind, für immer und ewig die Rolle des »Killers« zu spielen. Indem ich ihre Grundbedürfnisse befriedige, kann ich ihnen das Pitbull-Gewand abstreifen und es ihnen ermöglichen, das Leben zu genießen, indem sie einfach Hunde unter Hunden sind.

Wir Menschen dürfen nicht vergessen, dass wir diese Rassen selbst gezüchtet haben – wir haben die Pläne oder

»Gebrauchsanweisungen« entworfen, die unseren Hunden ein gewisses Aussehen verleihen oder dafür sorgen, dass sie bestimmte Fähigkeiten besitzen. Es ist unglaublich, wenn man bedenkt, wie viele Schritte und Generationen nötig waren, um die vielen hundert Rassen zu züchten, die es heute gibt. Mehrere tausend Jahre bevor der Mönch Gregor Mendel im 19. Jahrhundert die Prinzipien der modernen Genetik entdeckte, hatten die Menschen irgendwie herausgefunden, dass, wenn man ein schnelles Muttertier mit einem schnellen Vatertier paarte, es in dem daraus resultierenden Wurf mindestens ein paar schnelle Welpen gab. Oder wenn sowohl der männliche als auch der weibliche Hund gute Jäger waren, standen die Chancen gut, dass auch zu ihrer Nachkommenschaft einige ausgezeichnete Jagdhunde gehören würden. Während sich Menschen Seite an Seite mit den Tieren weiterentwickelten, merkte der eine oder andere: »He, dieser Hund kann mir auf dem Hof helfen! Und jener kann meinen Besitz bewachen, und der dritte kann mir Gegenstände aus dem Wasser holen.« Unsere Ahnen fingen an, auf die besonderen Fähigkeiten, mit denen die einzelnen Hunde offenbar geboren waren, zu achten und darüber nachzudenken. Anschließend prüften sie, wie sich diese Talente zu ihrem eigenen Wohle nutzen ließen. Manchmal lieh sich der Mensch die angeborenen Fähigkeiten der Tiere einfach aus, zum Beispiel für die Jagd, und konditionierte sie darauf, sie für sich einzusetzen. In anderen Fällen nahm er ihre angeborenen Neigungen und passte sie so an, dass die Hunde Aufgaben lösten, die zwar vom Menschen erdacht waren, sich aber ganz natürlich für sie anfühlten. Beim Viehhüten etwa wird ein Teil des natürlichen Jagdverhaltens bestimmter Hunde genutzt, das Töten allerdings blockiert.

Auch das Apportieren wird vom Hund als natürlich empfunden. Und schließlich haben wir noch durch und durch »menschliche« Jobs geschaffen – wie etwa das Lastenziehen. Wir wählten Hunde nach ihrer Größe und ihrer Gestalt aus und züchteten sie, damit sie diese Aufgaben für uns erledigten.

So schuf der Mensch Generationen von Hunden, die mit bestimmten Fähigkeiten zur Welt kamen, um das tun zu können, wofür sie »gebaut« waren. Darüber hinaus waren damit weitere starke Triebe verbunden. Das Problem ist nun, dass viele Hunde in unserer modernen Welt keine Gelegenheit mehr haben, diese ursprünglichen Aufgaben zu erfüllen oder ihre angeborenen Fähigkeiten zu nutzen. Trotzdem sind alle ihre Triebe noch in ihren Genen verankert.

Man sollte nicht vergessen, dass die Rasse eines Hundes ein weit weniger ursprünglicher Faktor ist als der Hund oder das Tier in ihm. Wie in Daddys Fall kann man durchaus verhindern, dass sein Gehirn auf die rassebedingten Signale hört. Wie geht das? Indem man Energie abbaut. Sport, körperliche Bewegung und geistige Herausforderungen sind die drei Möglichkeiten, mit deren Hilfe Sie das Energieniveau jedes Hundes senken können. Und nichts eignet sich besser zum Energieabbau als der vielzitierte – korrekt ausgeführte – flotte Spaziergang. Wenn Sie noch länger oder schneller laufen, kostet die ausdauernde Bewegung den Hund Energie, sodass weniger davon für rassetypische Aktivitäten zur Verfügung steht.

Eines meiner Lieblingsbeispiele für gute Rudelführung sind bekanntermaßen einige der Obdachlosen von Los Angeles, denen oft furchterregende Pitbulls folgen. Diese

Hunde laufen entschlossen, konzentriert und gehorsam neben ihnen her. Sie zerren nicht, springen nicht hoch und werden nicht in Raufereien verwickelt. Sie lassen sich weder von Katzen noch von Eichhörnchen, Autos oder kleinen Kindern ablenken. Weil sie sehr lange – und mit einer klaren Absicht – unterwegs sind, wird die gesamte Energie, die dem Tier, dem Hund und der Rasse zur Verfügung steht, in konstruktive Bahnen gelenkt. Diese Hunde laufen nicht nur einmal kurz um den Block, um das Beinchen zu heben. Sie bewegen sich mit einer klaren *Absicht*. Sie spüren auf ganz ursprüngliche Weise, dass sie ihre Fähigkeiten zu ihrem Überleben nutzen. Ich versuche, meinem Rudel diese Erfahrung zu vermitteln, indem wir lange Wanderungen in den Hügeln unternehmen oder ich die Hunde beim Inlineskaten eine Stunde neben mir laufen lasse. Bei einer konzentrierten, ursprünglichen gemeinsamen Unternehmung mit dem Rudelführer wird Energie verbrannt. Zudem handelt es sich um eine geistige Herausforderung und beruhigt auch die Seele des reinrassigsten Hundes.

Aber wir sollten realistisch sein. Die meisten Menschen können nicht den ganzen Tag mit ihren Hunden spazieren gehen. Die Tiere mögen ein großer Teil ihres Lebens sein, aber sie müssen auch noch ihre Brötchen verdienen, sich um ihre Familien kümmern und sich mit den vielen anderen Kleinigkeiten beschäftigen, die das Menschsein in unserer komplizierten modernen Welt mit sich bringt. Die meisten meiner Klienten fallen in diese Kategorie, und deshalb versuche ich, ihnen bei der Zusammenstellung der richtigen Mischung aus körperlichen und geistigen Herausforderungen zu helfen, damit sie die Bedürfnisse des Tieres, des Hundes und der Rasse befriedigen können – wie gesagt: in dieser Reihenfolge.

Der American Kennel Club (AKC) teilt die Rassen in allgemeine Kategorien ein, die für gewöhnlich auf den Aufgaben beruhen, für die die Tiere ursprünglich vorgesehen waren. (Der AKC entspricht in Europa ungefähr dem FCI, dem internationalen Dachverband der Hundezüchter; nur, die Rasseneinteilungen decken sich nicht ganz).[1]

Schauen wir uns diese Kategorien nun einmal an und sehen wir, was Sie zusätzlich zum gemeinsamen Spaziergang tun können, um mögliche rassetypische Bedürfnisse Ihres Hunde zu befriedigen – von organisierten »Vereinsaktivitäten« bis hin zu einfachen Übungen, die Sie in Ihrem Garten oder Wohnzimmer machen können.

Vorsteh-, Apportier-, Stöber- und Wasserhunde

Die Hunde in dieser Gruppe sind die Nachkommen jener Tiere, die für die Arbeit mit menschlichen Jägern gezüchtet wurden. Sie sollten Wild – vor allem Federwild – aufspüren, aufstöbern oder apportieren. Pointer und Setter spüren die Beute auf und »stehen ihr vor«, Spaniel stöbern sie auf, und Retriever apportieren das geschossene Tier. Man sollte nicht vergessen, dass es auch deshalb Jagd*sport* heißt, weil die Hunde kein Tier töten. Im Laufe der Zeit hat der Mensch die feinen Jagdinstinkte und -verhaltensweisen des Wolfs verändert und den eigentlichen Akt des Tötens verhindert. Die Jagd ist für die Tiere zum »Sport« geworden. Das einzige wahre *Raub*tier ist der Mensch.

Ich teile nicht zwangsläufig die Meinung vieler Ratgeber über die verschiedenen Hunderassen, alle Hunde einer bestimmten Rasse hätten ein vorgegebenes, unveränderliches Energieniveau. So, wie mehr oder weniger energiege-

ladene Kinder in dieselbe Familie hineingeboren werden
können, kann es bei jeder Rasse und sogar in jedem Wurf
ein ganzes Spektrum an verschiedenen Energieniveaus
geben. Hat ein Tier einen preisgekrönten Stammbaum,
dann heißt das noch lange nicht, dass es sich zum Vor-
zeigewelpen für sämtliche idealen Charakteristika dieser
Rasse entwickeln wird. Kreuzt man zwei Setter, die beide
Preise gewonnen haben, bekommt man unter Umständen
einen Wurf mit zwei energiegeladenen und möglicherweise ebenfalls preisverdächtigen Welpen, einem Hund
mit niedriger Energie, der nach einer Stunde Jagd ermüdet oder sich langweilt, und einem sanften, entspannten
Tier, das nur zu Hause herumlungern und vor dem Feuer
liegen will. Ich glaube, dass das Energieniveau genau wie
beim Menschen angeboren ist.[2]

Ich habe bereits dargelegt, dass die Energie Teil der
Identität und damit des Aspekts ist, den wir als »Persönlichkeit« bezeichnen. Grundsätzlich ist kein Typus besser
oder schlechter als der andere, obwohl es da Zusammenhänge mit bestimmten Aufgaben gibt. Damit ein Mensch
zufrieden ist, wenn er den ganzen Tag am Computer
sitzt, braucht er ein etwas niedrigeres Energieniveau. Eine
Aerobiclehrerin muss natürlich dynamischer sein. Gleiches gilt für Hunde. Allerdings ist dem Menschen bereits
vor vielen tausend Jahren aufgefallen, dass für die erfolgreiche Jagd Tiere mit höherem Energieniveau nötig sind.
Also fingen sie an, die geeignetsten Eltern auszuwählen,
damit genau diese Dynamik an einen möglichst großen
Teil der Nachkommen weitergegeben wurde. Ein guter
Jagdhund braucht Ausdauer. Die Jagd ist ein Sport, der
stundenlange intensive Aktivität, wachsames Warten sowie sehr viel Geduld und Konzentration erfordert. Man

bewegt sich vorwärts und muss sich dabei vergewissern, dass man auch tatsächlich auf der richtigen Spur ist und der richtigen Fährte folgt. Deshalb kann man mit Fug und Recht behaupten, dass die Hunde dieser Rassen für gewöhnlich mehr Energie haben als ihre Artgenossen im Allgemeinen.

Gracie und Marley – zwei Seiten derselben Rasse

Sowohl Marley als auch Gracie sind Labrador-Retriever, also Jagdhunde, und wurden gezüchtet, um Wild aufzufinden, seine Fährte aufzunehmen und es zu apportieren. Aber ganz gleich, wie ähnlich sich die beiden sehen, sie zeigen ganz herrlich die Bandbreite der Temperamente innerhalb einer Rasse. Marleys Züchter hatten zwar behauptet, es handle sich bei ihm um ein reinrassiges Tier. Er stammte aber sicher von Stadthunden ab und war zudem in der Stadt groß geworden – ohne die Signale, welche die in ihm vergrabenen Instinkte zum Vorschein hätten bringen können. Ja, es sah sogar so aus, als hätte sich Marley nur noch ein paar kümmerliche Reste aus seiner Jagdhundvergangenheit bewahrt. Gleichwohl besaß er die ganze aufgestaute Energie, die damit einherging. John Grogan schreibt, wie glücklich Marley auf langen Spaziergängen entlang des Atlantic Intracoastal Waterway in Florida war – auf Märschen, die sein ausgesprochen hohes Energieniveau gerade mal ein wenig forderten. Wenn die Grogans mit ihm im Garten spielten, fanden sie Marleys Unfähigkeit, das Konzept des Apportierens zu verstehen, sowohl erheiternd als auch frustrierend. Das heißt, er konnte nicht begreifen, dass es dabei nicht nur darum ging, den Ball zu holen und ihn dann *zu behalten* – sondern dass er ihn *zurückbringen* sollte! Marleys Energie und seine Instinkte waren völlig durcheinander und entluden sich gemeinhin in seiner Zerstörungswut. Als sich die Grogans nach Pennsylvania aufs Land zurückzogen, war Marley schon etwas älter, und sie konnten sehen, wie er sich in seiner neuen Umgebung entspannte, die ihm auf einer sehr viel ursprünglicheren Ebene vertrauter gewesen sein musste.

Gracies Stammbaum dagegen enthielt Jagdhunde, die seit Generationen auf dem Land lebten und gediehen. Sie war ein Hund der Spitzenklasse und hatte – was Jagdgene und Energie anging – sozusagen den Jackpot gewonnen. In einem Hund dieses Kalibers zeigt sich schon sehr früh die volle Großartigkeit der vielen Generationen seiner Rasse. Ein solcher Welpe wird bald damit beginnen, sich im Haus an den Staubwedel heranzupirschen, im Garten Federn aufzustöbern und zu erstarren sowie vorzustehen, wenn Vögel und Kleintiere vorbeikommen. Er ist sich über seine spätere Lebensaufgabe vollkommen im Klaren. Lebt ein Hund wie Gracie in der Stadt und innerhalb einer ähnlich schwachen Struktur wie bei den Grogans, wird er höchstwahrscheinlich neurotisch und zwanghafte, wettbewerbsaggressive oder zerstörerische Tendenzen entwickeln. In ihrem ländlichen Paradies fand ihre Frustration freilich reichlich natürliche Ventile.

Die Grogans erzählten mir, sobald Gracies Augen jenen blutrünstigen Ausdruck annahmen, sei es, als existierten sie nicht mehr. Sie verwandelte sich in einen völlig anderen Hund, der nur noch einen Herrn hatte – seinen Instinkt. Die Besitzer solcher Tiere müssen bereits früh lernen, diese Energie in die richtigen Bahnen zu lenken und derartiges Verhalten umzudirigieren, wenn sie nicht wollen, dass ihr Hund das Regiment übernimmt.

Die Grogans berichteten, Gracie sei im Haus ruhig und beherrscht. Das ist verständlich. Sie verschwendete ihre Energie nicht, indem sie wie Marley aufgedreht herumsprang. Sie sparte sie sorgfältig auf, um sie in jene Ausdauer zu verwandeln, die großartige Jagdhunde brauchen, um ihre Beute aufzuspüren und zu verfolgen. Ihre Gene sagten ihr: »Vergeude deine Kraft nicht hier drin! Draußen im Garten sind Hühner, die nur darauf warten, dass du sie jagst!« Sie würde sich nicht wegen Kleinigkeiten verrückt machen und wie Marley Sofas annagen und Tische umstoßen. Ihr war sehr viel klarer, welchem *Zweck* ihre angeborenen Fähigkeiten dienten. Und der lag draußen in der großen weiten Welt mit all ihren Verlockungen.

Sowohl Gracie als auch Marley waren im Grunde ihres Herzens frustriert. Keinem von beiden fehlte es an der Liebe ihrer Familie, trotzdem litten sie an einem Mangel an Führung, Regeln und Grenzen und waren weder körperlich noch geistig ausreichend gefordert. In Gracies Fall aber wählten ihre reinrassigen Gene ein klares Ventil für ihre Frustration. Das *Tier* in ihr war nicht erfüllt, weil es nicht genügend von jener körperlichen Bewegung bekam, die dem natürlichen Prozess nachempfunden war, für Nahrung und Wasser arbeiten zu müssen. Der *Hund* in ihr war nicht zufrieden, da es an Regeln und Grenzen fehlte. Doch es war die *Rasse* in ihr, die ihr zuflüsterte: »So bauen wir überschüssige Energie ab.« Deshalb erklärte ich den Grogans, dass wir zunächst auf die *Rasse* eingehen mussten, um die Intensität ihrer Bedürfnisse zu verringern. Zu diesem Zweck – und um die überschüssige Energie in die richtigen Bahnen zu lenken – würden wir ihr bei genau den Aktivitäten Führung geben, denen sie ohnehin schon nachging, und wir würden dabei vom Standpunkt der Jagd, nicht dem des Tötens ausgehen. Mir war klar, dass wir jenen Teil von ihr in den Griff bekommen mussten, um auch die Frustration in den anderen Bereichen abzubauen.

So erfüllen Sie die Bedürfnisse von Vorsteh-, Apportier-,
Stöber- und Wasserhunden

Falls Sie einen Hund haben, der zu einer der genannten Rassen gehört und einen ebenso starken genetischen Antrieb hat wie Gracie, werden Sie erst dann ein echter Rudelführer sein, wenn Sie die sich daraus ergebenden Aktivitäten unter Kontrolle haben. Als John Grogan ein Licht aufging und dieses Konzept verstand, fand er eine brillante Metapher dafür, die ich mir an dieser Stelle ausleihen werde: Was, wenn beide Eltern äußerst praktisch denkende, mathematisch-naturwissenschaftlich begabte Menschen sind und ihr Kind mit großem künstlerischen Talent sowie dem Drang geboren wird, ihm Ausdruck zu verleihen? Wenn die Eltern es im Rahmen seiner Fähigkeiten fördern, wird es aufblühen – indem sie ihm Wachsmalkreiden und Papier schenken, mit ihm Kunstbücher ansehen und es ermutigen, in der Schule Mal- und Zeichenkurse zu belegen. Was aber, wenn die Eltern das Talent des Kindes und sein Bedürfnis, es auszudrücken, völlig ignorieren? Ein solches Kind ist dazu gezwungen, selbst Ausdrucksmöglichkeiten zu finden. Erhält es in der Schule keine Unterstützung, verziert es im Unterricht vielleicht sein Heft mit kunstvollen Kritzeleien, statt dem Lehrer zuzuhören – und seine schulischen Leistungen leiden. Oder es lebt seine Leidenschaft aus, indem es Wände mit Graffiti besprüht, was ihm Probleme mit der Polizei

»Hawkeye« apportiert einen Dummy.

bescheren kann. Im ersten Szenario teilen die Eltern die Erfahrung und können dem Kind zeigen, wie es sein Talent in ein stabiles, ausgeglichenes Leben einbetten kann. Im zweiten erschafft es sich auf der Grundlage seines Talents ein Leben *fernab* von der Welt seiner Eltern. Daher fehlt es an Regeln und Grenzen. Darüber hinaus entfernt es sich von seiner Familie und verliert den Respekt vor seinen Eltern – weil auch sie es nicht respektieren und nicht erkennen, was für ein Mensch es wirklich ist.

Übertragen Sie diese Metapher nun auf die Beziehung zu Ihrem Hund. Indem Sie allen drei Aspekten – dem Tier, dem Hund und der Rasse in ihm – gerecht werden, schmieden Sie ein auf Vertrauen und gegenseitigem Respekt beruhendes Band. Wenn der Hund dagegen selbst darum kämpfen muss, dass seine angeborenen Bedürfnisse erfüllt werden, stellt sich die Frage, weshalb er dann überhaupt lernen sollte, Sie zu respektieren?

Es gibt viele Möglichkeiten, die für Jagdhunderassen typischen Triebe zu befriedigen. Am Anfang steht natürlich stets der Abbau aufgestauter Energie, damit Tier und

Hund zufrieden sind. Bei Exemplaren mit hohem Energieniveau sind dazu in allen diesen Rassekategorien mindestens zwei lange, anstrengende Märsche am Tag nötig. Zu den Hilfsmitteln und Techniken, die Ihnen helfen können, die Dauer und die Länge dieser Spaziergänge zu verringern oder die Herausforderung für Ihren Hund zu erhöhen, gehören Radfahren, Inlineskaten und Skateboardfahren. Darüber hinaus können Sie Ihrem Hund beim Spazierengehen auch einen Rucksack umschnallen. Manche Hunde müssen laufen, brauchen einfach eine anstrengendere Form der Bewegung. Fahrrad, Skateboard und Inlineskates können Ihnen dabei helfen – allerdings nur, wenn Sie selbst einen gut ausgeprägten Gleichgewichtssinn haben. Ein Hunderucksack erhöht die Last und macht den Spaziergang körperlich anstrengender, der Akt des Tragens fügt noch ein zusätzliches psychologisch anspruchsvolles Element hinzu. All diese Aktivitäten können eine große Hilfe sein, um Ihre Rolle als Rudelführer im Kopf des Hundes zu verankern.

Sobald Sie mit dieser ursprünglichen Form der Bewegung bei einem Spaziergang Energie abgebaut haben, können Sie weitere Aktivitäten durchführen, die Ihrem Hund helfen, Zugang zu seiner Rasse zu finden. Bei Vorstehhunden wie dem Pointer empfehle ich strukturierte Spiele im Garten oder im Park. Machen Sie Ihren Hund mit einem Gegenstand bekannt, der einen ihm vertrauten Geruch trägt, verstecken Sie ihn und geben Sie anschließend Hinweise, während er nach dem Objekt sucht und ihm vorsteht. Belohnen Sie ihn nur in der Phase des Vorstehens, um zu verhindern, dass sich die Übung auf die Beute selbst konzentriert. Dieses Spiel kann man auch mit Jagdhunden vom Typ Spaniel machen. Der sollte den ver-

Energieabbau mit dem Rucksack

— Lassen Sie Ihren Hund tierärztlich untersuchen, um festzustellen, ob irgendwelche Rückenprobleme vorliegen, die gegen das – an sich gefahrlose – Tragen eines Rucksacks sprechen. Dabei erfahren Sie auch, wie viel und wie lange er etwas tragen darf.

— Suchen Sie sich einen speziellen Hunderucksack aus. Sie bekommen ihn in gut sortierten Tierhandlungen oder übers Internet.

— Vergewissern Sie sich, dass der Rucksack auch wirklich richtig für Ihren Hund ist. Hier spielen seine Größe, sein Gewicht oder seine Rasse eine Rolle.

— Erhöhen Sie den Ballast entsprechend dem Bewegungsbedarf Ihres Hundes. Ich rate zu einer Last, die etwa zehn bis 20 Prozent des Gesamtkörpergewichts Ihres Hundes ausmacht. Bei einigen Rucksäcken werden die Gewichte mitgeliefert, bei anderen nicht. Sie können sie auch selbst befüllen oder das Tier bestimmte Gegenstände tragen lassen, die Sie benötigen – Wasserflaschen, abgepackte Lebensmittel, Bücher usw.

— Schnallen Sie den Rucksack fest und genießen Sie Ihren Spaziergang!

steckten Gegenstand oder die Person allerdings tatsächlich aufstöbern. Bei Apportierhunden ist das Ziel, ihnen beizubringen, den Gegenstand zu finden und unbeschadet zu Ihnen zurückzubringen. Wenn Sie Frisbeescheiben werfen oder andere Spiele im Garten machen, ist das ganz wunderbar. Sie dürfen dabei nur eines nicht vergessen: Sie können die Scheibe 500-mal hin- und herwerfen – wenn Sie sich hinter einem Zaun befinden und noch nicht spazieren waren, steigern Sie die Erregung Ihres Hundes nur noch weiter, statt sie zu beseitigen. Viele Apportierhunde wurden als Wasserhunde gezüchtet – darunter auch die Labrador-Retriever, Irish-Water-Spaniel, American-Water-Spaniel, Nova-Scotia-Duck-Tolling-, Flat-Coated-, Curly-Coated- und Chesapeake-Bay-Retriever. Natürlich sind das Schwimmen, Tauchen und Apportieren von Objekten aus dem Wasser Spiele, die diesen Rassen Erfüllung bringen.

Vorsteh-, Apportier-, Stöber- und Wasserhunde eignen sich oft hervorragend für Such- und Rettungstätigkeiten. Deshalb empfehle ich meinen Kunden häufig die Übung »Finde meine Familie«, die eine Variante dieser Spiele ist. In der Ausbildung von Such- und Rettungshunden heißt sie oft »Bringseln«. Dabei verstecken sich einzelne Familienmitglieder an verschiedenen Orten. Man lässt den Hund an einem Kleidungsstück schnuppern, und anschließend muss er denjenigen finden, dessen Geruch daran haftet. Ich glaube, dass dieses Spiel – ob der Hund nun den Menschen selbst oder nur Gegenstände auffindet, die ihm gehören – die Bindung zwischen dem Tier und dem übrigen menschlichen »Rudel« stärkt. Da Sie den Übungsverlauf kontrollieren, gewinnen Sie als Rudelführer in den Augen des Hundes enorm an Wert.

Falls Sie einen Spitzenjagdhund haben wie Gracie, könnte es sinnvoll sein, die Hilfe eines Fachmanns in Anspruch zu nehmen, um den rassebedingten Ansprüchen Genüge zu leisten. In diesem Fall tut es kein x-beliebiger Hundeexperte – für jede Rasse gibt es Spezialisten, die sich ausschließlich mit den komplizierten Bedürfnissen der Tiere beschäftigen. Solche Fachleute eröffnen Ihnen möglicherweise eine ganze Welt neuer Informationen und Aktivitäten, mit denen Sie sich beschäftigen können, um Ihren Hund im Hinblick auf seine Rassegene besser kennenzulernen.

Gnade für Gracie

Als ich bei den Grogans eintraf, war mir sofort klar, dass Gracie jemanden brauchte, der ihre Welt kannte. Ich arbeitete einen Tag lang mit ihnen auf der Farm und brachte ihnen bei, Rudelführer zu sein, denen ihre Hühner »gehören«. Das sollte Gracie das Gefühl geben, dass die Tiere tabu waren. Ich vermittelte ihnen Grundkenntnisse in Sachen ruhiger und bestimmter Energie, gab ihnen aber auch die nicht ganz einfache »Hausaufgabe«, einen professionellen Jagdhundetrainer zu finden, der sie und Gracie dazu anleiten konnte, ein harmloses Ventil für die angeborene Jagdenergie ihres Hundes zu finden.

Ich rate meinen Klienten stets, ihre Hunde niemals aufzugeben – und niemals zu kapitulieren, auch wenn Dritte es ihnen nahelegen. Die Grogans gaben nicht auf. Jenny erzählte mir später, dass sie bei neun verschiedenen Hunde- und Gehorsamkeitstrainern in ihrer Umgebung angerufen und alle abgelehnt hatten. »Das ist unmöglich«, hatten sie gesagt, weil die Grogans dagegen waren, dass Gracie lernte, mit einem bewaffneten Jäger zu arbeiten. Sie wollten lediglich ihren Jagdinstinkt in neue Bahnen lenken. Aber sie suchte hartnäckig weiter, bis sie Missy Lemoi fand – Labrador-Expertin, Hundeerzieherin und Ausbilderin für Field Trials bei den Hope Lock Kennels in Easton, Pennsylvania. Missy hat viel Erfahrung darin, Hunde auf Wettkämpfe, Field Trials und Jagdhundeprüfungen vorzubereiten, und sie gehört zu der Art von Menschen, die mir am liebsten sind: Sie kennt keine Grenzen und sieht in jeder Herausforderung eine Chance. Sie kam den Grogans zu Hilfe, um sie zu lehren, wie sie die angeborenen Fähigkeiten ihres Hundes fördern konnten, damit er das Beste aus sich herauszuholen vermochte.

Missy warnte die Grogans, dass sie sehr viel Engagement und eine große Entschlossenheit brauchen würden, um Gracie zu dem Hund zu machen, den sie sich wünschten. Den meisten Menschen fehlt schlicht die Zeit oder die Energie für die derart intensive Arbeit mit ihren Tieren. Aber die Grogans – allen voran Jenny – waren bereit, sich der Herausforderung zu stellen und sich an die schwere Aufgabe zu machen.

Missy setzte am selben Punkt an wie ich – sie wollte Gracies Interesse an ihren geflügelten Freunden und ihre Besessenheit beim Federvieh abbauen. Missy entschied sich dabei lediglich für eine etwas weniger reizbare Ente, nicht für ein Huhn. Hier war es das Ziel, Gracie mit Gehorsamskommandos allmählich immer weiter zu desensibilisieren, bis sie die Ente ignorierte. All das ging Hand in Hand mit einer Basiserziehung, an der Jenny mit der Hündin arbeitete – Grundkommandos, die ihr zu verstehen gaben: »Du musst auf mich hören und bekommst deine Signale von mir.«

In der zweiten Phase ihrer Arbeit widmete sich Missy Gracies Jagdinstinkt. »Wir mussten Gracies Rückstand aufholen«, erklärte mir Missy. »Sie ist mit allen nötigen Instinkten zur Welt gekommen, hat aber im Gegensatz zu meinen eigenen Hunden nicht schon mit sieben Wochen angefangen, zu lernen, wie man diszipliniert jagt. Wir mussten etwas finden, das sie motivierte. Sie liebt ihre Familie. Also haben wir die Technik des ›Bringselns‹ aus der Such- und Rettungshundeausbildung genommen und uns ein riesiges Versteckspiel ausgedacht, bei dem die Familie davonläuft, sich versteckt und Gracie einfach loszieht und sie sucht. Wenn sie sie findet, wird sie ausgiebig gelobt und bekommt einen kleinen Leckerbissen.«

Mit den Grogans und Missy Lemoi bei der Arbeit mit Gracie.

Jenny zufolge hörte Gracie vom ersten Tag ihrer Arbeit mit Missy deutlich besser auf alle Familienmitglieder. Es war klar, dass sie ein Hund mit besonderen Fähigkeiten war und darauf brannte, dass sie in die richtigen Bahnen gelenkt wurden.

Nach fünf Wochen Arbeit mit Missy baten mich die Grogans noch einmal zu sich, damit ich sehen konnte, welche Fortschritte sie miteinander gemacht hatten. Es war klar, dass Gracie noch einen weiten Weg vor sich hatte – auf einer Skala von 1 bis 10 stufte Missy sie zwischen 2 und 3 ein –, andererseits waren deutliche Veränderungen erkennbar. Obwohl ihr Verhalten immer noch von ihren Retriever-Instinkten beherrscht wurde, entwickelte sie allmählich Verständnis und zeigte Respekt vor dem Konzept der Grenzen. Am Tag meines Besuchs aber hatte Missy

Lemoi noch eine besondere Überraschung für uns – vor allem für Gracie! Sie hatte ihren preisgekrönten Labrador-Retriever Hawkeye mitgebracht, der ganz erstaunliche Suchfähigkeiten demonstrierte. Missy versteckte einen Dummy irgendwo weit weg auf offenem Gelände und brachte das Tier dann nur mit ihren Gesten und ihrer Energie dazu, den Gegenstand zu finden und zu apportieren. Obwohl kein Wort gesprochen wurde, erfüllte uns die Kommunikation zwischen Missy und Hawkeye mit Ehrfurcht. Zwischen den beiden bestand eine Verbindung aus allerhöchstem Vertrauen und Respekt. Sie waren wie ich und mein Rudel perfekt aufeinander eingestimmt. Missy befriedigte alle drei Aspekte Hawkeyes: das Tier, den Hund und die Rasse des Labrador-Retrievers. Und dafür bedankte er sich mit seiner Begeisterung und seinem Gehorsam.

Natürlich glaube ich an die Macht des Rudels – das heißt, dass Hunde von Artgenossen besser und schneller lernen als von Menschen. Deshalb hielt ich Gracie während der Vorführung fest, damit sie Hawkeye bei der Arbeit zusehen konnte. Sie war ganz offensichtlich fasziniert. Etwas tief in ihr reagierte auf die Kommunikation zwischen Missy und Hawkeye. An jenem Tag erhielt sie sowohl von den Menschen als auch von dem Hund eine beeindruckende Lektion. Sie erlebte zwei Hundeführer, die sie verstanden und ein Umfeld schufen, in dem sie ruhig und unterordnungsbereit bleiben konnte: Sie erlebte Missy und mich. Der beste Lehrer aber war Hawkeye, der Hund. Gracie konnte selbst sehen, wie das Endprodukt der Zusammenarbeit zwischen Mensch und Hund aussah und sich anfühlte – genau wie die Grogans.

Ein halbes Jahr nachdem Jenny und Gracie mit Hunde-schule und Field Trial begonnen hatten, hatten sie den Fortgeschrittenenkurs beendet und waren von Missy auf-gefordert worden, weiterzumachen und höhere Stufen anzustreben. Was die Übergriffe auf Kleintiere angeht, ist Gracie ein wahrer Engel, wenn die Grogans in der Nähe sind. Mit Hilfe der von mir gelernten Techniken lenken sie Gracies Aufmerksamkeit vom Objekt ihrer Begierde ab. Als Nächstes möchte Jenny mit Missy daran arbeiten, Gracie zum Therapiehund für die Arbeit in Krankenhäu-sern auszubilden.

Inzwischen kennen die Grogans viele der Fehler, die sie bei Marley gemacht haben, und sie versuchen, sie bei Gracie nicht zu wiederholen. Dank Johns Buch liebt und schätzt ganz Amerika sowie ein großer Teil der Welt Mar-ley so, wie er war – mit all seiner Unausgeglichenheit. Aber jetzt ist Gracie an der Reihe, und obwohl die Grogans sie zu sich holten, um die Leere zu füllen, ist ihnen klar, dass sie nun die Chance haben, mit einer Gewohnheit zu bre-chen. Indem sie echte Rudelführer werden, können sie den Traumhund haben, den sie sich immer gewünscht haben – und Gracie wird endlich als der Spitzen-Labrador erkannt und erfüllt, als der sie geboren wurde.

Schweiß-, Lauf- und Windhunde

Die Schweiß-, Lauf- und Windhunde gelten als eine der ältesten Hundegruppen, die für die Arbeit mit dem Men-schen gezüchtet wurden. An uralten Begräbnisstätten fand man an der Seite urzeitlicher Menschen Hunde-skelette, die eine gewisse Ähnlichkeit mit Basenjis haben.

Zeichnungen von Tieren, die wie Wind- oder Pharaonen-
hunde aussehen, zieren die Wände altägyptischer Gräber.
Schweiß- und Laufhunde sind Jäger und verfolgen das
Wild, bei dem es sich im Gegensatz zur Beute der oben
genannten Apportier-, Stöber- und Wasserhunde für gewöhnlich um Säugetiere, nicht um Federwild handelt, und
nehmen dazu Augen, Nase oder eine Mischung aus beidem zur Hilfe. Im Gegensatz zu den Apportier-, Stöber-
und Wasserhunden warteten sie traditionell nicht, bis der
sehr viel langsamere Mensch die Fährte aufnahm, sondern
liefen vor der Jagdgesellschaft her.

Die Nase weiß Bescheid

Zur Familie der Schweißhunde gehören Basset, Beagle,
Coonhound, Bloodhound, Dackel, American und English Foxhound, Harrier und Otterhund. Bekanntermaßen
ist der Geruchssinn bei allen Hunden der wichtigste. Bei
diesen Tieren ist die Nase jedoch der alles bestimmende
Faktor – und die Menschen, die sie züchten, haben das
Beste aus ihren biologischen Anlagen gemacht. Bei den
Bloodhounds etwa sollen die Gesichtsfalten den Geruch
der verfolgten Fährte in der Nase halten, und die langen
Schlappohren verhindern, dass sie bei der Fährtenver-
folgung von Geräuschen abgelenkt werden. Einigen von
ihnen – wie Dackel und Beagle – wurden sogar kürzere
Beine angezüchtet, damit sie nicht so weit vom Boden entfernt sind. Diese Tiere jagen am liebsten in Gruppen – und
wenn Sie je die Gelegenheit haben, ein paar Schweißhunden bei der Arbeit zuzusehen, werden Sie ein hervorra-
gendes Beispiel für die Macht des Rudels sehen. Unbeirr-
bar jagen sie der Beute hinterher, und das Zusammenspiel
zwischen ihnen ist der Schlüssel. Diese Art von Koordina-

tion und Teamwork hat jener Hundegruppe geholfen, sich im Lauf der Jahre an die Gegebenheiten ihres Umfelds anzupassen und zu überleben. Als Besitzer eines reinrassigen Schweißhundes sollten Sie seiner feinen Nase etwas zu tun geben.

Banjos Heimkehr

Einer der stärksten, bewegendsten Fälle der dritten Staffel von »Dog Whisperer« war der von Banjo aus Omaha, Nebraska. Beverly und Bruce Lachney sind zwei der selbstlosesten Menschen, die es in diesem Land gibt. Sie nehmen ausgesetzte Hunde in Pflege, bis ein neues Heim für sie gefunden ist. Als Beverly für den Tierschutzbund in Nebraska tätig war, entdeckte sie in einem der Käfige einen Black and Tan Coonhound, und auf der zusätzlichen Infokarte war zu lesen, dass er eingeschläfert werden sollte, da er »zu viel Angst vor Menschen« habe und sich deshalb nicht an die Unterbringung in einem menschlichen Umfeld gewöhnen könne. Beverly verliebte sich sofort in seine traurigen braunen Augen und seine weichen Schlappohren und begann, Informationen über ihn einzuholen.

Wie sich herausstellte, hatte Banjo sein ganzes Leben als medizinisches Versuchstier in einem Forschungsinstitut verbracht. Er war in einem sterilen Metallkäfig untergebracht gewesen, neben ihm Tiere, die in ähnlichen Vorrichtungen saßen – ohne je die Nähe oder Wärme anderer Lebewesen zu spüren. Kontakt mit Menschen hatte er nur, wenn jemand in einem weißen Laborkittel mit einer Spritze kam, um ihm Blut abzunehmen. Die Angestellten waren darauf geschult, sich nicht mit den Versuchstieren abzugeben und keinerlei emotionale Verbindung zu

ihnen aufzubauen. Deshalb gab es in Banjos Leben keine
Wärme – weder Respekt noch Anerkennung für seine
grundlegende Würde als lebendes Wesen. Kein Wunder,
dass er Menschen nicht traute.

Beverly »adoptierte« Banjo und nahm ihn mit nach
Hause. Sie dachte immer, mit genügend Zeit, Trost und
bedingungsloser Liebe würde er schon irgendwann Vertrauen zu ihr fassen. Aber auch vier Jahre später schreckte
er noch vor allen Menschen zurück – sogar vor ihr. Es
machte ihm offenbar Spaß, mit den anderen Pflegehunden
im Garten der Lachneys zu spielen, aber mit Menschen
wollte er nichts zu tun haben. Beverly war mit ihrem Latein am Ende und brachte ihn zum Tierarzt, um sich zu
vergewissern, dass seine extreme Furchtsamkeit weder
von nervlichen noch von körperlichen Problemen verursacht wurde. Man sagte ihr, dass Banjo zwar körperlich gesund, durch das Leben im Labor vermutlich aber in seiner emotionalen Entwicklung gehemmt sei. Der Tierarzt
meinte, es wäre wohl das Beste, wenn Beverly ihn für immer von seinem Elend und von dieser Welt erlösen würde.
Aber das Wort »unmöglich« gibt es in ihrem Wortschatz
nicht – erst recht nicht, wenn es um eines ihrer Tiere geht.
Stattdessen rief sie bei mir an.

In den meisten Fällen habe ich es mit Hunden zu tun,
die ihre Besitzer lieben und ihnen vertrauen, aber keinen
Respekt vor ihnen haben – wie Gracie und Marley. Bei
Banjo fehlte selbst diese Vertrauensgrundlage. Problema-
tisch war auch, dass Beverly ihn zwar gestreichelt und ge-
tröstet, seine Instabilität damit aber nur noch verstärkt
hatte. Irgendwann würde sie ihm ihre Zuneigung zeigen
können, doch zunächst musste sie ihm helfen, eigene Fortschritte zu machen.

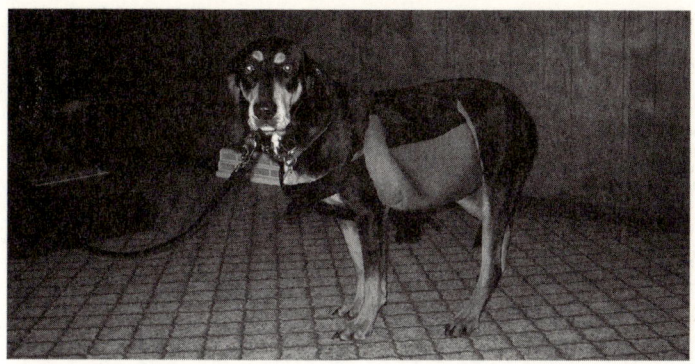

Nach meiner Ankunft in Omaha arbeitete ich mehrere Stunden mit Banjo. Er durfte allmählich Bekanntschaft mit mir schließen und eine erste Vorstellung davon entwickeln, wie es wohl wäre, tatsächlich einem Menschen zu vertrauen. Ich kann nicht oft genug betonen, dass Sie bei furchtsamen Tieren lernen müssen, äußerst geduldig zu sein. Sie müssen dem Tier die Initiative überlassen, wann es zu Ihnen kommen und Sie kennenlernen will, und dürfen ihm Ihre Gegenwart keinesfalls aufdrängen.

Im nächsten Schritt ging es darum, den Lachneys zu zeigen, wie sie mit Banjo und dem ganzen Hunderudel spazieren gehen konnten. Er hatte ja bereits ein gewisses Vertrauen zu den anderen Hunden entwickelt, das sich irgendwann ganz automatisch auf seine Besitzer übertragen würde, sobald sie sich als Rudelführer der ganzen Gruppe erwiesen. Rudelführer sein heißt, sich sowohl das Vertrauen als auch den Respekt der Tiere zu verdienen – es ist nicht möglich, das eine ohne das andere zu haben.

Die Übungen trugen dazu bei, dass Tier und Hund in Banjo Erfüllung fanden, und zeigten sofort Wirkung. Ich konnte den Lachneys demonstrieren, wie sie ihm mit Spaziergängen und einer Struktur helfen konnten, das Tier in sich zufriedenzustellen. Seine Artgenossen, die mit ihm im Haushalt lebten, gaben ihm eine gewisse Identität als Hund.

Doch was war mit seiner Rasse? Eins war mir nämlich sofort aufgefallen: Obwohl Banjo eindeutig ein reinrassiger Coonhound war, sah ich ihn nicht ein Mal seine Nase benutzen. Er schnupperte nicht an mir, um sich mit meinem Geruch vertraut zu machen. Auch seine Umgebung beschnüffelte er nicht, um sie kennenzulernen. Wie konnte er ein Gefühl für seine Identität oder seinen Selbstwert aufbauen, wenn er nicht wusste, was es bedeutete, ein Schweißhund zu sein?

Mitten an einem schwül-heißen Julitag bat ich Christina, eine unserer Produzentinnen, mir ein Fläschchen Waschbärenurin zu besorgen. Ja, Waschbärenurin! Das dürfte wohl einer der merkwürdigsten Wünsche gewesen sein, den ich je geäußert hatte, aber ich wusste, dass Jäger damit arbeiteten und es in der Region um Omaha viele davon gab.

Als wir das stinkende Zeug endlich hatten, legte ich damit im Gras eine kurze Spur zu einem Baum. Dann holten wir Banjo. Inzwischen war er in unserer Gegenwart deutlich entspannter, obwohl er immer noch auf Zehenspitzen herumschlich, als könne jeden Augenblick der Himmel einstürzen. Mit einem Mal hatte er einen neugierigen Ausdruck in den Augen. Er senkte die Nase zu Boden, schnupperte, folgte der von mir gelegten Fährte ein paar Schritte lang und sah uns dann fragend an. Die Lachneys waren überglücklich: In vier Jahren hatten sie ihn niemals seine Nase benutzen sehen – nicht einmal dann, wenn es ums Futter ging! Auch ich hätte auf Banjo stolzer nicht sein können. Obwohl er der Fährte nur ein paar Sekunden lang gefolgt war, hatte er den Test bestanden. Er hatte den ersten Schritt getan, um seinen inneren Coonhound zu wecken.

Ich arbeitete nur einen Tag mit Banjo, aber ich erreichte mein Ziel: Ich hatte ihm eine neue Art zu leben eröffnen und ihm die nötige Grundlage geben wollen, damit er allmählich Vertrauen zu Menschen fassen und wieder lernen konnte, Hund zu sein.

In den letzten Monaten waren die Lachneys auf sich allein gestellt. Glücklich berichteten sie, dass Banjos wunderbare Genesung weiterging. Er klemmt den Schwanz nicht mehr zwischen die Beine, läuft selbstbewusst mit dem Rudel. Aber am schönsten ist, dass er Beverly und Bruce seine Zuneigung zeigt. Damit er die erheblichen Entbehrungen der ersten beiden Lebensjahre überwinden konnte, musste Banjo in allen drei Dimensionen Erfüllung finden – als Tier, Hund *und* Rasse. Die auf seine Rasse abgestimmten Übungen halfen ihm, sich als Schweißhund wohl zu fühlen. Der Waschbärengeruch weckte seine genetische Erinnerung, und plötzlich hatte er das Gefühl, zu etwas nutze zu sein, und konnte den Hund schätzen, zu dem er geboren war. Seine Reaktion auf das Gefühl, ein sinnvolles Leben zu führen, unterschied sich nicht von der aller anderen Tiere – von der Ratte bis hin zum Menschen. Um auf dieser Welt wirklich glücklich und erfüllt zu sein, muss jeder spüren, dass er eine *Aufgabe* hat.

Dackeltherapie
Wenn ein Hund seine Identität als Angehöriger einer bestimmten Rasse verloren hat, ist der beste Therapeut manchmal ein Artgenosse, der starke rassetypische Eigen-

schaften zeigt. Kürzlich hatte ich den Fall eines Dackels namens Lotus. Seine Besitzer Julie Tolentino und Chari Birnholtz hatten ihn wie ein kleines – menschliches – Kind behandelt. Im Haushalt fehlte es an Respekt, und Lotus war ein sehr unsicherer kleiner Kerl. Als das Paar zu einer ausgedehnten Überseereise aufbrach, holte ich Lotus für vier Wochen ins Center. Dort sah ich sofort, dass er sich in seiner Hunderolle nicht wohlfühlte. Allmählich gewöhnte er sich ans Rudel, benahm sich aber immer noch nicht wie ein echter Dackel.

Eine buddhistische Redensart verspricht: »Wenn der Schüler bereit ist, erscheint der Meister.« Lotus' Lehrer erschien, als ich mit einem phantastischen Tierschutzverein namens United Hope for Animals zusammenarbeitete, der in Los Angeles herrenlose Hunde aufliest und Tiere aus Mexiko vor der unmenschlichen Tötung durch einen Stromstoß bewahrt. Als ich Molly bei Dreharbeiten mit United Hope for Animals begegnete, musste ich sofort an Lotus denken. Molly war das passende Yin zu seinem Yang – ein reinrassiger Dackel, der ganz offensichtlich ein fürchterlich entbehrungsreiches Leben geführt hatte. Trotzdem war es Molly irgendwie gelungen, den Dackel in sich am Leben zu halten! Sie zeigte all die Verhaltensweisen, die für Dackel typisch sind – sie grub sich ein, buddelte, versteckte sich und benutzte auf Schritt und Tritt ihre Nase. Spontan entschied ich, Molly zu »adoptieren« – sie sollte ein Mitglied meines Rudels werden und Lotus als »Rassevorbild« dienen.

Als Molly eintraf, schien Lotus ziemlich neugierig auf sie zu sein, anfangs war sie aber auch noch etwas zurückhaltend. Allmählich suchte er ihre Nähe und beobachtete sie, wie sie meinen Garten durchwühlte. Sie grub sich so tief ein, dass sie fast nicht mehr zu finden war! Ein, zwei Tage später buddelte auch Lotus mit – und plötzlich waren die beiden ein Team! Normalerweise gestatte ich den Hunden nicht, die Gartenanlagen zu ruinieren, aber in diesem Fall hatte es therapeutische Gründe. Gemeinsam liefen die beiden Dackel durch Tunnels, versteckten sich unter Stoffbergen und ließen sich dabei immer von ihrer Nase leiten. Ehe Molly in unser Leben getreten war, hatte Lotus nichts von alledem getan. Molly schaffte, was kein Mensch je zuwege gebracht hätte – sie weckte den Dackel in dem verwöhnten, verzogenen Lotus.

So erfüllen Sie die Bedürfnisse von Schweißhunden
Diese Hunde müssen ihre Nase benutzen – die meisten von ihnen werden es ohnehin tun, ob Sie es wollen oder nicht! Nachdem Sie sichergestellt haben, dass ihre Bewegungs- und Disziplinbedürfnisse befriedigt sind, eignet sich das »Bringseln«, das wir mit Gracie gespielt haben, hervorragend dazu, um die Rasse in ihnen zu fordern. Statt sie beim Spazierengehen an jedem einzelnen Pfosten in der Nachbarschaft schnuppern zu lassen, nehmen Sie Kleidungsstücke mit, an denen der Geruch von Mitgliedern Ihrer Familie haftet, und lassen Sie Ihren Hund daran riechen. Anschließend verstecken Sie die Kleider an verschiedenen Stellen entlang der üblichen Strecke. Belohnen Sie Ihren Hund jedes Mal, wenn er eines davon findet. Das ist jetzt seine Aufgabe – und eine körperliche wie geistige Herausforderung. Er muss sich mächtig konzentrieren, um einen bestimmten Duft zu finden und alle anderen Gerüche zu ignorieren. Und je mehr sich Ihr Hund auf das konzentriert, was Sie von ihm verlangen, desto mehr Energie kostet ihn das. Hunde mit einem höheren Energieniveau

können diese Übung auch mit einem Rucksack machen, was sie zusätzlich erschwert.

So erfüllen Sie die Bedürfnisse von Sichtjägern

Zu den Sichtjägern gehören Afghanen, Basenjis, Barsoi, Windhunde, Podenco Ibiceno, Irish Wolfhounds, Salukis, Deerhounds und Whippets. Im Gegensatz zu den Jagdhunden, die gezüchtet wurden, um die Beute in dicht bewachsenen oder bewaldeten Gegenden mit der Nase aufzustöbern, dürften die Vorfahren der Sichtjäger wohl in offenen Landschaften – in Wüsten, Ebenen und Savannen – auf die Jagd gegangen sein, wo sie besonders weit sehen konnten.

Diese Hunderasse ist sehr alt. Seit Tausenden von Jahren bemühen sich die Züchter, damit sich die Schnelligkeit und die Fähigkeit dieser Tiere, Beute zu hetzen und zu fangen, noch weiter verbessert. Sie sind erstaunlich sportlich. Der Windhund ist der schnellste von allen und kann bei Sprints Spitzengeschwindigkeiten von 60 Kilometern in der Stunde erreichen. Diese Tiere haben einen sehr starken Beutetrieb. Deshalb kann es schwer sein, einen Sichtjäger wieder mit nach Hause zu bringen, wenn er plötzlich mitten im Spaziergang davonjagt, um ein Eichhörnchen oder eine Katze zu verfolgen – obwohl er von der Bewegung des fliehenden Tieres, nicht vom Geruch des Bluts angelockt wird. Da diese Hunde in all den Jahren für die Jagd im Rudel gezüchtet wurden, vertragen sie sich gut mit Artgenossen.

Natürlich brauchen alle hervorragenden Jagdhunde ein hohes Energieniveau, und die meisten Sichtjäger müssen jeden Tag einmal ausbrechen und einfach loslaufen können. Inlineskates und ein Rad werden Ihnen da eine Hilfe sein, obwohl viele Laufhunderassen Kurz-, keine Langstreckenläufer sind. Sie bevorzugen oft einen kurzen, kräftigen Sprint, gefolgt von einem Spaziergang in normalem Gehtempo. Hunde, die aus der Rennszene gerettet wurden, hatten oft mehrfach ernste Verletzungen und sollten vom Tierarzt sorgfältig untersucht werden, ehe sie mit irgendeiner Form der sportlichen Betätigung beginnen.

Es ist zwar natürlich, dass es Sichtjägern Spaß macht, Objekten nachzujagen, die sich bewegen. Kommerziell betriebene Windhundrennen sind allerdings alles andere als eine Freude für die Tiere. Zeit ihres Lebens werden zahlreiche dieser Hunde in vielen Ländern oft ohne Heizung oder Kühlung in Kisten oder Verschläge gepfercht und haben nur wenig Kontakt zu Menschen. Ein artgerecht gehaltener Windhund kann über dreizehn Jahre alt werden. Wenn er allerdings in eine solche »Rennszene« hineingeboren wird, entledigt man sich seiner vermutlich innerhalb von drei oder vier Jahren – und zwar manchmal auf unmenschliche Art und Weise –, um »Platz für frische Hunde« zu machen.

Zum Glück konnten Tierschützer das eine oder andere Mitglied der professionellen Hunderennszene überzeugen, bei seinen Rennen für humanere Bedingungen zu sorgen sowie »Altersvorsorgepläne« für den Ruhestand der Rennhunde anzulegen und Gnadenhöfe für die Tiere einzurichten, die aus dem aktiven Rennsport geschieden sind. Dies ist nur ein Anfang, aber es ist ein Schritt in die richtige Richtung.

Die Liebhaber von Sichtjägern können die Jagdinstinkte ihres Hundes dagegen auf Aufgaben richten, die deren rassebedingten Bedürfnisse befriedigen und ihnen Freude machen, wie etwa das humane Coursing, bei dem niemals lebende Tiere als Köder eingesetzt werden. Hier kann alles als Dummy dienen – von einem Stück falschem Fell bis hin zu weißen Küchenmüllbeuteln – und von einer Zugvorrichtung und einem Motor eine Rennbahn entlanggezogen werden. Technisch begabte Hundebesitzer können etwas Ähnliches für den eigenen Garten basteln.

Bei allen Jagdhundfamilien muss man beachten, dass der Instinkt sehr stark sein kann, und letztlich sollte er stets vom Rudelführer reguliert werden. Denn in freier Wildbahn rennt ein Tier nicht einfach davon, sobald es etwas riecht und ihm danach ist. Alle auf die Rasse abgestimmten Betätigungen, denen Sie sich mit Ihrem Hund widmen, sollten nach dem Schema und den Regeln ablaufen, mit denen Mutter Natur schon seit vielen tausend Jahren Erfolg hat. Das heißt einmal mehr, dass Sie als Rudelführer immer das Sagen haben müssen.

Arbeitshunde

Als sich die Jäger und Sammler weiterentwickelten, die Menschen mehr und mehr Tiere zähmten und sich Dörfer bauten, machten sie sich auch auf die Suche nach Hunden, die ihnen nicht nur bei der Fährtensuche und auf der Jagd helfen konnten. So entstand mit der Zeit die Gruppe der Arbeitshunde für Wach-, Zug- und Rettungstätigkeiten – manche Rassen sollten nur einen dieser Aufgabenbereiche abdecken, andere zwei oder drei. Die Züchter wählten die Tiere nach Körpergröße und Gestalt, Stärke, Ausdauer und im Fall der Wachhunde gelegentlich auch nach ihrer Aggressivität aus.

In den Vereinigten Staaten brauchen die meisten Menschen seit vielen hundert Jahren keinen Hund mehr, der
Großwild jagt, Artgenossen bekämpft oder Menschen und
Tiere angreift. Trotzdem finden sich diese Fähigkeiten in
der Geschichte unserer beliebtesten Hunderassen. Akita
(Hunde vom Urtyp), Alaskan Malamute, Deutsche Dogge
und Kuvasz wurden für die Großwildjagd und als Wachhunde gezüchtet. Die Wurzeln des Mastiffs und des Neapo-
litanischen Mastiffs reichen bis in die Antike zurück, wo
sie als Kriegshunde dienten und in den römischen Kampf-
arenen gegen Gladiatoren, Löwen, Tiger und sogar Elefanten antraten. Wach- und Schutzaufgaben – einschließlich
der militärischen Verwendung – liegen dem Schwarzen
Terrier, dem Dobermann und dem Rottweiler im Blut.
Es ist allgemein bekannt, dass es sich dabei um beliebte
»Personenschutz«hunde handelt. Früher bezeichnete man
die Rottweiler wegen ihrer hervorragenden Treib- und Hü-
tefähigkeiten auch als »Metzgerhunde«. Sie wurden für die
Fleischer so unentbehrlich, dass sie ihnen angeblich den
Beutel mit ihren Einnahmen um den Hals hängten, wenn
sie ins Wirtshaus gingen, da sie wussten, dass ihr Geld dort
absolut sicher war. Je reiner das Blut, desto größer ist auch
die Wahrscheinlichkeit, dass rassetypische Eigenschaften
zum Vorschein kommen, wenn Sie als Rudelführer die Bedürfnisse von Tier und Hund nicht vollständig befriedigen.
Allerdings können diese Rassen aufgrund ihrer Größe viel
mehr Schaden anrichten als ein Beagle oder ein Windhund,
wenn ihre aufgestaute Energie sich Bahn bricht.

So erfüllen Sie die Bedürfnisse von Arbeitshunden
Wie bei allen Hunden kommt es für ein zufriedenstellendes
Zusammenleben von Tier und Mensch auch bei den Ar-

beitstieren darauf an, dass sie körperlich ausgelastet sind – das ist hier vielleicht sogar noch wichtiger als bei den anderen. Weil sie ihrer Muskeln, also ihrer Stärke, Kraft und Wildheit wegen gezüchtet worden sind, sollte man genau dort auch mit den rassetypischen Aufgaben ansetzen. Da so viele von ihnen irgendwann einmal Zughunde waren, sind sie für gewöhnlich hervorragend für derartige Tätigkeiten geeignet.

In Dallas, Texas, fuhren das Sendeteam und ich zu Rob Robertson und Diane Starke, die den Großen Schweizer Sennenhund Kane als kleinen Welpen zu sich geholt hatten. Möglicherweise macht die enge Verwandtschaft mit dem Mastiff oder gar dem Rottweiler diese Hunde zu so hervorragenden Zug-, Treib-, Hüte- und Schutzhunden. Leider hatte der gerade mal ein Jahr alte Kane eine gefährliche Wettbewerbsaggression hinsichtlich seines Futternapfs entwickelt. Nachdem ich mit Rob und Diane an den Prinzipien einer ruhigen und bestimmten Führung beim Füttern gearbeitet hatte, half ich ihnen, eine rassetypische Betätigung für Kane zu finden. Er sollte seine überschüssige Energie abbauen, indem er den Zughund in sich weckte. Aus einem Plattformwagen baute das Produktionsteam eine behelfsmäßige Karre, die Kane ziehen konnte. Anfangs war er noch ein wenig nervös, doch sobald er sich an den Klang des Wagens gewöhnt hatte, den er da hinter sich herzog, stürzte er sich in das reine Vergnügen einer Tätigkeit, mit der sich seine Vorfahren ihren Lebensunterhalt verdienten. Hätten wir ihn gelassen, hätte er den Wagen wohl bis spät in die Nacht hinein gezogen.

Obwohl sich Städter gewöhnlich dagegen sträuben, ihren Hund als »Lastentier« zu verwenden, blühen Arbeitsrassen wie Große Schweizer Sennenhunde, Rottweiler,

Samojeden und Huskys in Wirklichkeit auf, wenn man sie vor körperliche und geistige Herausforderungen dieser Art stellt. Für sie ist das keine lästige Pflicht – sie betrachten das Lastenziehen als jene Art Herausforderung, die ihnen das Gefühl gibt, nützlich zu sein, und die das Beste aus ihnen herausholt. Rob und Diane wollen schon bald eine Familie gründen und hoffen, dass Kane einmal der beliebteste Hund im ganzen Viertel sein und eines Tages ihr Kind und alle seine Freunde mit dem Wägelchen herumfahren wird.

Übungen für Schutzhunde

Eine phantastische Möglichkeit, um die vielen geistigen und körperlichen Impulse der Arbeitshunde in die richtigen Bahnen zu lenken, ist die Schutzhundausbildung. Sie wurde ursprünglich speziell für Deutsche Schäferhunde entwickelt, wie die auch im Englischen gebräuchliche deutsche Bezeichnung für diese Trainingsform verrät. Inzwischen ist ein ernstzunehmender Wettkampfsport daraus geworden, bei dem Fährtenarbeit, Gehorsam und Schutzfertigkeiten von Gebrauchshunden geprüft und bewertet werden. Schäferhunde, Dobermänner, Rottweiler, Malinois, Boxer und andere geistig und körperlich wendige Tiere mit »Kampftrieb« werden von diesen Übungen genau wie ihre Halter im Rahmen einer geistig und körperlich anspruchsvollen Form der Ausbildung an der frischen Luft gefordert. Es ist ein Irrtum, zu glauben, ein solches Training brächte unkontrollierbare Killerhunde hervor. Letzten Endes können nur ausgeglichene Hunde die verschiedenen Prüfungen bestehen, und auf Kommando ihres Halters stellen diese Tiere jegliche Aggressivität sofort ein. Werden diese Übungen korrekt ausgeführt,

können sie nicht nur eine hervorragende Möglichkeit sein,
um die durch die Rasse bedingte Aggressivität zu kanali-
sieren und zu kontrollieren, sondern das Band zwischen
Hund und Halter noch weiter stärken.

Um zu Schutzhundprüfungen antreten zu können, muss
der Hund einen Wesenstest bestehen, bei dem sichergestellt wird, dass er geistig gesund, ruhig und unterordnungsbereit ist. Die beiden ersten Bereiche der Schutz-
hundarbeit sind Fährtenarbeit und Gehorsam. In dieser
ersten Phase muss der Hund lernen, Befehle unmittelbar zu befolgen und das Erlernte trotz zahlreicher Ablenkungen – unter anderem durch Artgenossen, fremde
Menschen und sogar Schüsse – umzusetzen. In der dritten Phase, der Schutzphase, muss er einen versteckten
menschlichen Lockvogel finden und bewachen, bis sein
Halter sich nähert. Versucht der »Eindringling« zu fliehen
oder greift er an, muss der Hund die (mit einem gepolster-
ten Armschutz versehene) Person verfolgen und in Schach
halten, bis sein menschlicher »Rudelführer« eintrifft und
ihm den Befehl zum Loslassen gibt. Daraufhin muss er
den Angriff sofort abbrechen.

Die dritte Ausbildungsstufe entspricht dem Training,
das auch die Hunde von Polizei, Sicherheitsdiensten und
Militär absolvieren; und wenn die Bedürfnisse eines Ar-
beitshundes nach Bewegung, Regeln und Grenzen zu
Hause korrekt erfüllt werden, wird ihn die Schutzhundausbildung keineswegs zum Killer machen. Im Idealfall
bietet diese Form der Betätigung ein klares Ventil für viele
seiner natürlichen Triebkräfte und hilft, ihn empfindsa-
mer, ausgeglichener und gehorsamer zu machen. Mit ähnlichen Übungen werden auch Such- und Rettungshunde

geschult (die ebenfalls zu den Arbeitshunden gehören). Auch andere Rassen mit starkem Beutetrieb können ihren Spaß an »Schutzhundespielen« haben, doch da ihnen der Kampftrieb fehlt, werden sie nicht bei offiziellen Wettkämpfen antreten können. Trotzdem sind diese Übungen eine unterhaltsame geistige Herausforderung für sie, die ihre Energie abbaut. Alles in allem lassen sich viele Elemente aus der Schutzhundausbildung auf kreative und vergnügliche Weise so umgestalten, dass sie eine Aufgabe für jeden Hund sind.[3]

Hüte- und Treibhunde

Der Instinkt, die Bewegungen anderer Tiere zu kontrollieren, ist eine Folge des Beutetriebs, der wiederum dem wölfischen Wesen der Haushunde entspringt. Wenn Sie ein Hunderudel bei der Jagd beobachten, werden Sie sehen, dass sich die Tiere aufeinander abstimmen, um die schwächsten Exemplare der verfolgten Herde abzusondern. Sie werden erkennen, wie mühelos sie ihre Beute lenken, »in die Ecke drängen« und sie auf den Tod vorzubereiten scheinen. Über die Jahrhunderte hinweg bediente sich der Mensch dieser angeborenen Fähigkeiten und züchtete Hunde, die alle diese Aufgaben erfüllen – bis zu jenem letzten Augenblick. Denn die Gruppe der Hüte- und Treibhunde tötet die Tiere nicht, mit denen sie arbeiten. Sie halten sie zum Nutzen des Menschen schlicht und einfach in Schach und folgen dabei sowohl ihrem eigenen Urteil als auch den Befehlen des Besitzers. Die einen zwicken das Vieh in den Lauf, damit es Ordnung bewahrt, andere bellen, wieder andere stellen ihm nach und starren es nieder, und ein paar nutzen einfach nur ihre Bewegung und ihre Energie.

Beliebte Hütehunde sind unter anderem der Deutsche Schäferhund (der von einigen sowohl als Hüte- wie auch als Arbeitshund eingestuft wird), der Shetland Sheepdog oder Sheltie, die kurzbeinigen Corgi-Arten, der Old English Sheepdog, der Australian Shepherd, der Australian Cattle Dog, Collie und Border Collie und der Bouvier des Flandres.

Zum Treiben und Hüten von Vieh ist viel Ausdauer nötig, weshalb diese Hunde ein hohes Energieniveau haben sollten. Falls Sie einen energiegeladenen Hütehund zu Hause haben, müssen Sie mindestens einmal am Tag zwischen einer halben Stunde und einer Stunde mit ihm zum Laufen, Inlineskaten oder Radfahren und einen weiteren, kürzeren Ausflug unternehmen, um Energie abzubauen und für Ausgeglichenheit zu sorgen. Man sollte diese Hunde nicht allein und ohne Aufgabe im Garten umherstreifen lassen. Das Treiben und Hüten ist ein *Job*, deshalb liegt diesen Hunden das Arbeiten im Blut. Ein solches Tier ist am glücklichsten und zufriedensten, wenn es seine Energie auf eine Aufgabe richten kann. Die beste Chance, Verhaltensprobleme zu verhindern oder zu lösen, die auf Langeweile oder unterdrückte Energie zurückgehen, ist, es zu fordern.

Sobald Sie Ihren regelmäßigen Spaziergang oder Lauf abgeschlossen haben, gibt es Dutzende von Beschäftigungsmöglichkeiten, die Hütehunden Spaß machen und ihre rassetypischen Bedürfnisse erfüllen. Natürlich können die meisten von uns weder Kühe noch Schafe oder Ziegen im Garten halten, dies aber durch andere anspruchsvolle Aufgaben ersetzen. Da Hütehunde geduldig und

wendig sind, sind sie oft hervorragend für das Discdogging oder »Dog Frisbee« geeignet, das seit 1974 ein offizi-
eller Hundesport ist. Natürlich können alle Hunde Frisbee
spielen, und schon oft war der Weltmeister ein Mischling
aus dem Tierheim. Trotzdem haben sich die Hütehunde
in diesem Bereich einen Namen gemacht. Der Weltmeister des Jahres 2006 beispielsweise ist der Australian Cattle
Dog Captain Jack, der als der »am härtesten arbeitende«
Frisbee-Hund gilt. Das Schöne am Frisbeespielen aber ist,
dass man im Grunde nicht mehr als eine ebene Rasenflä-
che und die Plastikscheibe braucht, die es in jedem Sport-
geschäft oder jedem größeren Supermarkt zu kaufen gibt.

Selbst wenn Sie nur im eigenen Garten spielen, müssen Sie die Übung für Ihren Hund zur Herausforderung
machen. Sie brauchen ihm keine ausgefallenen Sprünge
oder Drehungen in der Luft beizubringen. Werfen Sie und
lassen Sie ihn einfach fangen, und zwischen den Durchgängen kann der Hund warten. Geben Sie ihm einfache
Befehle, ehe Sie die Scheibe werfen, und fordern Sie ihn
beispielsweise auf, sich hinzusetzen, hinzulegen oder zu
betteln. Hier kommt es darauf an, dass Sie der körperlichen Herausforderung noch eine psychologische Dimen-
sion hinzufügen – schließlich ist auch das Viehhüten eine
körperliche und geistige Übung.

Da Hütehunde dafür gezüchtet wurden, komplizierte
Kreise um umherziehende Viehgruppen zu ziehen, sind sie
oft in Agility-Turnieren erfolgreich. Derartige Wettkämpfe
und Übungen erfreuen sich genau wie die Schutzhundausbildung immer größerer Beliebtheit, und sie eignen sich
nicht nur hervorragend, um Energie umzulenken, sondern
können auch das Band zwischen Mensch und Tier stärken.
Hunde lernen, über Hindernisse zu springen, durch Ringe

und Tunnel zu laufen, ihren Weg durch Labyrinthe zu finden und im Wettlauf mit der Zeit sowie mit Hilfe ihrer Halter immer kompliziertere Hindernisparcours zu überwinden. Es gibt allerdings keinen Grund, sich gleich Hals über Kopf in den Wettkampfsport zu stürzen. Ich helfe Kunden häufig, inoffizielle Spiele im eigenen Garten zu veranstalten, die ihre Hunde ohne den Druck eines echten Wettkampfs in Obedience und Agility schulen. Ein alter Reifen, ein paar schmale Ringe, ein niedriger Torpfosten und eine Planke, auf ein paar Ziegelsteinen balanciert, können zusammen mit einer Belohnung am Ende jene konzentrierte Herausforderung darstellen, die selbst für einen sehr energiegeladenen Hund eine anregende Aufgabe ist. Sie werden zudem feststellen, dass, je mehr Sie Ihren Hund bei derartigen Aktivitäten dirigieren, desto enger die Verbindung zwischen Ihnen wird und umso mehr Sie den Rudelführer in sich entdecken.

Auch Flyball ist ein für viele Rassen geeigneter Sport, der bei Hütehunden ebenfalls besonders beliebt ist. Dabei handelt es sich um eine Art Mannschaftssport für Hunde. Im Grunde ist es ein Staffellauf durch einen Hinderniskurs, bei dem der Hund einen Ball aus einer Kiste am Ende des Parcours bergen und damit zurückkehren muss. Ähnlich dem Staffellauf der Menschen darf das nächste Mannschaftsmitglied erst starten, wenn das erste zurück ist.

Dieser Sport erfordert unglaublich viel Konzentration, Disziplin und Respekt des Hundes vor seinem Halter. Zudem sind Geschwindigkeit, klare Absicht und Beständigkeit vonnöten – allesamt Faktoren, die auch beim Viehhüten eine Rolle spielen. Falls Sie einen Treib- oder Hütehund mit hohem Energieniveau zu Hause haben, müssen

Sie nicht zusehen, wie er seinen Frust an Ihren Möbeln, Ihrer Katze oder gar den anderen Hunden in der Nachbarschaft auslässt. Es gibt so viele Möglichkeiten, zusätzliche Ventile für die »Extraportion Energie« zu finden, die mit den Genen des Hütehundes einhergehen.

Gus, der hüpfende Bouvier

Während ein vom Menschen erdachter Sport eine herrliche Möglichkeit ist, eine Verbindung zu Ihrem Hütehund aufzubauen und ihm gleichzeitig dabei zu helfen, dass er zu seinen »Wurzeln« zurückfindet, gibt es eine Erfahrung, mit der kaum etwas mithalten kann – nämlich die, wirklich Vieh zu hüten! In der ersten Staffel der Sendung »Dog Whisperer« fuhr ich zu Tedd Rosenfeld und Shellie Yaseen, zwei vielbeschäftigten, in der Fernsehbranche arbeitenden Akademikern. Ihr drei Jahre alter Bouvier des Flandres namens Gus hatte die Angewohnheit, nun ja, herumzuhüpfen. Da er ein großer Hund mit viel Kraft und Energie war, verursachte sein Herumgespringe immer mehr Schwierigkeiten, je größer er wurde, bis er schließlich einige Gäste des Hauses und sogar sein Frauchen, die zierliche Shellie, umwarf.

Die beiden unternahmen weder regelmäßige Spaziergänge mit ihm, noch wussten sie, wie sie als Rudelführer korrekt mit ihm durch die Nachbarschaft marschieren sollten. Gus' Kraft und Energie schüchterten Shellie sogar ein wenig ein. Ich arbeitete mit den beiden an den Grundlagen des Spazierengehens und natürlich daran, ihre Führungsfähigkeiten zu verbessern.

Nach unserem ersten Termin setzte ich gleich noch ein weiteres Treffen an, um mit ihnen zu All Breed Herding in Long Beach, Kalifornien, zu fahren. Diese Einrichtung wird von meinem Freund Jerome Stewart geleitet, einem vom American Kennel Club (AKC) und der American Herding Breed Association (AHBA) ausgezeichneten Prüfungsrichter für Hütehunde und einem echten Experten in allen Hütehundfragen. Tedd und Shellie wirkten etwas zurückhaltend, als sie die Schafherde auf Jerrys Ranch zum ersten Mal sahen. Ich bin mir sicher, dass sie sich fragten, ob ihr Stadthund wissen würde, was um Himmels willen er mit diesen Tieren anstellen sollte. Aber Jerry versicherte ihnen, dass Biologie und Genetik das Hüteprogramm bereits in Gus' Kopf installiert hätten. Es abzurufen sei nur eine Frage der Geduld, der Übung und der professionellen Anleitung.

Als wir zusahen, wie Gus sich zum ersten Mal den Schafen näherte, wurden wir Zeugen eines Wunders der Natur. Zuerst jagte er planlos hinter den Tieren her und wusste nicht, ob er seinem Beute- (»Töte die Schafe«) oder seinem Hüteinstinkt (»Ordne die Schafe«) gehorchen sollte. Nachdem Jerry ihn einige Male leicht korrigiert hatte, ließ er die Beutephase in Windeseile hinter sich und begann plötzlich, weitere Kreise zu ziehen und die langsameren, verirrten Schafe wieder in den Schoß der Herde zurückzuführen. Es war erstaunlich, wie dieser Großstadt-Bouvier zu seinen ländlichen Wurzeln zurückfand, und ich sprang auf und ab und jubelte vor Freude.

Am Ende des Tages war Tedd ehrlich gerührt: »Ich denke, so glücklich oder entspannt habe ich ihn noch nie gesehen«, sagte er hinterher.

Er und Shellie besuchen noch immer Hütekurse mit Gus, was sehr viel dazu beiträgt, seine scheinbar grenzenlose Energie in den Griff zu bekommen.

Überall in den Vereinigten Staaten eröffnen Hütehundvereine, die von engagierten Menschen wie Jerry geleitet werden, diese Betätigungsmöglichkeit für Arbeitshunderassen (Hütekurse werden in Deutschland oft von den Rassevereinen angeboten, zum Beispiel www.australian-shepherd.de/kursmai.htm). Kürzlich konnte ich sogar einem dissozialen Rottweiler helfen, indem ich ihn in Jerrys Hütekurse brachte.

Jerry hat ein Motto, das die Urkraft der Hüteerfahrung für jeden Hütehund, wie ich meine, ganz hervorragend zusammenfasst: »Ein Hund mit Hüteinstinkt und ohne Training kann dafür sorgen, dass neun Männer alle Hände voll zu tun haben. Ein ausgebildeter Hütehund dagegen kann die Arbeit von neun Männern erledigen. Sie müssen nur wissen, was für ein Tier Sie lieber hätten.«

Terrier

In dem Wort »Terrier« steckt die lateinische Wurzel *terra*, also »Erde« – und das liefert einen treffenden Hinweis auf die frühesten Aufgaben dieser Rassen. Sie waren sehr gut darin, Nagetiere, »Ungeziefer« und kleine Säugetiere zu jagen und zu töten; und um sie zu fangen, gruben sie sich sogar bis tief in den Boden ein. Später wurden die muskulöseren Terrier wie der Amerikanische Staffordshire-Terrier, der Staffordshire-Bullterrier und der Pitbull gezüchtet, um in öffentlichen Wettkämpfen gegeneinander anzutreten.

Trotz ihrer eher kleinen Statur darf man nicht vergessen, dass Terriern das Jagen und Arbeiten im Blut liegt und es sich meist um Hunde mit einem hohen Energieniveau handelt. Der eine oder andere ist vielleicht sogar ausgesprochen energiegeladen, wie etwa viele Jack-Russell-Terrier. Falls Sie Gelegenheit haben, einen sehr jungen Terrier bekommen und erziehen zu können, ist es ein Muss, ihn zu sozialisieren und mit anderen Hunden *und* anderen Kleintieren vertraut zu machen. Bei älteren Tieren oder Tierheimhunden ist oft bereits eine Aggression gegen andere Tiere vorhanden. Deshalb brauchen Sie neben Ihren ruhigen und bestimmten Führungsqualitäten möglicherweise auch einen Profi, der Ihnen hilft, diese Gewohnheit zu brechen. Begehen Sie nicht denselben Fehler wie viele meiner Klienten, nämlich einfach zu sagen: »Nun ja, er mag einfach keine anderen Hunde. Das ist nur eine Frage seiner Persönlichkeit.« Das sozialverträgliche Zusammenleben mit Artgenossen ist Hunden angeboren.

Ich habe festgestellt, dass viele Leute annehmen, nur weil ein Hund klein ist, wäre er damit zufrieden, den lieben langen Tag im Haus herumzuliegen oder die Eichhörnchen im Garten zu hetzen und in der Erde herumzubuddeln – was Terrier häufig tun. Inzwischen wissen wir zweifelsfrei, dass, je mehr Energie ein Hund hat, desto mehr ursprüngliche Bewegung nötig ist, damit Tier, Hund und Rasse in ihm Erfüllung finden. Terrier brauchen meist trotz ihrer kurzen Beine viel artgemäße Bewegung, damit sie keine zwanghaften oder neurotischen Verhaltensweisen entwickeln. Ich habe häufig Klienten, die ihre Spaziergänge mit ihren energiegeladenen Terriern ständig um neue Herausforderungen erweitern müssen – vor allem dann, wenn sie nicht die vollen 45 bis 60 Minuten unterwegs sein können. Ihnen rate ich, dem Hund einen Rucksack umzuschnallen oder mit ihm Rollschuh, Rad oder Skateboard zu fahren. Das kann dazu beitragen, die überschüssige Energie der Hunde vollständig abzubauen.

Viele der im Abschnitt zu den Hüte- und Treibhunden genannten Beschäftigungsmöglichkeiten und Übungen – Discdogging, Flyball und Agility-Spiele – eignen sich auch wunderbar für die geballte Terrierenergie. Und es ist kein Zufall, dass viele der Hundestars in Film und Fernsehen dieser Rasse angehören. In den dreißiger Jahren gehörte Skippy, ein drahthaariger Foxterrier, zu den meistbeschäftigten Hollywoodstars. Er spielte an der Seite von Cary Grant, Katherine Hepburn und einem Leoparden namens Nissa in »Leoparden küsst man nicht« oder war Asta in der beliebten Detektivserie »Der Dünne Mann«. Der berühmt-berüchtigte Spuds MacKenzie von Budweiser war ein Bullterrier, der geliebte Pete aus den »Kleinen Strolchen« ein Amerikanischer Staffordshire-Terrier. Sobald ein Terrier genügend Bewegung bekommt, ist es für Mensch und Hund eine befriedigende Möglichkeit, die rassetypischen Verhaltensweisen dadurch in neue Bahnen zu lenken, dass man den Tieren Kunststückchen und Kommandos beibringt und dabei auf Techniken der positiven Verstärkung zurückgreift wie den Clicker und/oder die Belohnung mit Futter.

Hier noch eine Kleinigkeit, die Sie vielleicht noch nicht über Pitbulls und andere muskulöse Terrierarten wissen, deren übermäßige Energie gelegentlich in Anspringen oder Aggression zum Ausdruck kommen kann: Das Zughundetraining kann für sie ein ebenso gutes Ventil sein wie für die Arbeitstiere. Kriminelle Hundebesitzer, die Pitbulls züchten und trainieren, damit diese bei illegalen Wettkämpfen im Untergrund gegeneinander antreten und einander töten, setzen häufig Zugübungen ein, um ihre Tiere für die Arena fit zu machen. Diese Betätigung muss allerdings nicht zwangsläufig einen solch düsteren und negativen Hintergrund haben.

Als Daddy noch jünger war, habe ich ihn ständig gefordert, indem ich ihn Holzscheite, Reifen und andere Lasten die Hügel der Santa Monica Mountains hinaufziehen ließ. Ich erinnere mich gern daran, wie er mit entschlossenem Gesichtsausdruck und einem, wie mir immer schien, Glitzern in seinen leuchtend grünen Augen diese Hänge hinaufstapfte. Wenn er eine solch wichtige Aufgabe zu erfüllen hatte, war er im Himmel, und Übungen wie diese halfen, ihn zu dem erfüllten, glücklichen Hund zu machen, der er heute ist.

Gesellschafts- und Begleithunde

In einer uralten Begräbnisstätte bei Bonn entdeckten Archäologen die Skelette eines älteren Mannes und eines Hundes, die gemeinsam bestattet worden waren. Das Begräbnis hatte vor etwa 14 000 Jahren stattgefunden. In Israel wurde ein 12 000 Jahre altes Frauenskelett gefunden, und offenbar war die Dame mit einem Welpen in ihren Händen begraben worden. Und in Alabama fand man die Überreste von frühgeschichtlichen Menschen, die vor rund 8000 Jahren gelebt und ihre Hunde mit Bestattungen geehrt hatten, die nach den Worten des Archäologen Carl F. Miller »sehr viel ordentlichere Beisetzungen« waren als die der Menschen. Auf der gesamten Welt und über die ganze Geschichte der Menschheit hinweg spielten Hunde nicht nur als Arbeitstiere, sondern auch im Hinblick auf unsere emotionale Seite eine wichtige Rolle in unserem Leben.

Die Tiere in dieser Gruppe sind der unvergängliche Beweis dafür, wie sehr wir mit unseren Hunden verbunden sind. Während einige von ihnen kleines »Ungeziefer« jagen oder Federvieh im Unterholz aufstöbern sollten, wurden im Laufe der Jahrhunderte viele von ihnen nur dazu gezüchtet, die emotionalen Bedürfnisse des Menschen zu befriedigen – und Begleiter und schmückendes Beiwerk zu sein. Sie hatten weder wichtige Aufgaben zu erledigen, noch halfen sie, das Überleben des Menschen zu sichern. Wir liebten sie einfach. Bei vielen dieser Tiere handelt es sich um die Miniaturausgabe ihrer größeren Verwandten, bei anderen sind die Wurzeln so tief in unserer Vergangenheit verborgen, dass sie in Vergessenheit geraten sind.

Die Gesellschafts- und Begleithunde sind sehr verschiedener genetischer Abstammung, deshalb kann man auch keine allgemeinen Aussagen über ihr Verhalten treffen. Einige waren früher einmal Jagdhunde oder Rattenfänger wie der King-Charles-Spaniel, der Toy-Manchester-, Toy-Fox-, der Yorkshire- und der Australische Silky-Terrier, der Papillon, der Malteser, der Pomeraner, der Zwergpudel und der Zwergpinscher. Diese Hunde wurden ihres hohen Energieniveaus wegen ausgewählt, was sich auch bei ihren Nachfahren bemerkbar machen kann. Reine Schoßhunde wie Chihuahuas, Pekinesen, Möpse und Shih Tzus wurden ihres Aussehens und ihrer Größe halber gezüchtet – und natürlich deshalb, weil sie so niedlich sind.

Leider beginnen mit dem »Niedlichkeitsfaktor« oder »Kindchenschema« auch die Probleme mit den meisten Zwergrassen. Der Mensch kann etwas Niedlichem einfach nicht widerstehen, und Anthropologen erklären, dass es sich dabei um eine unserer unabänderlichen Eigenschaften handelt, damit wir uns gut um unsere Kinder kümmern. Weil die Zwergrassen so entzückend sind, lassen wir ihnen oft Verhaltensweisen durchgehen, die wir bei größeren Tieren niemals dulden würden. So lassen die meisten Menschen große Hunde nicht allzu lange bellen, denn das ist einfach zu laut und störend. Hinzu kommt, dass wir ihr Gebell gemeinhin ernster nehmen. Kläfft dagegen ein kleiner Hund, um uns auf etwas aufmerksam zu machen oder einfach unser Interesse auf sich zu ziehen, darf er oft so lange weitermachen, wie er will.

Zuerst finden wir es niedlich: »Ach, er möchte mir sagen, dass er seinen Knochen haben will.« Also geben wir ihm den Knochen. Oder: »Ach, er möchte mir sagen, dass er spielen will.« Aber nach einer Weile stört es uns, nur haben wir uns bis dahin eingeredet, dass es einfach eine Frage der Persönlichkeit oder der Rasse sei, und unternehmen nichts mehr dagegen.

Noch schlimmer ist es mit dem Beißen. Einem Rottweiler würden wir niemals gestatten, uns mit seinen Zähnen zu manipulieren oder zu kontrollieren. Wenn kleine Hunde zubeißen, wollen sie allerdings genau dies damit erreichen. Je mehr wir derartige Verhaltensweisen dulden, desto mehr bringen wir unseren Zwerghunden bei, dass sie so ihren Willen bekommen. Schließlich geraten sie so sehr aus dem Gleichgewicht, dass ihr Verhalten eskaliert und sie andere Tiere oder gar Menschen angreifen können.

Hier liegt der Schlüssel darin, sich ins Gedächtnis zu rufen, dass sich auch bei Ihrer Zwergrasse unter dem flauschigen Fell oder dem süßen kleinen Mopsgesicht in erster

Linie ein Tier und ein Hund verbirgt. Wenn Sie dies bedenken und die Formel »Bewegung, Disziplin und Zuneigung« beachten, macht es keinen Unterschied, ob Sie die Bedürfnisse eines kleineren oder eines größeren Hundes erfüllen müssen. Auch Gesellschafts- und Begleithunde brauchen forsche Spaziergänge in freier Natur, doch da sie bereits auf kürzeren Strecken mehr Energie verbrauchen, sind gewöhnlich keine ausgedehnten Wanderungen nötig. Spiele sollten auf kontrollierte Art und Weise ablaufen und klar in Anfang, Mitte und Ende gegliedert sein. Das Geheimnis liegt darin, zu verhindern, dass sich zu viel überschüssige Energie in den Tieren aufstaut. Wenn sie zwanghaft auf etwas herumkauen, beißen, kläffen oder dissozial reagieren, haben sie herausgefunden, dass sie mit diesen negativen Verhaltensweisen Energie abbauen können. Es spielt keine Rolle, wie klein Ihr Hund ist – für zerstörerisches Verhalten müssen Alternativen in Form von körperlichen und geistigen Herausforderungen gefunden werden, die von »Fang den Tennisball« bis hin zu einem Hindernisparcours wie im Hundesport und zum Flyball für die energiegeladeneren Tiere reichen. Durchweg alle kleinen Hunde können zudem von den unterschiedlichsten, auf Belohnung beruhenden Gehorsamsübungen profitieren.

Die Sammelgruppe

Diese letzte Kategorie ist im Grunde ein Auffangbecken für all jene Rassen, die in keine andere Gruppe passen. Dazu gehören die interessantesten und beliebtesten Hunde Amerikas, und die Kategorie umfasst Arbeits-, Hütehunde, Terrier- und Zwerghundarten. Im Jahr 2006 waren die zehn beliebtesten Rassen dieser Gruppe (in absteigender Reihenfolge) der Pudel, die Englische Bulldogge, der Boston-Terrier, der Bichon frisé, die Französische Bulldogge, der Lhasa-Apso, der Shar Pei, der Chow-Chow, der Shiba und der Dalmatiner. Je nach Rasse können Sie den Spaziergang für einen Hund dieser Kategorie um viele der oben beschriebenen Beschäftigungsmöglichkeiten und Übungen ergänzen.

Die Rasse ist nur das Kleid

Am Ende zeigen die vielen unterschiedlichen Stärken und Schwächen der letzten Gruppe, worauf es unter dem Strich ankommt – dass »die Rasse bei Hunden nur das Gewand« ist. Anders gesagt, je reinrassiger das Tier, desto größer ist der genetische »Energieschub« für die typischen Eigenschaften, die seine Vorfahren haben sollten. Wenn Sie die Bedürfnisse des Tieres und des Hundes in ihm allerdings beim Spaziergang – der ursprünglichen Verbindung zwischen Mensch und Hund – und mit der dreiteiligen Erfüllungsformel befriedigen, tragen Sie schon viel dazu bei, das Auftauchen rassebedingter Verhaltensauffälligkeiten überhaupt zu verhindern. Es ist wichtig, dass Sie sich der Bedürfnisse und Neigungen bestimmter Rassen bewusst sind. Noch wichtiger aber ist es, die grundsätzliche Psychologie aller Hunde – und ihre direkte Verbindung zum übrigen Tierreich – zu verstehen. Mir fällt oft auf, dass Mischlingsbesitzer ihre Tiere eher wie Hunde im Allgemeinen behandeln und ihnen so manchmal ein schöneres Leben bescheren – unabhängig davon, wie ihr genetisches Erbe aussehen mag.

Wenn die Leute zu viel Wert auf die Rasse legen, kann das zu dem führen, was ich als »Rassenvorurteil« bezeichne. Als ich 2006 bei den Creative Arts Emmys mit-wirken durfte, bin ich deshalb demonstrativ mit Inline-skates auf die Bühne des Shrine-Auditoriums gerollt und hatte sechs Pitbulls im Schlepptau, die früher allesamt mit Aggressionsproblemen zu tun gehabt hatten. Da stan-den sie nun, ganz sanft und wohlerzogen im hellen Scheinwerferlicht vor knapp 2500 Leuten – die perfek-ten Botschafter für ihre ganze Rasse. Daddy war natür-lich der Star. Er war nicht angeleint und brachte mir den Umschlag mit dem Namen des Gewinners in der Katego-rie »Fernsehstunts«. Man darf dabei nicht vergessen, dass Daddy kein dressierter, sondern lediglich ein ausgegliche-ner Hund ist. Meine Kommunikation mit ihm beruht nicht auf Befehlen, Belohnungen oder Leckerlis, sondern auf einem langjährigen Band aus völligem Vertrauen und Respekt.

Die Pitbulls sind Opfer der Rassenvorurteile. Ich be-nutze dieses Wort so, wie es auch im menschlichen Zu-sammenhang verwendet wird – und in beiden Fällen be-ruht die Voreingenommenheit auf Angst und Unkenntnis. Die Geschichte der USA zum Beispiel zeigt, dass die ame-rikanischen Ureinwohner, die Iren und Italiener zu den ersten Gruppen gehörten, die von den Machthabern ver-teufelt und für Probleme, Kriminalität und Armut verant-wortlich gemacht wurden. Dann schob man den Ame-rikanern afrikanischer Abstammung die Schuld für alle Schwierigkeiten in die Schuhe, und inzwischen sind die Latinos an der Reihe.

Natürlich ist allen denkenden Menschen klar, dass die Rasse keine Rolle spielt und es überall großartige Men-schen gibt. Nicht alle Italiener sind Mafiosi, nicht alle Iren Trunkenbolde, nicht alle Amerikaner afrikanischer Abstammung sind kriminell und nicht alle Latinos faul. Aber ungefähr alle zehn Jahre machen die Leute eine andere Gruppe für ihre eigene Unzufriedenheit verantwortlich. Mit den Hunderassen ist es nicht anders. In den siebziger Jahren waren die Deutschen Schäferhunde die Bösen, in den achtziger Jahren die Dobermänner, in den neunziger Jahren fürchteten sich alle vor den Rottweilern, und seither werden die Pitbulls schlechtgemacht. Aber je besser die Menschen informiert sind und je ernster die Besitzer körperlich kräftiger Rassen wie der Pitbulls und Rottweiler ihre Verantwortung nehmen, desto weniger werden wir den Hunden die Schuld geben können.

Deshalb sind Hunde uns auch ein so gutes Vorbild – weil sie nicht nach der Rasse gehen. Gelegentlich kommt es zwar vor, dass sie zu Tieren der eigenen Art tendieren, wenn es um bestimmte Verhaltensweisen oder das Spielen geht, wie im Beispiel von Lotus und Molly. In allen anderen Bereichen aber spielt die Energie bei der Anziehung eine sehr viel größere Rolle. Hunde betrachten einander einfach als Hunde.

Die Berichte nach dem Hurrikan Katrina haben es gezeigt: Als sich die verlassenen Hunde von New Orleans allmählich aus den Häusern wagten, schlossen sie sich automatisch zu Rudeln zusammen, um zu überleben. Auf dem Foto eines solchen Rudels entdeckte ich einen großen alten Rottweiler, einen Deutschen Schäferhund und ein paar andere große Hunde – aber geführt wurden sie von einem Beagle! Weshalb haben sie sich entschlossen, ihm zu folgen? Nun, weil der Beagle den besseren Orientierungssinn und offensichtlich die richtige Führungsenergie hatte. Tiere wissen, wenn ein Artgenosse Entschlossenheit zeigt und bestimmt die Führungsrolle übernimmt, dann sollten sie ihm folgen. Sie sagen nicht: »Also bitte, du bist ein Beagle. Ich bin ein Rottweiler. Ich folge keinem Beagle, das verbietet mir mein Glaube.« Der Rottweiler spürte, dass der Beagle ruhig und bestimmt war, und mehr verlangte er von einem Anführer nicht. Hunde sind »vernünftig«. Sie haben keine Vorurteile gegenüber anderen Rassen – und auch wir sollten keine Vorurteile haben.

TEIL ZWEI

Wie wir uns selbst ins Gleichgewicht bringen

»Was ist der Mensch ohne die Tiere?
Wenn es keine Tiere mehr gäbe, würden die Menschen
an großer Einsamkeit des Herzens sterben.
Denn alles, was den Tieren geschieht,
geschieht auch bald den Menschen.«

Häuptling Seattle

Sie wussten, dass dieser Augenblick irgendwann kommen würde, nicht wahr? Alle Menschen, die wir im ersten Teil vorgestellt haben, brauchten praktische Informationen, um ihre Hundeprobleme zu lösen. Aber wie mein Freund Mr. Tycoon erkannten sie schließlich auch, dass ihre Hunde nicht die einzige Problemquelle waren. Es ist an der Zeit, dass wir die Augen öffnen und verstehen, wie unsere Probleme das Verhalten unserer Hunde beeinflussen – und wie wir auf der menschlichen Seite der Gleichung ansetzen können.

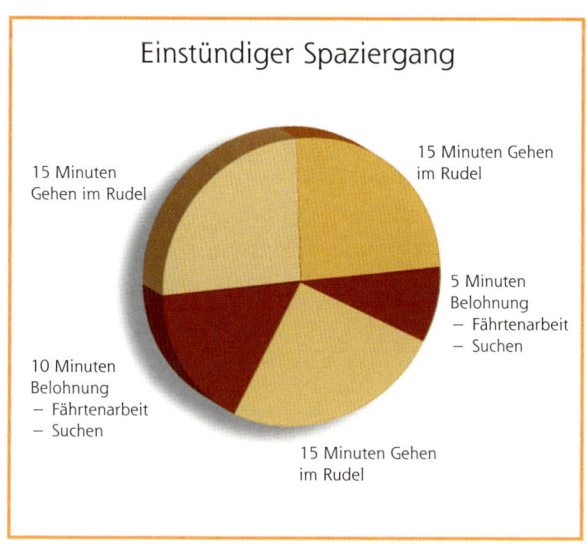

Einstündiger Spaziergang

15 Minuten Gehen im Rudel

15 Minuten Gehen im Rudel

5 Minuten Belohnung
— Fährtenarbeit
— Suchen

10 Minuten Belohnung
— Fährtenarbeit
— Suchen

15 Minuten Gehen im Rudel

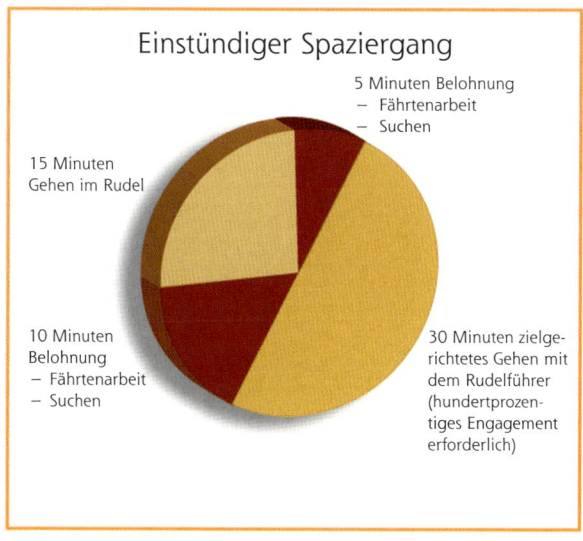

Einstündiger Spaziergang

5 Minuten Belohnung
— Fährtenarbeit
— Suchen

15 Minuten Gehen im Rudel

10 Minuten Belohnung
— Fährtenarbeit
— Suchen

30 Minuten zielgerichtetes Gehen mit dem Rudelführer (hundertprozentiges Engagement erforderlich)

Meistern Sie die »Kunst des Spazierengehens«

Planen Sie eine ganze Stunde ein und strukturieren Sie die Zeit, in der Ihr Hund herumstreunen oder auf Erkundungstour gehen darf, wie auf den beiden Kreisdiagrammen dargestellt. Das obere Schaubild gilt für Hunde, die für gewöhnlich nicht gleich zu Beginn des Spaziergangs ihr Geschäft erledigen. Die untere Abbildung ist für Tiere mit dieser Angewohnheit.

So leinen Sie Ihren Hund an

Seien Sie von dem Augenblick an, in dem Sie zum ersten Mal auch nur ans Spazierengehen *denken*, stark, ruhig und bestimmt. Warten Sie, bis Ihr Hund ruhig und unterordnungsbereit ist, ehe Sie die Leine anlegen.

Warten an der Tür

Sobald Sie ihn angeleint haben und er ruhig und unterordnungsbereit ist, können Sie die Tür öffnen. Ist er *immer noch* ruhig und unterordnungsbereit? Wenn nicht, warten Sie so lange. Dann treten Sie zuerst hinaus und bedeuten Ihrem Hund anschließend, Ihnen zu folgen. Lassen Sie nicht zu, dass er vor Ihnen zur Tür hinausflitzt.

Der Hund läuft hinter Ihnen her
Beim Spazierengehen läuft Ihr Hund neben oder hinter Ihnen,
niemals vorneweg.

Fahrradfahren mit einem angeleinten Hund
Auch wenn Sie auf einem Fahrrad sitzen, sollte Ihr Hund neben oder
hinter Ihnen bleiben. Das Radfahren ist eine gute Möglichkeit, ein Tier
mit hohem Energieniveau etwas mehr zu fordern.

Den Hund schnuppern lassen
Falls Ihr Hund sich seine wunderbare Geisteshaltung beim gemeinsamen Spaziergang bewahrt hat, können Sie ihn damit belohnen, dass Sie ihn ein wenig herumschnuppern und sein Geschäft verrichten lassen.

Rückkehr nach Hause
Folgen Sie bei der Heimkehr derselben Routine wie beim Verlassen des Hauses. Als Rudelführer sollten Sie die Türen öffnen und Ihr Revier zuerst betreten.

Das Fütterungsritual

Füttern Sie niemals einen überreizten Hund. Warten Sie, bis er ruhig und
unterordnungsbereit ist, bevor Sie ihm etwas zum Fressen geben. Beim
Fütterungsritual im Center verlange ich von den Hunden, dass Sie *mich* –
und nicht den Futternapf – ansehen, ehe ich Ihnen Ihr Fressen gebe. Damit
verhindere ich, dass sie sich zwanghaft auf das Futter konzentrieren, und
schaffe ein Ritual der »Wertschätzung« zwischen mir und dem Rudel.

5. NAHTSTELLE STÖRUNG

»Wenn ein Hund nicht zu Ihnen kommen will,
nachdem er Ihnen ins Gesicht gesehen hat,
sollten Sie nach Hause gehen und Ihr Gewissen prüfen.«

Woodrow Wilson

Da war es wieder, dieses Geräusch. Dieses schreckliche
Zischen und Schnurren und Knirschen. Es kam aus der
Garage, und wie immer wusste Lori ganz genau, was gleich
geschehen würde. Sie wappnete sich und wartete.

Tatsächlich kam Genoa, Loris neun Jahre alter Golden
Retriever, postwendend aus dem Schlafzimmer gestürmt,

wo sie ein Nickerchen gemacht hatte. Der normalerweise liebe, sanftmütige Hund fing an, panisch im Zimmer herumzurasen, sich hinter Möbelstücken zu verstecken und zu winseln. Lori ging zu ihr, um sie zu trösten. »Du hasst den Luftkompressor, nicht wahr?«, flüsterte sie leise und beruhigend. Aber Loris Streicheleinheiten zeigten bei dem zitternden Tier keinerlei Wirkung. Sie seufzte und schüttelte den Kopf. Wieder einmal hatte Genoa das, was ihr Mann Dan als »Panikattacke« bezeichnete.

Instabile Herrchen, instabile Hunde

Als Lori und Dan Genoa zu sich holten, hatte das Ehepaar einen Hund gefunden, der perfekter nicht hätte sein können. Sie war der klassische Golden Retriever, hatte ein filmreifes, elegantes Fell und stellte mit ihrer liebevollen Loyalität sogar Lassie in den Schatten. Genoa war überaus zärtlich und gehorsam und lief sogar morgens auf den Gehsteig hinaus, um die Zeitung zu holen. Lori und Dan hatten ihren Traumhund gefunden und konnten sich eine Familie ohne sie nicht vorstellen. Allerdings gab es da noch etwas.

In den vergangenen neun Jahren, seit die Kinder aus dem Haus waren, hatte Dan ein neues Hobby gefunden, und wenn er von der Arbeit nach Hause kam, zog er sich um und ging in die Garage, um an seinen Autos und Motorrädern zu arbeiten. Für gewöhnlich stellte er dabei irgendwann den Luftkompressor an. Mit der Zeit fiel dem Paar jedoch auf, dass Genoa immer panischer auf das Geräusch reagierte. Sie rannte im Kreis, winselte und lief ins hintere Badezimmer, um sich dort in die Wanne zu kauern. Am Ende saß Lori dann oft hinter irgendwelchen Möbeln und tröstete dieses prächtige Tier, das sich von einer süßen, sanftmütigen Gefährtin in ein zitterndes, neurotisches Wrack verwandelt hatte, als ob irgendjemand einen Schalter umgelegt hätte.

Lori und Dan hielten Genoas Verhalten auf Film fest und schickten die Aufnahme an das »Dog-Whisperer«-Team, wo man das Ganze ziemlich extrem fand. Die Produzenten interviewten Lori im Vorfeld und stellten die üblichen Fragen zur Gesundheit des Hundes. War Genoa bereits von einem Tierarzt auf körperliche oder nervliche Probleme untersucht worden, die das Verhalten möglicherweise erklären konnten? Als sie erfuhren, dass die Hündin bei bester Gesundheit war, sah es für das Team so aus, als würde man mich zu einem »Phobiefall« schicken. Die Mitarbeiter – sowie das Ehepaar Lori und Dan – sollten eine Überraschung erleben.

Vierbeinige Spiegel lügen nie

Wie ich im Fall meines Freundes, des Tycoons, bereits erklärt habe, reflektiert nichts unser Innenleben so genau wie unsere Hunde. Sie leben nicht in der Welt der Gedanken, der Logik, des Bedauerns über die Vergangenheit oder der Sorge um die Zukunft und begegnen uns und einander deshalb im Hier und Jetzt sowie auf einer rein instinktiven Ebene. Ihr Interesse an uns kreist darum, wie sich unser persönliches Verhalten und unsere Energie auf den Rest des Rudels auswirken. Und wenn irgendetwas in uns die Stabilität der Gruppe bedroht, werden unsere Tiere das umgehend widerspiegeln – manchmal subtil, manchmal dramatisch.

Wir haben uns bereits an anderer Stelle in diesem Buch sowie in den *Tipps vom Hundeflüsterer* die verschiedenen Verhaltensauffälligkeiten angesehen, die unsere Hunde zeigen können, und unterschiedliche Möglichkeiten ihrer Beseitigung geprüft. Allerdings haben wir uns bislang noch nicht unumwunden der Tatsache gestellt, dass ich es in 95 Prozent der Fälle, in denen ich gerufen werde, mehr mit einem unausgeglichenen Menschen als mit einem instabilen Hund zu tun habe. Sie können noch nicht einmal anfangen, das Verhalten Ihres Hundes zu korrigieren, solange Sie Ihr eigenes nicht im Griff haben. Dazu müssen Sie zunächst willens und in der Lage sein, zu erkennen, was der Berichtigung bedarf. Wir haben große blinde Flecken in unserem Leben, die es sich in unserem präfrontalen Kortex gemütlich machen und sich »Rationalisierungen« nennen. Hier eilen uns unsere Hunde zu Hilfe! Falls Sie ein Problem mit Ihrem tierischen Gefährten haben, ist die Wahrscheinlichkeit groß, dass irgendetwas in Ihrem eigenen Leben aus dem Tritt geraten ist. Im Gegensatz zu den Menschen denken Hunde nicht ständig eigennützig über ihre Bedürfnisse nach. Der Schutz ihres Egos hat bei ihnen nicht Priorität. Hunde »denken« an das Wohl des Rudels, und wenn Sie als Mensch nicht gut organisiert sind, wird Ihr Hund feststellen, dass er in einem instabilen Rudel lebt – und entsprechend handeln.

Unsere Hunde können unsere emotionale Befindlichkeit auf die verschiedenste Art und Weise feststellen. Da sind zum einen ihre unglaublich starken Nasen. Sie retten bei Such- und Rettungsaktionen Leben, und inzwischen verwenden Wissenschaftler Hunde sogar dazu, alles Mögliche zu erschnuppern – von seltenen, bedrohten Tier- und Pflanzenarten bis hin zum Kot von Walen auf hoher See![1] Heute haben Hunde neue Aufgaben, wie zum Beispiel Krebs, Diabetes und andere bedrohliche Krankheiten beim Menschen zu erschnuppern.[2] Offenbar können sie nahezu unsichtbare Veränderungen im menschlichen Körper und seiner chemischen Zusammensetzung wahrnehmen. In seinem wichtigen Klassiker *Was geht in meinem Hund vor?* nimmt Dr. Bruce Fogle auf Studien aus den siebziger Jahren Bezug, um zu zeigen, dass Hunde Buttersäure – einen der Bestandteile des menschlichen Schweißes – in einer eine Million Mal niedrigeren Konzentration riechen können als wir.[3] Wie arbeiten die Lügendetektoren der Polizei? Sie messen den Anstieg der menschlichen Schweißabsonderung. Das ist nur eine der Möglichkeiten, wie Ihr Hund Ihr »vierbeiniger Lügendetektor« sein kann.

In seinem Buch *Emotionale Intelligenz* erinnert uns Daniel Goleman daran, dass wir unsere emotionalen Botschaften zu 90 Prozent nonverbal übermitteln.[4] Pausenlos senden wir mit unserer Körpersprache, unserem Gesicht und unserer Körperchemie Signale, die unsere Hunde verhältnismäßig leicht entschlüsseln können. Zwar legen wir Menschen den größten Wert auf das mit Worten Gesagte, aber alle Tiere kommunizieren auf nichtsprachlichem Wege miteinander. Viele dieser Botschaften senden wir ganz automatisch – und ohne uns dessen bewusst zu sein. Wie Allan und Barbara Pease in ihrem Buch *Der tote Fisch in der Hand und andere Geheimnisse der Körpersprache* schreiben, lässt sich die menschliche Körpersprache fast nicht fälschen, da der Beobachter (ob Mensch oder Tier) instinktiv spürt, dass die Gesten nicht zusammenstimmen – erst recht nicht mit dem, was der Betreffende angeblich mitteilen will. »Zum Beispiel assoziiert man offene Handflächen mit Ehrlichkeit, aber wenn jemand mit Absicht die offenen Handflächen vorzeigt und lächelt, während er lügt, dann verraten ihn seine Mikrogesten. Vielleicht ziehen sich seine Pupillen zusammen, vielleicht hebt sich eine Augenbraue oder verzieht sich ein Mundwinkel, und diese Signale widersprechen der Handgeste und dem offenen Lächeln. Das Resultat ist, dass der Empfänger nicht recht glaubt, was er hört.«[5] Wenn man mit einer falschen Körpersprache nicht einmal einen Menschen täuschen kann, wie will man dann erst glauben, es könnte uns bei einem Tier gelingen?

Interessanterweise können Tiere einander manchmal sehr wohl täuschen – und tun es auch. Bei vielen Arten hat sich diese Fähigkeit durchgesetzt, weil sie einen großen Nutzen für das Überleben bringt. In seinem Buch *Wilde Intelligenz – Was Tiere wirklich denken* gibt Marc D. Hauser, Professor für Psychologie und Neurowissenschaften an der Universität Harvard, viele Beispiele für Täuschungsmanöver im Tierreich. So locken etwa Vögel in den Regenwäldern Perus ihre Rivalen mit »falschem Alarm« vom Futter fort, um sich selbst darüber hermachen zu können; der Fangschreckenkrebs gibt sich in seiner verletzlichen Häutungsperiode besonders hart; und nistende Bachstelzen täuschen Verletzungen vor, um Raubtiere von ihren Nestern wegzulocken.[6] Hunde – vor allem die kleinen, lauten – bluffen ständig, indem sie sich betont aggressiv geben, obwohl sie in Wirklichkeit Angst haben.

Die Frage lautet, ob Tiere absichtlich »lügen« oder ob es sich dabei schlicht um einen Überlebensmechanismus handelt. Hauser schreibt, im Laufe der Evolution habe sich in der Natur eine »Politik der Ehrlichkeit« herausgebildet, sodass man im Tierreich meist bekommt, was man sieht. Andererseits lesen Tiere ganz offenbar auch zwischen den Zeilen. In seinem Buch zur Körpersprache beschreibt das Ehepaar Pease ein Experiment, bei dem Forscher dominante Vögel glauben machen wollten, unterwürfige Tiere seien ebenfalls dominant: Bei vielen Vogelarten gilt: Je dominanter das Tier, desto kräftiger ist sein Gefieder. Intensiver gefärbte Vögel sind, wenn es um Futter und Sexualpartner geht, als Erste an der Reihe. Die Wissenschaftler färbten schwächere, unterwürfigere Tiere dunkler. Damit wollten sie herausfinden, ob sie den tatsächlich dominanten Vögeln optisch etwas vormachen konnten. Sie konnten es nicht, da die »Lügner« immer noch dieselbe schwache, unterwürfige Körpersprache und Energie zeigten. Bei einem späteren Versuch spritzten die Forscher den »Lügenvögeln« Testosteron, sodass sowohl ihr Körper als auch ihr Verhalten dominant waren. Dieses Mal konnten sie die wirklich dominanten Tiere vollends überlisten.

Die meisten meiner Klienten wollen ihre Tiere oder Mitmenschen zwar nicht bewusst täuschen, haben oft aber nicht das geringste Bewusstsein für ihre eigentlichen emotionalen Befindlichkeiten. Da wir über die erstaunliche Kraft der Rationalisierung verfügen, können wir Entschuldigungen für allerlei Arten des Benehmens finden, das in der Natur nicht akzeptabel wäre. Das Wunderbare an Hunden ist, dass sie vierbeinige Spiegel sind – und im Hinblick auf uns lügen sie nie. Deshalb versuche ich, meinen Klienten zu vermitteln, wie sie ihr eigenes Fehlverhalten im Benehmen Ihres Hundes wiederfinden können.

Genoas Albtraum

Lori und Dan entpuppten sich als fitte, sehr jugendlich wirkende Mittvierziger. Als ich in ihrem gemütlichen Heim eintraf, setzten wir uns in den Garten, und Genoa rollte sich zu meinen Füßen zusammen. Während sie mir ihr extremes Verhalten und ihre vermeintliche »Phobie« beschrieben, spürte ich einen gewissen Widerspruch. Genoas Energie war völlig ruhig und entspannt – sie wirkte ganz und gar ausgeglichen. Die Instabilität musste von anderer Seite kommen. Aber woher?

Ich verstand in dem Moment, als ich die beiden fragte, wann dieses Verhalten zum ersten Mal aufgetreten war. Dan sagte: »Es passiert nur, wenn ich den Luftkompressor anschalte.« In diesem Augenblick huschte ein flüchtiger Ausdruck über Loris Gesicht. Sie rollte ein wenig mit den Augen, verzog etwas den Mund. Das war's. So viel zum Thema »Die Körpersprache lügt nie«!

»In letzter Zeit passiert es sogar, wenn er in die Garage geht. Und das kommt dieser Tage *sehr häufig* vor!«

Ich lachte über die Art und Weise, wie sie »sehr häufig« sagte. Für mich klang das wie ein Gespräch, das sie mit ihrem Mann zu führen suchte. Die Unterhaltung lief in ihrem Inneren ab, aber für mich war sie glasklar. Meiner Ansicht nach wollte sie damit so viel mitteilen wie: »Ich will dir das schon seit sehr langer Zeit sagen. Ich hasse es zutiefst, wenn du in der Garage bist.«

Nun bin ich ganz sicher kein Psychologe und erst recht kein Eheberater, aber zufälligerweise muss ich bei meiner Arbeit meist bei den Menschen anfangen und mich dann von ihnen zum Hund zurückarbeiten. Ich fragte Lori so höflich wie irgend möglich, wie sie sich fühlte, wenn Dan in die Garage ging. Sie zögerte, weil sie nun in diesem Punkt nicht mehr passiv-aggressiv sein konnte. Sie musste ehrlich antworten. Schließlich gab sie zu, dass sie sich ärgerte, wenn Dan nach einem langen Arbeitstag nach Hause kam und dann mehr Zeit in der Garage verbrachte als mit ihr.

Wow! Das brachte das Problem ganz deutlich auf den Punkt. Lori war in Wahrheit fuchsteufelswild, weil ihr Mann jeden Abend in der Garage arbeitete. So einfach war das. Ihr Mann, der ihre Signale nicht aufgefangen hatte, lachte nervös. Aber Lori verstand sofort: »Soll das heißen, sie hat es von *mir*?«, stieß sie hervor.

»Stimmt«, erwiderte ich nur.

Es war eine klassische »Dreieckssituation«. Die Frau verbarg ihre Gefühle: Sie war verletzt, verärgert, frustriert und wütend. Der Mann ignorierte sie, um an seinem Motorrad zu arbeiten; und immer wenn sie den Kompressor hörte, wurden ihre Empfindungen stärker. Die Garage und der Kompressor waren zu Loris Rivalen im Kampf um die Aufmerksamkeit ihres Mannes geworden. Jedes Mal, wenn dieser in die Garage ging, führte sie im Geiste eine wütende Unterhaltung mit ihm – der Genoa sozusagen »lauschte«. Irgendwann würde Lori explodieren, aber neun Jahre lang war es ihr gelungen, ihre Gefühle für sich zu behalten. Nur der Hund, der sie ehrlich ausdrücken musste, war schon vor langem explodiert. Der Kompressor war nur der Anstoß für Genoa, der Auslöser – das typische Element jenes Augenblicks, in dem all diese wütenden, angespannten und negativen Gefühle im Haus zum Vorschein kamen. Und wie ein Kind, dessen Eltern ständig streiten, war Genoa von Loris giftigen Gefühlen so überwältigt, dass sie davonlaufen und sich verstecken musste.

Nachdem uns dieser wichtige Durchbruch gelungen war, konnte Genoas Problem leicht gelöst werden. Wir gingen in die Garage, wo Dan mit seinem Luftkompressor arbeitete. Ich beruhigte Genoa mit Erdnussbutter und sprach mit Lori über angenehme Themen, die sie von ihrer lange angestauten Wut wegen Dans Beschäftigung in der Garage ablenkten.

Am meisten arbeitete ich mit Lori. Ich versuchte, ihre Meinung über die Garage zu ändern. Obwohl sich die verbale Unterhaltung zwischen ihr und mir abspielte, kam ihre veränderte Energie unmittelbar bei Genoa an. Im Gespräch konnte ich spüren, wie Loris Anspannung allmählich schwand. Endlich war sie ihr schreckliches, wuterfülltes Geheimnis losgeworden, endlich hörte ihr Mann ihr zu, und sie war ganz offensichtlich erleichtert.

Und sobald sich Loris Gefühle hinsichtlich der Garage änderten, veränderte sich auch Genoa – sie war ein perfekter Spiegel. Alles in allem dauerte es gerade einmal sechzehn Minuten, bis Genoa vollkommen entspannt war.

Anschließend sprachen wir darüber, wie Dan auf Lori zugehen und sie in seine Tätigkeiten einbinden konnte, um die Garage zu einem Ort zu machen, an dem sie *beide* sich wohlfühlen konnten.

Wie der Mensch, so der Hund

Die Geschichte von Lori, Dan und Genoa ist ein klassisches Beispiel dafür, wie unsere Gefühle unsere Tiere beeinflussen und sie zum Spiegel unserer Empfindungen werden. Irgendein Element dieses Prinzips kommt wie gesagt in den meisten meiner Fälle zum Tragen. Die Menschen, mit denen ich arbeite, lieben ihre Hunde aus tiefstem Herzen und wollen wirklich nur das Beste für sie. Aber am Ende machen sie sie trotzdem immer wieder für die Probleme verantwortlich, denen sie sich im eigenen Leben nicht stellen wollen oder deren sie sich nicht bewusst sind. Es ist wie bei dem Chef, der seinen Angestellten ihre mangelnde Selbstsicherheit vorwirft, obwohl er sie gleichzeitig ständig kritisiert. Man kann nicht beides haben. Wie Lori und Dan müssen wir alle einen tiefen Blick in unser Inneres werfen, ehe wir unseren unausgeglichenen Hunden helfen können. Und solange wir nicht zugeben, dass es ein Problem gibt, können wir nichts dagegen tun.

Wenn die Gefahr verleugnet wird

Sobald Danger Onyx auf der anderen Seite des Parks erspäht hatte, stellten sich seine Nackenhaare auf, sein Maul verzog sich zu einem Knurren, und er sprang so kräftig in die Leine, dass er seinen Besitzer Danny ungefähr eineinhalb Meter mitzerrte (zur Wahrung der Privatsphäre wurden bei diesem Fall Namen und Details geändert). Obwohl Onyx über 30 Meter entfernt war, stemmte sich Danger gegen die Leine und wollte auf ihn losgehen. Onyx, der sich in der letzten Stunde ordentlich benommen hatte, reagierte sofort ebenfalls mit aggressiver Energie. Dann passierte es. Danger richtete seine Aggression auf den Menschen, der ihm am nächsten stand – auf einen seiner Besitzer. Er drehte sich um und grub die Zähne in den Arm von Dannys Frau Heather. Heather, ein zierlicher Rotschopf Ende zwanzig, rang nach Luft, fasste sich an den Arm und brach in Tränen aus.

Es war ein kühler, aber sonniger Wintertag in Los Angeles, und ich befand mich gerade in einem Hundepark, um meiner Klientin Barbara zu helfen, deren Labrador-Mischling Onyx gegen andere Hunde aggressiv war, als der riesige, zwei Jahre alte Rottweiler Danger in unser Leben trat. Ich hatte schon ein paar Stunden mit Barbara und Onyx gearbeitet, und die beiden hatten bereits gewaltige Fortschritte gemacht. Allerdings war Danger Onyx' Erzfeind. Die beiden Hunde hassten einander so sehr, dass Barbara sich immer mit Dangers Besitzer Danny absprach, um sicherzugehen, dass sie nicht gleichzeitig im Park waren. Während unseres Unterrichts hatte Barbara die Zeit aus den Augen verloren und vergessen, dass Danny, Heather und Danger bald eintreffen würden. Babara hatte Danger mir gegenüber auch einmal erwähnt, sorgte sich aber mehr darum, wie *sie* das Verhalten ihres eigenen Hundes kontrollieren und lernen konnte, auf welche Weise sie dazu beitrug. In diesem Sinne war sie eine hervorragende Klientin. Ja, sie hatte bei Onyx viel falsch gemacht, aber sie war bereit, sich ihren Problemen zu stellen, und entschlossen, einen Weg zu finden. Nicht alle Hundebesitzer sind bereit zuzugeben, dass ihre Tiere ein Problem haben – geschweige denn sie selbst. Solange sie weiter den Kopf in den Sand stecken, kann ich weder ihnen noch den Tieren helfen.

Dangers Besitzer fielen in die letzte Kategorie. Natürlich waren Danny, Heather und Danger weder meine Klienten, noch hatten sie die Entscheidung getroffen, um Hilfe zu bitten – und das ist ein unerlässlicher erster

Schritt. Aber als ich sah, wie Danger seine Aggression gegen Heather richtete, lief ich zu den beiden hinüber, um nachzusehen, ob ich helfen konnte. Zum Glück hatte Heather eine dicke Jacke angehabt; und obwohl Danger kräftig zubiss, hatte er ihre Haut nicht verletzt.

Mit Tränen in den Augen sagte mir Heather: »Ist schon in Ordnung, ich bin daran gewöhnt. Es ist nicht das erste Mal.«

Wie bitte? Da stand dieser 55 Kilogramm schwere Rottweiler, der aggressiv auf andere Hunde losging und sogar seine Besitzerin biss, und sie war »daran gewöhnt«?

Unweit von uns kümmerte sich Danny nicht etwa um seine verletzte Frau, sondern er wollte den Tatsachen noch weniger ins Auge sehen als sie. Er hatte Dangers Kopf auf dem Schoß und streichelte ihn: »Ist schon in Ordnung, mein Großer. Eigentlich bist du ein ganz Lieber. Du hast es nicht so gemeint, nicht wahr?« Verlegen versicherte er mir, zu Hause sei Danger ein richtiger Softie.

Ich war sofort beunruhigt. Danger war ein großer, aggressiver Hund. Er gehörte einer der stärksten Rassen an, die es gibt, und seine Besitzer hatten ihn offensichtlich nicht im Griff. Sein Name sagte alles! Und obwohl sie sich seines Verhaltens durchaus völlig bewusst waren, standen sie in einem Hundepark und brachten andere Hunde mit diesem außer Kontrolle geratenen Tier in Gefahr (englisch: *danger*)!

Danny war ein charismatischer Mann Mitte dreißig und erzählte mir von seiner anstrengenden Karriere als Agent. Man konnte sehen, dass er sehr an Danger hing, aber seine Zuneigung verstärkte den Umstand, dass dieser (a) aggressiv auf einen anderen Hund reagiert und (b) sogar Dannys Frau gebissen hatte.

Ich unterhielt mich eine Weile mit Heather und erfuhr,

dass Danger wegen seines aggressiven Verhaltens bereits aus zwei anderen Hundeparks vor Ort geflogen war und nicht nur sie, sondern auch ihren Gassigeher und diverse andere Hunde gebissen hatte.

Als ich meine Hilfe anbot, zeigte sich Danny nach außen hin interessiert. Trotzdem wusste ich genau, dass er nicht hören wollte, was ich sagte. Heather war ein wenig offener, aber sie folgte seinem Beispiel. Danny zeigte mir, wie er mit Danger spazieren ging – der ganz offensichtlich den Ton angab. Mir war klar, dass irgendetwas tief in Dannys Ego den Wunsch in ihm weckte, zu glauben, er könne diesen starken Hund kontrollieren – obwohl er in Wirklichkeit keine Ahnung hatte, wie er das anstellen sollte. Fröhlich paddelte er den Fluss der Verleugnung hinab, und obwohl ich den beiden ein paar Hinweise geben konnte, ehe sie mit Danger den Park verließen, hatte ich ein ungutes Gefühl. Ich konnte mich der Sorge nicht erwehren, dass sie möglicherweise auf eine Katastrophe – oder eine Klage – zusteuerten.

Das Verleugnen hat große Macht im Leben der Menschen. Bei einigen von uns werden die Hunde zu Projektionen der eigenen Egos, und wir sehen sie, *wie wir uns selbst gern sähen*. Aber erst wenn wir erkennen, wie wir wirklich sind, können wir unseren Hunden helfen.

Der verhätschelte Bandit

Es gab im Rahmen der Sendung »Dog Whisperer« nicht viele Fälle, bei denen ich glaubte, dem Hund möglicherweise nicht helfen zu können. Es gab allerdings eine Handvoll, in denen ich glaubte, nichts für Herrchen oder Frauchen tun zu können. Wie wir gesehen haben, fällt es den Menschen sehr schwer, die eigenen Fehler zuzugeben und sich zu ändern. Im Fall von Lori und Bandit hätte ich tatsächlich beinahe aufgegeben.

Lori hatte Bandit ursprünglich als Haustier für ihren vierzehnjährigen Sohn Tyler gekauft, damit er erste Erfahrungen damit sammeln und erleben konnte, wie es war, einen Hund zu lieben und eine Verbindung zu ihm aufzubauen. Tyler hatte sich einen Chihuahua gewünscht und sich Bandit im Internet wegen seiner niedlich kleinen Zeichnung über den Augen ausgesucht, die wie eine Maske wirkte und ihn wie einen kleinen Zorro, einen kleinen Geächteten, aussehen ließ.

Als Bandit allerdings eintraf, mussten Mutter und Sohn bald feststellen, dass er nicht wie beworben von einem zugelassenen Züchter stammte, sondern vielmehr das Produkt eines Massenzuchtbetriebs war. Diese Einrichtungen (gegen die der US-Tierschutzbund seit Anfang der achtziger Jahre kämpft)[7] sind Zuchtfabriken, die in Massenproduktion einen Wurf nach dem anderen herauspumpen, um die Tiere anschließend in Tierhandlungen oder übers Internet zu verkaufen. Weil es dort auch zu Überzüchtung und Inzucht kommt, leiden diese Welpen bei ihrem Eintritt in die Hundewelt oft an genetisch übertragenen Erkrankungen, und falls sie sich ebenfalls fortpflanzen, geben sie diese an künftige Generationen weiter. Bandit war einer jener Welpen und benötigte schon bald nach seiner Ankunft bei Lori und Tyler eine intensive tierärztliche Betreuung, die viele tausend Dollar kostete.

In diesen ersten beiden Wochen freundete sich Lori mit Bandit an, Tyler aber bekam nie die Chance dazu. Bald

griff der Chihuahua alle außer Lori an – vor allem ihren
Sohn. Er biss ihn in den Finger, den Arm, das Bein, die
Wange, das Ohr und die Lippe. Einmal hätte er ihn um ein
Haar am Auge erwischt. Aber Bandit richtete seine Aggression auch gegen die Außenwelt. Er fiel Loris Mann,
die Schwiegereltern, Nachbarn und Freunde an, sodass
sie niemanden mehr zu sich einladen konnte. Dieser ein
Pfund schwere Hund, so sagte Lori, »lehrt erwachsene
Männer Mitte vierzig das Fürchten«. Tyler entwickelte seinerseits eine echte Abneigung gegen ihn. »Das Einzige,
was mein Sohn von diesem Hund gelernt hat, ist, Hunden
nicht zu trauen«, sagte Lori. »Er hat Wut und Bitterkeit
und Eifersucht gelernt. Das ist wirklich traurig.«

Das Problem war, dass Lori dazu beitrug, diesen Albtraum zu *erschaffen*, aber keinerlei Bewusstsein dafür besaß. Alles hatte damit begonnen, dass sie Mitleid mit Bandit gehabt hatte und ihre Energie in seiner Nähe deshalb
stets schwach gewesen war. Er war der Dominante, war
zu ihrem Beschützer geworden. Sie war die Einzige, die
in seine Nähe kommen durfte, weil sie ihn niemals korri-
gierte, wenn er andere angriff. Stattdessen belohnte sie ihn
mit Zuneigung.

Ich setzte mich mit Lori auf das Sofa, und sie nahm Bandit
auf den Schoß. Ich wollte sehen, wie sie reagierte, wenn er
verrückt spielte, was auch umgehend geschah. Er knurrte
und sprang mich an. Als ich schützend den Arm hob,
stürzte er sich darauf und fing an, mich wie wild zu beißen. Ohne jede Mühe (schließlich wog Bandit gerade mal
ein Pfund – und das pitschnass!) schubste ich ihn mit demselben Ellbogen fort, in den er seine Zähne schlug. Bandit
war zutiefst schockiert, dass jemand, der von ihm gebissen

wurde, nicht zurückwich! Er knurrte und quietschte verwirrt und frustriert – und sprang dann vom Sofa.

Die ganze Angelegenheit hatte Lori offensichtlich sehr aufgewühlt. Ich erklärte ihr: »Er beißt zu, und deshalb muss ich ihn berühren. Ich trete ihn nicht, ich schlage ihn nicht, ich berühre ihn nur.«

»Aber er hat gejault!«, erwiderte Lori deutlich besorgt.

»Na gut«, sagte ich, »soll ich jetzt auch ein wenig jaulen, damit wir quitt sind?«

Lori fand es in Ordnung, dass Bandit alle anderen biss oder anfiel, da sie ihrer Meinung nach größer waren als er und einfach weggehen konnten. Sie verstand nicht, dass der Hund mit jedem Mal stärker wurde, wenn sie andere zum Zurückweichen aufforderte. Lori hatte ein Monster herangezüchtet – und wollte sich nicht ändern, um die Situation aus der Welt zu schaffen. Sie sah zu Bandit hinab, der verwirrt durchs Zimmer streifte und jeden Blickkontakt mit mir vermied.

»Er weiß nicht, was er tun soll!«, sagte sie.

»Aber das ist gut!«, antwortete ich. Statt seiner Aggression würde Bandit nun andere Mittel und Wege finden müssen, um zu bekommen, was er wollte. Doch Lori begann zu weinen. Sie konnte es nicht ertragen, ihren Hund unglücklich zu sehen – nicht einmal für einen Augenblick.

»Das wird nicht funktionieren«, sagte ich. Mit einem Mal war es still im Zimmer. Das Team war sprachlos. So etwas hatten sie noch nie von mir gehört. Auch ich war ein wenig entsetzt über mich selbst. Früher war es mir immer leichter gefallen, die Menschen aufzugeben als die Hunde, aber wenn Lori sich der Herausforderung nicht stellte, konnte ich keinem von beiden helfen. Sie hatte

einen solch großen Teil ihrer nährenden Instinkte in diesen kleinen Hund gesteckt, dass sie ihn sogar über ihren
eigenen Sohn stellte. Dieser Teil ihres Verhaltens sagte
mir ganz und gar nicht zu. Wenn man behauptete, dass
ich meine Hunde – *alle* Hunde – liebte, wäre das die Un-
tertreibung des Jahrhunderts. Trotzdem würde ich keinen
von ihnen je meinen Söhnen vorziehen! Ich würde es weder Tier noch Mensch je gestatten, meinen Söhnen – und
sei es auch nur versehentlich – wehzutun, ohne korrigie-
rend einzugreifen.

Natürlich plante Bandit sein Tun nicht – man konnte
ihn nicht dafür verantwortlich machen. Allerdings durfte
er sich weiterhin so benehmen und wurde (durch Loris
ständigen Schutz und ihre Streicheleinheiten) sogar noch
dazu ermuntert. Sie bemutterte Bandit über die Maßen,
ließ aber gleichzeitig zu, dass ihr eigener Sohn verletzt
wurde. Das konnte ich nicht akzeptieren.

Unsere Babys bis in alle Ewigkeit

Ich werde häufig gerufen, um Männern wie Frauen zu helfen, die in ihren Hunden nichts anderes sehen können als
ewige Babys. Sie machen viele Hunde, die unter anderen
Umständen glücklich und ausgeglichen sein könnten, zu
den verzogensten Fratzen der Welt – wie Bandit. In der
gesamten Menschheitsgeschichte war der Faktor »Nied-
lichkeit« bei Hunden schon immer ein wichtiger Grund,
weshalb wir sie lieben. Der Begriff »Neotenie« beschreibt
Tiere, die sich auch voll ausgewachsen noch ein kindliches
Erscheinungsbild und kindliche Verhaltensweisen bewahren. In mancher Hinsicht sind Hunde neotene Wölfe, da

sie ihr Leben lang so verspielt bleiben wie deren Junge.[8] Wir Menschen sind von allen Tieren am empfänglichsten für die Neotenie bei anderen Geschöpfen. Das liegt vielleicht daran, dass wir uns so lange um unseren eigenen Nachwuchs kümmern müssen, ehe dieser selbstständig wird. Der Ethologe James Serpell bezeichnet dieses Verhalten als den »Knuddeleffekt«, das den niedlichsten, am jüngsten wirkenden Tieren bessere Überlebenschancen einräumt. In ihrem Buch *If You Tame Me* schreibt die Soziologin Leslie Irvine, die in einem Tierheim 360 Stunden lang die Begegnungen zwischen Tieren und Menschen beobachtet hatte, dass Tiere, die jünger und niedlicher aussahen, leichter ein Zuhause fanden als ihre älter wirkenden Gefährten.[9]

Meiner Ansicht nach sind viele Menschen in der Meinung gefangen, ihre Hunde seien auf ewig ihre Babys. Bei meinen – männlichen wie weiblichen – Klienten konnte ich folgendes Muster beobachten: Wenn sich das Nest allmählich leert, weil die Kinder das Haus verlassen oder sie sich wie im Fall von Lori und Tyler zu Teenagern entwickeln und weniger direkte Fürsorge von ihren Eltern brauchen, richten Haustierbesitzer ihre nährenden Instinkte auf den Hund. Das ist gewiss eine gute Therapie für den Menschen und veranlasst uns häufig überhaupt erst dazu, einen bedürftigen Hund bei uns aufzunehmen. Aber selbst ein Chihuahua bleibt nicht bis in alle Ewigkeit ein Welpe. Man kann sich die Situation auch so vergegenwärtigen: Wenn man stets sämtliche Bedürfnisse eines erwachsenen Menschen erfüllt wie bei einem Baby, wird dieser dann ein gutes Sozialverhalten zeigen?

Lori musste von ihrer Meinung abrücken, Bandit sei ihr
Sohn oder ihr Baby. Sie musste sie nicht gänzlich verwer-
fen, wohl aber in die richtige Perspektive rücken, ihre Pri-
oritäten zurechtrücken und die Lage so sehen, wie sie
wirklich war. Lori war nicht im Mindesten in der Lage,
einfach Nein zu Bandit zu sagen. Sie fürchtete tatsächlich, seine Gefühle zu verletzen. Da ihr eigener Sohn Tyler
offensichtlich zu einem ganz wunderbaren und wohlerzo-
genen jungen Mann heranwuchs, fragte ich sie, ob sie auch
ihn so erzogen habe. Natürlich nicht, erklärte sie mir. Bei
ihm sei ihr klar gewesen, dass sie ihm manchmal Dinge
sagen musste, die er nicht gern hörte, weil das »zu seinem
eigenen Besten« war. Bei Bandit konnte sie diesen Zusammenhang einfach nicht herstellen. Sie zog ihn – bewusst
oder unbewusst – ihrem Sohn vor.

Nachdem ich allen verkündet hatte, dass in diesem Fall
nichts zu machen war, weil die Besitzerin nicht loslassen
wollte, erklärte Lori, sie habe sehr große Angst. Der letzte
Tierarzt habe ihr gesagt, falls Bandit irgendwo herunter-
sprang und sich am Bein verletzte, müsse er eingeschläfert
werden. Lori gab zu, das Gefühl zu haben, ihn wie ein ro-
hes Ei behandeln zu müssen.

Nachdem sie sich zu ihrer Angst bekannt hatte, dankte
ich ihr für ihre Ehrlichkeit, fragte sie aber auch, ob sie nur
heute einmal versuchen könne, sich davon zu lösen. Die
Angst einfach loszulassen und mir zu übergeben. Ich war
überrascht und dankbar, als sie einen Seufzer ausstieß und
sagte: »In Ordnung. Ich lasse sie los.« Sie wollte es wirklich versuchen. Nun hatte ich zumindest das Gefühl, eine
Chance zu haben.

Als sie losgelassen hatte, war Lori eine erstaunlich gute
Schülerin. Sie konnte den Unterschied zwischen der schwa-

chen Energie spüren, die sie selbst ausgestrahlt hatte, und der ruhigen und bestimmten Energie, die sie bei mir sah. Sie fing an, mir zu demonstrieren, dass sie Bandit auf eine Weise korrigieren konnte, die nicht emotional gefärbt war.

Nachdem Lori sich darin geübt hatte, Bandits Rudel-führerin zu sein, und er sofort darauf angesprungen war, brachte ich Tyler ins Spiel. In ihm hatte sich sehr viel Wut gegenüber dem Tier aufgestaut – schließlich hatte Bandit ihn rund ein Dutzend Mal gebissen. Ich erklärte Tyler, dass diese Bisse nicht geplant waren. Sie waren lediglich Reak-tionen aufgrund der Position, die Bandit seinem Emp-finden nach im »Rudel« dieses Haushalts einnahm. Tyler stellte sich meiner Herausforderung, seinen Zorn auf Ban-dit in ruhige und bestimmte Energie zu verwandeln. Im Grunde war er darüber sogar froh. Er wollte Bandit lieben – schließlich sollte er ja sein Hund sein.

Dieser Fall, in dem ich beinahe aufgegeben hätte, nahm den glücklichsten Ausgang, den man sich nur denken kann. Heute – ein Jahr später – berichten Lori und Tyler, dass es mit Bandit immer besser wurde. Am 30. Novem-ber 2006 brachte Lori ein Baby namens John jr. zur Welt. Nachdem sie den Kleinen nach Hause gebracht hatten, musste Bandit nur ein einziges Mal korrigiert werden, ehe er sich John jr. als neuem Rudelführer unterordnete. Ban-dit benimmt sich in Tylers Nähe immer noch großartig, der jetzt das Ruder übernommen hat und selbst für Dis-ziplin sorgt. Lori behandelt Bandit nicht mehr wie ein Kleinkind. Er ist frei von bösartigem Verhalten, und wenn er seine Grenzen testet, genügt ein »Tssst!« von Tyler, um seine Aufmerksamkeit umzulenken. Bandit liebt Spazier-gänge und hat eine neue Wertschätzung für Menschen ge-

wonnen. Ich bin so stolz auf Lori und Tyler. Lori, du bist
die neue Vorzeigedame für ruhige und bestimmte Energie,
und ich bin froh, dass wir beide nicht aufgegeben haben!

Wie wir umlernen können

Ohne Selbsterkenntnis können wir keine Ausgeglichenheit finden, und ohne Ausgeglichenheit können wir unsere Führungskraft nicht entwickeln. In dieser Beziehung
sind uns unsere Hunde ein großes Geschenk. Sie können
uns Tatsachen über uns vermitteln, auf die wir allein nicht
einmal ansatzweise kämen.

Der Mensch sorgt in seinem Dasein oft zusätzlich für
Dramatik, um es zu komplizieren. Ein ausgeglichenes Tier
weiß, dass das Leben an sich schon dramatisch genug ist.
Falls Sie Probleme mit Ihrem Hund haben, müssen Sie zunächst einen tiefen, ehrlichen Blick auf Ihr Inneres werfen.
Allerdings haben wir Menschen auch unsere blinden Flecken, und manchmal brauchen wir einen unvoreingenom-
menen Beobachter, der uns dabei hilft, den Charakterzug
zu finden, der einer Veränderung bedarf. Verstecken Sie
wie Genoas Besitzerin Lori tief in Ihrem Inneren eine Bitterkeit, die Ihr Hund auffängt? Projizieren Sie wie Dangers Besitzer Danny Ihr Ego auf Ihren Hund – und benutzen Sie ihn als Statussymbol oder dazu, den »harten
Kerl« zu mimen, der Sie gern wären? Oder befriedigen Sie
wie Bandits Frauchen Lori ein eigenes inneres Bedürfnis,
was die Erkenntnis verhindert, dass dieses wohlmeinende
Verhätscheln nicht nur Ihrem Tier, sondern Ihrem ganzen
»Rudel« schadet? Derartige Defizite sind schwer zuzugeben, aber keiner meiner Klienten hat es je bereut, sein

Leben wegen seines Hundes verändert zu haben. Meist ist es dadurch sogar noch erheblich besser geworden – und das nicht nur im Hinblick auf die Hunde!

Wenn Sie wissen, wie Sie zum Fehlverhalten Ihres Hundes beitragen, wie können Sie dann etwas daran ändern? Diese Frage stellt sich vor allem dann, wenn es sich wie bei Genoas Besitzern um etwas sehr Subtiles handelt. Die Antwort lautet, Sie müssen lernen, eine *ruhige und bestimmte Energie* auszustrahlen. Das ist die tief in uns verborgene Kraft, die uns nicht nur zu den Rudelführern unserer Hunde macht, sondern uns auch die Kontrolle über unser eigenes Schicksal geben kann.

ERFOLGSGESCHICHTE

Kina, Whitey, Max und Barkley

Zu Weihnachten kaufte ich meinem Mann das Buch *Tipps vom Hundeflüsterer*. Noch nie hatte Whitey ein Buch so schnell gelesen – eineinhalb Tage später war er wild entschlossen, die »Kunst des Spazierengehens« zu meistern. Das bedeutet, man muss seinen Hund an der Leine führen können, ohne ihm zu erlauben, vorneweg zu laufen oder zu zerren. Würden Sie Barkley kennen, dann wüssten Sie, dass dies praktisch unmöglich ist. Barkley ist ein liebevoller, netter und süßer Hund, aber er ist auch der Teufel. Ein richtiger Satansbraten. Er zerrt so fest an der Leine, dass es wehtut – nicht nur dem Menschen am anderen Ende, sondern auch seinem eigenen Hals. Manchmal hustete er nach dem Spaziergang so stark, dass wir Schuldgefühle hatten, weil wir wieder einmal mit ihm rausgegangen waren.

Whitey verkündete, dass wir am nächsten Morgen mit den Hunden spazieren gehen würden. Und tatsächlich – kaum waren wir wach, holte er die Leinen und teilte mir die Regeln mit: Wir müssen ruhig sein, bevor sie zum Spaziergang aufbrechen dürfen. Wir müssen zuerst zur Tür hinausgehen, ehe sie das Haus verlassen. Wir dürfen ihnen niemals erlauben, vor uns zu laufen.

Wir müssen verrückt sein.

(Gut, das Letzte war eigentlich keine Regel, aber zumindest dachte ich das, als er mir die Vorschriften erklärte.)

Aber er hatte recht.

Noch nie hatte sich unser Rottweiler Max so mühelos von mir an der Leine spazieren führen lassen. Bis wir wieder zu Hause ankamen, bettelte er praktisch darum, von mir geführt zu werden. Barkley ist zwar immer noch ein schwierigerer Hund, aber er benahm sich so anders, dass Whitney ihn für »geheilt« erklärte.

Inzwischen beginnt unser Tag mit einem Hundespaziergang. Bevor irgendetwas anderes geschieht – Frühstück, Kaffee, Bettenmachen –, werden die Hunde angeleint und mindestens 3 Kilometer zurückgelegt. Wir wurden Zeugen einer erstaunlichen Veränderung.

Heute bin ich mit Max fünf Kilometer durch den Nordosten der Stadt gelaufen. Er war unglaublich. Er bleibt an jedem Randstein sitzen, ignoriert andere Hunde und läuft direkt neben mir. Auch als ein riesiger Bernhardiner dicht neben uns gegen einen Zaun sprang, reagierte er nicht und lief einfach weiter.

Mein Max ist einer der besten Hunde, die ich kenne – nun, da ich weiß, was in seinem Kopf vorgeht. Hunde sind Rudeltiere, und als ich noch seine »Hundemami« war, habe ich damit weder ihm noch mir etwas Gutes getan. Jetzt bin

ich seine Rudelführerin, und er ist so liebevoll, so unterordnungsbereit und einer der sanftesten Hunde, die ich kenne.

Was Barkley angeht, so ist er ein ganz besonderer und
äußerst eigensinniger Hund. Früher zerrte er so fest an der
Leine, dass es mir körperlich unmöglich war, ihn spazieren
zu führen. Er würgte sich so sehr, dass es mir irgendwann
grausam vorkam, mit ihm zu gehen. Wir haben jede erdenk-
liche Leine ausprobiert: Ganzkörpergeschirr, Kopfhalter und
traditionelle Flexileinen. Nichts hat funktioniert. Barkley hat
eine erstaunliche Veränderung durchgemacht. Er darf weder
führen noch an der Leine ziehen, und nach unerwünschtem
Verhalten muss er sofort sitzen, bis er ruhig und unterordnungsbereit ist. Dann geht der Spaziergang weiter.

Barkley hat so viel Energie, dass wir gar nicht genug mit
ihm gehen können! Also haben wir beschlossen, ihn aufs
Laufband zu stellen. Ich hätte nie gedacht, dass es funktioniert, weil er sich bei den ersten Versuchen so sehr gesträubt
hat. Doch nach drei Tagen mit jeweils ein paar Anläufen hatten wir ihn so weit, dass er gemütlich vor sich hin trabte.
Nach nur zwei Wochen läuft er inzwischen eineinhalb Kilometer am Tag auf dem Laufband und ist ein viel entspannte-
rer und stabilerer Hund.

Ich bin so stolz auf meine Jungs.

6. SO NUTZEN SIE IHRE ENERGIE

»Die Energie des Geistes ist Leben, ja, er ist Energie.«
Aristoteles

Nachdem das Buch *Tipps vom Hundeflüsterer* erschienen war, drehten sich wohl die meisten Fragen der Leser um das Kapitel über die universelle Sprache der Energie. In dem Buch erkläre ich, dass alle Tiere ständig auf energetischem Wege miteinander kommunizieren – und dass man ein besserer Hundebesitzer und Rudelführer werden kann, indem man eine Energie ausstrahlt, die ich als »ruhig und bestimmt« bezeichne.

Einige Kritiker bezeichneten diese Vorstellung als zu vage und »esoterisch«, um den Menschen im Umgang mit ihren Hunden von Nutzen zu sein. Bei vielen anderen Lesern stand eher der praktische Aspekt im Vordergrund. Sie wollten einfach besser verstehen, was ich ihnen mitzuteilen hatte; und sie wollten genauer wissen, wie sie das Konzept der ruhigen, bestimmten Energie in ihr Leben integrieren konnten. Das Verständnis für die von uns ausgestrahlte Energie ist in der Tat der Eckpfeiler besserer Beziehungen sowohl mit den Tieren als auch mit anderen Menschen. Die Energie, die wir unseren Hunden schicken, entscheidet darüber, ob wir ihnen gute Rudelführer sind. Wenn uns die Ausstrahlung eines ruhigen und bestimmten Rudelführers fehlt, wird uns alles andere keine Hilfe sein.

Energie vs. Energieniveau – zwei unterschiedliche Konzepte

Was ist nun Energie? Im Buch *Tipps vom Hundeflüsterer* war von zwei verschiedenen Formen von Energie die Rede. *Merriam-Webster's Collegiate Dictionary*, eines der bekanntesten Wörterbücher im englischsprachigen Raum, liefert mehrere Definitionen. Aber konzentrieren wir uns zunächst auf die einfachere der beiden aufgeführten Bedeutungen:

Energie 1a: dynamische Qualität [narrative *Energie*], b: die Fähigkeit, zu handeln oder aktiv zu sein [intellektuelle *Energie*] ...

Diese Definitionen beschreiben die Kraft, die ich meine, wenn ich wie in Kapitel 2 von dem allen Tieren angebo-

renen Energieniveau spreche. Hier ein Beispiel aus der
Welt der Menschen: Eine Familie hat zwei Söhne. Der
eine rennt von frühester Kindheit ständig im Haus herum
und macht alles kaputt. Der andere ist ruhiger und spielt
gern allein. Der erste entwickelt später eine große Leidenschaft für den Sport. Der andere kann sich sehr gut konzentrieren, liest und macht gern Wortspiele. Wir würden
nun sagen, dass der erste Sohn mit einem hohen Energieniveau geboren wurde. Den zweiten würden wir als weniger dynamisch beschreiben. Ist ein Energieniveau besser
als das andere? Natürlich nicht. Sie sind nur unterschiedlich. Wie ich bereits in Kapitel 2 erklärt habe, ist das Energieniveau ein Teil dessen, was wir »Persönlichkeit« nennen. In der Welt der Hunde entspricht die Persönlichkeit
der Energie. Ich glaube, dass alle Hunde mit einem unver-
änderlichen Energieniveau zur Welt kommen. Die Möglichkeiten sind:

– sehr hohe Energie,
– hohe Energie,
– mittlere Energie,
– niedrige Energie.

So kommt die Persönlichkeit energetisch zum Ausdruck

Sehen wir uns nun einige Prominente an und versuchen
wir, ihre Persönlichkeit auf die Hundewelt zu übertragen.
Deepak Chopra beispielsweise ist Pazifist. Als Hund hätte
er ein mittleres Energieniveau, wäre aber zugleich ein verhältnismäßig dominanter Typ, da er vorwärtsgeht und

selbst etwas erschafft. Er ist keiner, der sich leicht anpasst, ist als Pazifist und wegen seiner ausgeprägten Spiritualität aber durchaus dazu in der Lage und versteht zudem das Konzept des Nachgebens. Die Tierwelt sähe ihn nicht als spirituellen Führer oder Bestsellerautor, sondern als Lebewesen mit mittlerem Energieniveau und der Fähigkeit, sowohl zu führen als auch zu folgen.

Mein bestes Beispiel für ruhige und bestimmte Energie ist und bleibt natürlich Oprah Winfrey. Für mich verkörpert sie den dominanten Typ mit hohem Energieniveau – falls sie so ist wie im Fernsehen. Und der Bestsellerautor und NLP-Trainer Anthony Robbins wäre ein Tier mit sehr hohem Energieniveau und dominanter Geisteshaltung. Ich selbst sehe mich als einen dominanten Menschen mit hohem Energieniveau – obwohl ich mich in meinem Familienrudel auch führen lassen und meiner Frau gegenüber ruhig und unterordnungsbereit sein kann.

Bei der Entscheidung für einen Hund rate ich stets dazu, ein Energieniveau zu wählen, das unter dem eigenen liegt oder ihm allenfalls entspricht. Weil die Leute bei einem Tierheimbesuch die Erregung eines Hundes über das, was er sieht, so gern mit »Freude« verwechseln, verlieben sie sich gelegentlich in Tiere, die sich »freuen«, sie zu sehen. Dabei entgeht ihnen, dass diese über sehr viel nervöse Energie verfügen – was nicht unbedingt zu ihrem eigenen energetischen Niveau passt.

Die andere Art von Energie

Sehen wir uns nun die anderen Wörterbuchdefinitionen für *Energie* an:

... c: eine für gewöhnlich positive spirituelle Kraft [die *Energie*, die alle Menschen durchströmt], 2: ein erheblicher Kraftaufwand: Anstrengung [Zeit und *Energie* investieren], 3: eine grundlegende natürliche Kraft, die zwischen den einzelnen Teilen eines Systems übertragen wird, um materielle Veränderungen zu erzielen, und die für gewöhnlich als die Fähigkeit betrachtet wird, etwas bewirken zu können, 4: eine nutzbare Kraft (etwa Hitze oder Elektrizität); *auch*: die Ressourcen zur Gewinnung einer solchen Kraft.

Chemiker, Quantenphysiker, Elektriker, Ernährungswissenschaftler, Ärzte und Sportler arbeiten mit den verschiedenen Teilen dieser Definitionen oder haben ihre ganz eigene Auslegung dieses Begriffs. Ich bezeichne die Energie als Sprache der Emotionen, als die Methode, mit deren Hilfe Tiere die Gefühle und die Geisteshaltung anderer Lebewesen lesen. Diese Deutung der Energie dient dem *Überleben*. Hier geht es darum, dass die Tiere all die Signale aufnehmen und verstehen, die ihnen die Umgebung *in diesem Augenblick* sendet.

Tiere sagen sich nie: »Mag ja sein, dass dieser Löwe ein Raubtier ist, aber ich bin müde. Deshalb schlaf ich jetzt erst mal darüber und mach mir morgen meine Gedanken.« Wenn sich zwei Hunde begegnen und einer von beiden die Zähne fletscht und eine Angriffshaltung einnimmt, wird sich die Zielscheibe seiner Aggression nicht denken: »Sieht fast so aus, als wollte er mich umbringen, dabei macht er doch eigentlich einen ganz sympathischen Eindruck. Vielleicht hat er nur einen schlechten Tag.« Bei Tieren ist das Überleben stets eine Frage des *unmittelbaren Augenblicks*, der sofortigen Reaktion. Ist es hier sicher? Ist das andere Tier Freund oder Feind? Sollte ich kämpfen, fliehen, vermeiden oder mich unterwerfen?

Wir Menschen vergessen offenbar, dass auch wir diese Signale aussenden. Zudem fangen wir sie pausenlos von anderen Tieren (und den eigenen Artgenossen) auf. Da die meisten von uns allerdings den Zugang zu ihrer instinktiven Seite verloren haben (oder ihr schlicht keine Beachtung mehr schenken), verstehen wir nicht immer, welche Hinweise unser Körper empfängt oder sendet.

Gavin de Becker ist Spezialist für Sicherheitsfragen und arbeitet überwiegend für Regierungen, Unternehmen und Prominente. In seinem hervorragenden Buch *Mut zur Angst* (und dem Nachfolgeprojekt *Protecting the Gift*) beschreibt er alle unmittelbaren Vorgänge, die in unserem Gehirn und in unserem Körper ablaufen, *ehe* sich das warnende »Gefühl in der Magengrube« bemerkbar macht, das wir im Allgemeinen übergehen. De Becker erklärt, dass die von uns empfangenen (und meist ignorierten) Botschaften unsere sogenannte Intuition ausmachen.

»Die Intuition verbindet uns mit der natürlichen Welt, die uns umgibt, und zugleich mit unserer eigenen Natur«, schreibt de Becker. »Es mag schwerfallen, die Wichtigkeit der Intuition zu akzeptieren, denn sie wird vom kopflastigen Bewohner der westlichen Welt meist mit Verachtung gestraft… Doch sie ist mehr als ein Gefühl. Die Intuition ist ein Prozess, der vielschichtiger und letztlich viel logischer im Rahmen der Naturgesetze ist als der phantastischste Rechenvorgang eines Computers. Sie ist unser komplexester kognitiver Vorgang und zugleich der einfachste.«[1]

Dass wir emotionale Energie lesen und auf der Grundlage der Botschaften, die auf diesem Wege eingehen, Entscheidungen über Leben und Tod treffen, ist weder weit hergeholt noch esoterisch. Wir sind biologisch darauf programmiert. Wir können dies als »sechsten Sinn« bezeichnen – in Wirklichkeit haben wir es jedoch mit der Summe aller Sinne zu tun. In unserem Gehirn gehen ständig riesige Mengen von Informationen ein, deren Verarbeitung wir uns meist nicht *bewusst* sind.

In seinem bahnbrechenden Bestseller *Emotionale Intelligenz* schreibt Daniel Goleman: »Die uns angeborene biologische Struktur – die grundlegenden neuralen Schaltungen der Emotion – ist das, was sich in den letzten fünfzigtausend … Generationen am besten bewährt hat … die letzten zehntausend Jahre, in denen die menschliche Zivilisation einen rapiden Aufstieg erlebte … haben in den biologischen Grundformen unseres Gefühlslebens kaum eine Spur hinterlassen.«[2] Mit anderen Worten, wir sind noch dieselben primitiven Tiere wie unsere Vorfahren – nur haben wir jetzt Handys und iPods, die uns von den Gefahrensignalen ablenken, welche unseren Ahnen beim Überleben halfen.

»Das Gehirn ist ein guter Bühnenarbeiter«, schreibt die Autorin Diane Ackerman in *A Natural History of the Senses*. »Es macht einfach weiter, während wir damit beschäftigt sind, unsere Rollen zu spielen.«[3] Als Beispiel dafür, dass alle unsere Sinne ständig in Aktion sind und detaillierte, unbewusst wahrgenommene Informationen über unsere Umgebung ans Gehirn weitergeben, schildert Gavin de Becker die schreckliche Erfahrung eines Mannes namens Robert Thompson. Der Pilot Thompson betrat einen kleinen »Tante-Emma-Laden«, um sich ein paar Zeitschriften zu holen. Mit einem Mal bekam er Angst, machte auf dem Absatz kehrt und eilte wieder hinaus.

»Ich weiß nicht, wieso ich wegging, doch später an diesem Tag hörte ich von der Schießerei.«

Zunächst schrieb Thompson sein Überleben einfach seinem »Instinkt« zu. Aber nachdem ihn de Becker nach Einzelheiten gefragt hatte, wurden die Gründe für seine Flucht klar. Unter der Ebene der bewussten Wahrnehmung lag Thompsons Erinnerung, dass sich der Verkäufer auf einen Kunden konzentriert hatte, der eine dicke Jacke trug, obwohl es sehr heiß draußen war. Außerdem waren ihm auf dem Parkplatz zwei Männer in einem Kombi mit laufendem Motor aufgefallen. Seine Sinne hatten all diese Informationen an sein Gehirn weitergegeben, obwohl er sich der Details, die ihm das Leben retten sollten, oberflächlich gar nicht bewusst war.

»Was Robert Thompson und viele andere als Zufall oder ›Bauchgefühl‹ abtun wollen, ist in Wahrheit ein kognitiver Prozess, der viel schneller abläuft, als uns bewusst ist, und sich sehr von dem üblichen Schritt-für-Schritt-Denkprozess unterscheidet, auf den wir uns so gern verlassen. Wir halten den bewussten Denkprozess für verlässlicher, obwohl die Intuition in Wahrheit ein Höhenflug ist im Vergleich mit der schwerfälligen Logik«, erklärt de Becker. »Intuition ist wie die Reise von A nach Z, ohne an einem der dazwischenliegenden Buchstaben anzuhalten. Sie ist Wissen, ohne dass wir wissen, warum wir etwas wissen.«[4]

Tiere beobachten das Geschehen in ihrem Umfeld stets

ganz genau und verarbeiten ständig viele dieser unterschwelligen Signale. Sie müssen das tun, um zu überleben.

Wir meinen gern, Gefühle spielten sich nur in unseren »Herzen« ab – und hätten keine Verbindung zur materiellen Welt. Die Wahrheit ist, dass ein Wandel unserer Gefühle auch eindeutige chemische und physische Veränderungen in unserem Körper und in unserem Gehirn nach sich zieht. Wenn wir wütend sind, schlägt unser Herz schneller, und Gehirn und Körper werden mit Hormonen, wie zum Beispiel Adrenalin, überflutet, um uns eine Extraportion Kraft zum Kämpfen zu geben. Sobald wir Angst haben, fließt Blut in unsere größten Muskeln, zum Beispiel in unsere Beine, damit wir schneller fliehen können. Andere Hormone versetzen unseren Körper in Alarmbereitschaft und machen ihn handlungsbereit. Liebe ruft die Gegenreaktion zu Angst und Wut hervor und schenkt uns ein ruhiges, zufriedenes, sicheres und entspanntes Gefühl. Sind wir traurig, verlangsamt sich unser Stoffwechsel und spart Energie, damit wir sowohl körperlich als auch psychisch genesen können. Glücksgefühle schließlich erhöhen die Gehirnaktivität, hemmen negative Emotionen und geben uns einen besseren Zugang zu der uns zur Verfügung stehenden Energie.

So gesehen fühlen wir wie unsere Hunde und reagieren ebenso auf unsere Empfindungen wie sie. Bei all den komplexen biologischen Veränderungen, zu denen es bei jedem Gefühl in unserem Körper kommt, ist es da ein Wunder, dass andere Tiere wissen, was wir in einem beliebigen Augenblick empfinden?

»Tatsache ist, dass jedem Gedanken eine Wahrnehmung vorausgeht, dass jedem Impuls ein Gedanke vorausgeht, dass jeder Tat ein Impuls vorausgeht«, schreibt Gavin de Becker, »und dass der Mensch nicht so ein privates Wesen ist, dass sein Verhalten nicht bemerkt würde, sein Verhaltensmuster undeutbar wäre.«[5]

Wie ist Ihre Energie in diesem Augenblick?

Ich habe stets das Ziel, den Menschen dabei zu helfen, dass sie sich der von ihnen ausgestrahlten Energie bewusster werden und sie besser kontrollieren können. Schließlich verfügen wir als eine der wenigen Arten auf diesem Planeten über die erstaunliche Gabe der Selbsterkenntnis, nicht wahr? Aber sinnieren Sie einmal darüber: Wie viele von uns sind sich tatsächlich bewusst, was sie in der Begegnung mit anderen Wesen – vor allem mit ihren Hunden – denken und fühlen? Die Sache mit der Energie ist, dass es oft nicht genügt, darüber zu sprechen oder zu schreiben, um wirklich zu »kapieren«, wie sie sich auf uns und unseren Alltag auswirkt. Deshalb sind Hunde so ein großes Geschenk für uns. Wie in dem zu Beginn des Buches angeführten Fall des Tycoons sind unsere Hunde unser emotionaler Spiegel. Wenn wir nicht genau wissen, wie wir uns fühlen oder welche Energie wir in einem bestimmten Augenblick ausstrahlen, müssen wir nur unseren Hund anschauen, und schon wissen wir Bescheid. Er versteht uns oft sehr viel besser als wir uns selbst.

Wenn Besucher ins Dog Psychology Center kommen, beobachte ich ganz genau, was für eine Energie sie ausstrahlen, da sie selbst oft nicht die geringste Ahnung davon haben. Aber bei einem vierzig Hunde starken Rudel wird jede Energie – ob gut oder schlecht – vierzigfach gespiegelt. Ich muss die Leute einschätzen können, ehe sie mein Revier betreten. Einige fühlen sich offensichtlich überwältigt, andere haben Angst. Die Ängstlichen bitte ich erst herein, wenn sie sich etwas entspannt haben. Die Energie eines unausgeglichenen Menschen kann einen Hund nämlich dazu reizen, zu schnappen, zu beißen, zu bellen oder davonzulaufen. All diese Reaktionen schaden entweder dem Hund oder dem Menschen. Läuft ein Hund davon, dann denkt man normalerweise: »Aber ich hab doch nichts gemacht!« In Wirklichkeit hat der Betreffende jedoch sehr wohl »etwas gemacht«, obwohl er es vielleicht nicht weiß. Etwas in seiner Energie hat den Hund veranlasst, das Weite zu suchen. Bevor er gekommen ist, war das Tier völlig in Ordnung. Gleiches gilt, wenn ein Hund nach jemandem schnappt. Aus irgendeinem Grund hält er es für nötig, auf seine Art zu sagen: »Jetzt pass mal auf! Das ist mein Revier. Hier habe ich das Sagen, und du hast meine Regeln zu respektieren.«

Sie müssen lernen, sowohl die Energie als auch die Körpersprache Ihres Hundes zu deuten. Wenn Sie warten, bis er knurrt, bellt oder winselt, um sagen zu können, wie er sich fühlt, haben Sie bereits den wichtigsten Teil der Kommunikation verpasst, die er mit Ihnen führen möchte. Das Paradox besteht darin, dass Sie erst dann auf energetischem Wege mit Ihrem Hund kommunizieren können, wenn Sie wissen, welche Energie Sie selbst ausstrahlen.

Das Paradebeispiel eines Menschen, dem zwar intellektuell klar war, dass wir Energie und Gefühle ausstrahlen, der dies in seinem eigenen Leben aber nicht immer anwenden konnte, war meine Mitautorin Melissa. In dem Sommer, in dem wir das Manuskript für die *Tipps vom Hundeflüsterer* schrieben, fuhr sie im dichten Verkehr vom Valley in den Süden von Los Angeles und kam normalerweise hektisch im Dog Psychology Center an. Wenn sie durch das vierzig Hunde starke Rudel zu meinem Büro ging, in dem wir arbeiteten, war sie zwar bestimmt, aber auch angespannt. Die Hunde reagierten, indem sie Melissa umringten und sich an sie drängten. Sie wollten ihr nicht wehtun, waren aber ganz offensichtlich nicht glücklich über ihre Anspannung und teilten ihr das mit ihrem Körper und ihrer Energie mit.

Man sollte meinen, dass Melissa es nach unserer mehr als dreijährigen Zusammenarbeit im Rahmen der Sendung und nach unserem gemeinsamen Buch endlich kapiert haben sollte, nicht wahr? Falsch. Sie hatte zwar das Konzept verstanden und konnte die Energie *anderer* Menschen und Hunde auch manchmal korrekt einschätzen. Ihrer eigenen Ausstrahlung war sie sich allerdings nicht immer bewusst.

Dasselbe Spielchen wiederholte sich ein Jahr später, als wir mit der Arbeit an diesem Buch begannen! Nun, eines glühend heißen Tages im letzten Sommer kam sie nach langer Zeit im Stau völlig ausgebrannt im Dog Psychology Center an. Sie war mit ihren Notizbüchern und einem Stapel Bücher für die Recherche bepackt, die sie mir zeigen wollte. Sie war völlig überdreht, und ich fand, es sei nun an der Zeit, dass sie diese wichtige Lektion auf instinktiver und emotionaler und nicht nur auf intellektueller Ebene lernte. Ich möchte sie die Erfahrung aus ihrer eigenen Perspektive schildern lassen:

Draußen waren es wohl 42 Grad, und ich hatte mich gerade über eine Stunde durch den stinkenden Kolonnenverkehr in der Innenstadt von LA gequält. Ich war zu spät dran und ärgerte mich darüber, weil Cesar vier Tage die Woche drehte, am Wochenende Seminare hielt und wir bislang nur sehr wenig gemeinsam an unserem Buch hatten arbeiten können. Es mag ja sein, dass Hunde im Augenblick leben, aber Menschen müssen Pläne beachten – und ich machte mir die größten Sorgen um unseren Abgabetermin.

Als ich endlich im Center ankam, war ich verschwitzt, durstig, und mein Herz schlug wie wild. Ich öffnete das vordere Tor (zu dem Bereich, in dem Cesar neuen Besuchern stets sagt: »Und denken Sie an die Regeln: nicht anfassen, nicht ansprechen, nicht ansehen«, bevor sie das Revier der Hunde betreten dürfen) und begann sofort, mich in voller Lautstärke über die Zeit und den Verkehr und alles auszulassen, was mich belastete. Selbstverständlich fingen die Hunde an zu bellen und verrückt zu spielen. Sie kamen zum Zaun gelaufen und wollten gar nicht mehr aufhören zu bellen, was natürlich eskalierte, als ich ans Tor trat, um ihr Revier zu betreten. In ihrer Mitte saß Cesar friedlich wie ein Buddha unter einem Sonnenschirm.

»Immer mit der Ruhe«, sprach er zu mir. »Atme tief durch. Entspann dich erst einmal eine Minute.«

Oh. Seine Worte bremsten mich. Ich atmete ein paar Mal tief durch, trank einen Schluck kühles Wasser und suchte meine Mitte. Ich beruhigte mich, regulierte meine Atmung und schloss die Augen. Ich spürte die tröstende Wärme der Sonne auf meinem Gesicht und lauschte dem leisen Plätschern des Wassers im Pool. Als ich nur wenige Augenblicke später die Augen öffnete, hatten alle Hunde aufgehört zu bellen und gingen wieder ruhig ihren eigenen Interessen nach.

»Hast du es jetzt verstanden?«, fragte Cesar. »Siehst du, dass sie sofort reagieren?«

Natürlich schrieb ich schon seit geraumer Zeit mit Cesar über derartige Zusammenhänge. Aber erst in diesem Augenblick ging mir ein Licht auf. Es war ein Wunder. Die Hunde änderten sich, sobald ich mich änderte. Ich konnte nur noch »Wow!« sagen.

Cesar nickte. »Jetzt verstehst du, warum ich die Leute immer bitte, sich zu fragen: ›Welche Energie strahle ich in diesem Augenblick aus?‹« Endlich verstand ich es.

Auch Pferde sprechen die Sprache der Energie

Monty Roberts, der bekannte »Pferdeflüsterer«, lehrte den Einsatz von Energie, um wilde Pferde zu zähmen und ihr Verhalten zu beeinflussen. Bei Menschen, die mit diesen Tieren umgehen, ist die Arbeit mit der Energie schon seit Jahrzehnten weithin akzeptiert.

Der Trainer Brandon Carpenter stammt aus einer Familie, die seit Generationen mit Pferden arbeitet. Er beschreibt die Techniken, die sein Großvater an seinen Vater und sein Vater an ihn weitergegeben hatte: »Ich sehe in der Sprechstunde oder während der Übungsstunden häufig, dass Menschen Probleme mit ihren Tieren haben. Ich frage sie, wie sie ihre Beziehung zu ihrem Pferd einschätzen. Innerhalb kurzer Zeit dringen wir dann zum Kernproblem vor und stellen fest, dass der Betreffende sich vor dem Pferd fürchtet oder es nicht in gewisse Situationen bringen möchte. Einige sagen sogar, dass sie das Verhalten ihres Pferdes nicht leiden können und im Laufe der Zeit angefangen haben, das Tier selbst abzulehnen. Sie suchen nach Möglichkeiten, es in Ordnung zu bringen. Diese ehrlichen Antworten verraten den grundlegenden emotionalen ›Seinszustand‹ der Reiter. Sie nehmen in ihrer Vorstellung die Reaktion des Pferdes vorweg, ehe sie sich ihm überhaupt genähert haben. Meist wiederholt sich dieser Gedankengang, wenn sie an das Pferd denken, und entwickelt sich so zu ihrem vorherrschenden Glaubenssystem. Und was geschieht dann? Das Pferd tut genau das, wozu es durch die emotionale Kommunikation mit dem Betreffenden aufgefordert wird.«[6]

Diese unsicheren Reiter tun dasselbe wie viele meiner Klienten, dürften sich dessen aber ebenso wenig bewusst sein. Mit ihrer Energie geben sie ihren Hunden einen sehr starken Eindruck von dem Verhalten, das sie gerade *nicht* wünschen – statt ihnen zu vermitteln, welches Verhalten sie gern hätten.

Ruhige und bestimmte Energie

Alle Tiere respektieren eine ganz bestimmte Energie und entspannen sich in einer Gegenwart, die ich als »ruhig und bestimmt« bezeichne. Deshalb halte ich Mutter Natur auch für vollkommen, da sich abgesehen vom Menschen alle Tiere von bestimmten Frequenzen angezogen und gedrängt fühlen, Kontakte herzustellen, die ihnen das Überleben erleichtern. Wir sind die einzigen Tiere, die sich von einer energetischen »Maske« täuschen lassen oder sich zu Energien hingezogen fühlen können, die nicht ruhig und bestimmt, sondern im Gegenteil sogar negativ oder unser Überleben gefährdend sind.

Wenn Sie morgens deprimiert erwachen, strahlen Sie

eine Energie aus, die im Tierreich als schwach beurteilt
würde, und Ihre Leistungen bringen nicht Ihr volles Potenzial zum Ausdruck. Jedes Mal, wenn Sie sich selbst mit negativen Gefühlen bedenken oder an sich zweifeln – und
sei es auch nur unbewusst –, geben Sie diese negative
Schwingung ab. Sie können aber auch voller Glück erwachen und eine positive, begeisterte Haltung einnehmen.
Die Quelle Ihrer Energie ist Ihre Geisteshaltung. Jedes
Tier – Ihr Hund, Ihre Katze oder Ihr Vogel – wird Ihre
momentane energetische Schwäche spüren und entsprechend auf Sie reagieren. Sie werden Ihrem Hund niemals
sagen müssen, dass Sie traurig, glücklich, wütend oder entspannt sind. Er weiß es bereits – für gewöhnlich lange vor
Ihnen.

In dem Buch *Mut zur Angst* erzählt Gavin de Becker
eine Geschichte, die diesen Punkt perfekt anschaulich
macht. Er hatte eine Bekannte, die mit potenziellen Bau-
unternehmern sprach und einen davon ablehnte, weil ihr
Hund Ginger ihn anknurrte. De Becker erinnerte seine
Freundin: »Die Ironie liegt darin… dass es wesentlich
wahrscheinlicher ist, dass Ginger auf deine Signale reagiert als du auf ihre. Ginger ist eine Expertin darin, deine
Signale zu lesen, und du bist die Expertin, andere Menschen einzuschätzen. Ginger, so klug sie ist, weiß nichts
über die Tricks, mit denen Bauunternehmer die Kosten zu
ihrem Vorteil hochtreiben können, oder darüber, ob einer
ehrlich ist…« Das Problem, legt de Becker nahe, »liegt viel
eher in etwas Besonderem, das Sie haben und der Hund
nicht: Das ist die Urteilskraft, und die hindert Sie in Ihrer
Wahrnehmung und Intuition. Urteilskraft ist gekoppelt an
die Fähigkeit, Ihre Intuition schlicht beiseitezulassen, außer, wenn Sie sie logisch erklären können. Die Urteilskraft

hat den Eifer, Ihre Gefühle zu beurteilen und zu verurteilen, statt sie anzunehmen. Ginger lässt sich nicht ablenken durch die Art, wie Dinge sein könnten, gewesen sind oder sein sollten. Sie nimmt nur wahr, was ist.«[7]

Negative Energie – die dunkle Seite der Macht

Als ich in dem vornehmen Apartmentgebäude in einer exklusiven Gegend Atlantas aus dem Aufzug trat, beschlich mich sofort ein merkwürdiges, ungutes Gefühl. Dann öffnete sich die Wohnungstür, und ich sah Warren, einen gutaussehenden, elegant gekleideten Geschäftsmann, und seine Verlobte Tessa dort stehen. Ich wusste, dass etwas gewaltig im Argen lag – ich wusste nur noch nicht, was es war (die Namen und persönliche Details dieses Falls wurden geändert). Ich arbeite mit Tieren, deshalb bin ich mir meiner instinktiven Empfindungen stets bewusst und weiß sie sehr zu schätzen. Bei aggressiven Tieren können einem jener »sechste Sinn« und eine gut entwickelte Intuition das Leben retten. Was also wollten mir meine »tierischen Instinkte« in diesem Fall sagen?

Ich gehe lieber ohne allzu viele Vorabinformationen in ein Beratungsgespräch – sofern dieses Wissen nicht absolut unerlässlich ist. Ehe ich ins Spiel komme, haben sich meine Frau Ilusion und in den Fällen, die ich für das Fernsehen bearbeite, die Produzenten bereits mit den neuen Klienten getroffen, mit ihnen gesprochen und im Vorfeld so viel wie möglich über sie in Erfahrung gebracht. Sie wissen dann, ob ich ein Skateboard, ein Fahrrad, ein paar ausgeglichene Hunde aus meinem Rudel oder spezielle Hilfsmittel mitnehmen sollte, die möglicherweise nötig sein könnten. Sie haben sich auch vergewissert, dass die fraglichen Hunde eine gründliche tierärztliche Untersuchung hinter sich haben und keine körperliche Erkrankung vorliegt, die das Fehlverhalten verursachen könnte. Von Zeit zu Zeit geben sie mir ein paar grundsätzliche Informationen, etwa im Fall eines ultraaggressiven Tieres, das schon einmal zugebissen hat. Trotzdem bin ich am liebsten ganz unvoreingenommen und vertraue auf meine Beobachtungen, meine Erfahrung und meinen Instinkt. Ich arbeite seit zwanzig Jahren mit Hunden, und in dieser Zeit hat sich mein Gefühl fast jedes Mal bestätigt.

Das Beratungsgespräch ist ein wichtiger Teil meiner Arbeit. Ich setze mich mit den Hundebesitzern zusammen und lasse mir von ihnen berichten, was sie für das Problem halten. Meine Rolle ist es, still zu sein, zuzuhören und nicht zu urteilen. Oft treten dabei Probleme zutage, von deren Existenz die Besitzer bislang nichts gewusst haben. Häufig ergeben sich erhebliche Abweichungen zu dem, was die Leute zuvor vermutet hatten. In diesem Fall gab es zwischen meiner Ankunft in der Wohnung und dem Beginn des Gesprächs mit dem Pärchen keine Gelegenheit, um meine Vorahnungen anzusprechen, aber gleich zu Anfang der Unterhaltung wurde alles glasklar. Der Raum war von einer starken negativen Energie erfüllt – die direkt von Warren ausging.

Wie beschreibt man anderen eine »negative Energie«, ohne als abergläubisch oder vage bezeichnet zu werden? Entscheidend ist, dass alle Menschen sie in ihrem Leben schon einmal gespürt haben. Ich bin mir sicher, dass jeder von Ihnen Beispiele aus dem Alltag kennt. Ob es ein Lehrer war, den Sie vor langer Zeit in der Grundschule hatten, oder der Bankangestellte, der Ihnen den Kredit verweigerte, oder aber der Mann, der jeden Morgen im Zug auf dem Weg zur Arbeit Ihr Monatsticket prüft – diese Menschen haben einfach etwas an sich, was Sie am liebsten Reißaus nehmen ließe. Und manchmal stellt sich sogar heraus, dass wir selbst die negative Person sind. Das Problem mit einer starken negativen Energie ist, ganz gleich, wie positiv oder ruhig und bestimmt Sie sind: Die Gefühle und Empfindungen negativer Menschen – sei es nun Wut, Angst, Frustration, Abscheu, Verachtung, Täuschung oder etwas anderes – sind so stark, dass sie bisweilen sogar den fröhlichsten Menschen »herunterziehen« können.

Warum ist negative Energie so stark? Bislang konnte mir noch niemand diese Frage beantworten, obwohl ich weiß, dass sie meist mit Angst und Wut verbunden ist – den beiden »Kampf- und Fluchtgefühlen«, die so viel mit unseren Überlebenstechniken zu tun haben. Vielleicht liegt es am Überlebensaspekt der negativen Energie, dass sie so stark ist, und vielleicht ist das auch der Grund, weshalb diejenigen unter uns, die sich in ihrem Leben um eine positive Energie und Kontakte zu positiven Menschen bemühen, so unmittelbar und nahezu allergisch darauf reagieren. Weil die negativen Schwingungen so stark sind, gibt es einige wenige Menschen, deren düstere Ausstrahlung sogar die Sichersten unter uns überwältigen kann – zumindest solange wir in ihrer Gegenwart sind.

Warren sollte sich als einer von ihnen entpuppen.

Im Beratungsgespräch war es nicht allzu schlimm – da verhielt er sich lediglich respektlos. Wenn ich zu jemandem nach Hause fahre, tue ich das aus zwei Gründen – erstens, um dem Hund zu helfen, und zweitens, um den

Menschen zu mehr Macht zu verhelfen. Für gewöhnlich
sind die Leute zumindest ein klein wenig offen und bereit, sich anzuhören, was ich zu sagen habe, selbst wenn
sie es nicht hören wollen. Wie viele negative Menschen
war Warren sehr gut darin, oberflächliche »Offenheit«
vorzutäuschen, und er wusste, was er sagen musste. Seine
subtilen Hinweise und seine Körpersprache verrieten freilich, dass er in Wirklichkeit keinen Respekt vor dem hatte,
was ich zu tun versuchte. Angeblich sollte ich dem Pärchen helfen, besser mit ihrer vier Jahre alten Schäferhün-
din Rory zurechtzukommen, die zwanghaft bellte und anderen Hunden gegenüber aggressiv war. Doch im Laufe
der Unterhaltung rollte Warren die Augen, flüsterte Tessa
kurze Kommentare ins Ohr (die in der Beziehung eher das
»Rudelmitglied« war und immer, wenn sie in seiner Nähe
war, von seiner negativen Energie angesteckt zu werden
schien) und lachte über Rorys schlechtes Benehmen und
unablässiges Gebell.

Nun, ich bin stets dafür, zu lachen und die humorvolle
Seite jeder Situation zu sehen. Schließlich ist das Lachen
eine der großen Freuden, die auch Hunde in unser Leben
bringen. Das hier ähnelte allerdings eher dem hämischen
Gekicher zweier Kinder, die im Unterricht über den Lehrer lästern. Warren wich meinem Blick aus und sah sich im
Zimmer um. Er war nervös, angespannt, wütend und gab
eine Energie ab, die noch dunkler war als seine schicke,
Schwarz in Schwarz gehaltene Garderobe.

Draußen kam Warrens dunkle Seite erst richtig zum
Vorschein. Rory hatte sich angewöhnt, zwanghaft zu bellen und zu zerren, und versuchte, trotz der Leine andere
Hunde aus der Nachbarschaft anzugreifen. Während Tessa
nun locker und aufnahmebereit war, zeigte sich Warren

noch angespannter und stritt mit mir über alles Mögliche – darüber, dass Rory die von mir verwendete Leine niemals dulden würde, dass sie keine Luft bekäme, dass sie *immer* über andere Hunde herfiel, dass wir, selbst wenn wir Rory in den Griff bekämen, keinen Einfluss auf die anderen Tiere hätten, die sich möglicherweise an ihr rächen wollten. Rory war »sein« Hund, und er wollte die Kontrolle über sie haben – obwohl er mich um Hilfe gebeten hatte, weil gerade das nicht der Fall war.

Als ich ihm in die Augen sah und ihm sagte, dass wir meiner Ansicht nach das Beste für Rory taten, schaute er weg, zuckte mit den Schultern und sagte: »Gut. In Ordnung. Kein Problem.« Aber das war natürlich passiv-aggressiv. Er meinte es nicht so. Ich wusste es, aber was noch schlimmer war, Rory wusste es auch.

Warren gehörte zu jener Gruppe von Menschen, die Daniel Goleman, der Autor des Buches *Emotionale Intelligenz*, als »die Verdränger« oder »die Unerschütterlichen« bezeichnet – Menschen, die ihr Bewusstsein sehr gut gegen negative Gefühle abschirmen können.[8] Das ist eine ausgesprochen nützliche Fähigkeit, wenn Sie unter starkem Stress stehen und anderen gegenüber einen ausgeglichenen Eindruck machen müssen. Wie ich jedoch bereits angemerkt habe, klappt das bei Tieren einfach nicht! Warum nicht? Goleman zitiert eine Studie des Psychologen Daniel Weinberger von der Case-Western-Universität, in der sich die »Verdränger« Satzergänzungstests unterziehen mussten, in denen belastende Situationen geschildert wurden. Die von ihnen zu Papier gebrachten Antworten deuteten an, dass alles in Ordnung war, aber ihr Körper zeigte alle Anzeichen von Stress und Angst wie beschleunigten Herzschlag, feuchte Hände und steigenden Blutdruck.[9] In

dieser Geschichte steckt eine Lehre: So geschickt mancher von uns seine Gefühle auch zu verbergen glaubt,
unser Körper und unsere Energie werden unsere wahren
Gefühle stets denjenigen verraten, die ohnehin schon Bescheid wissen – unseren Tieren.

Eine typische Situation ergab sich, als ich mit einer
Übung begann, bei der ich Rory mit einem jener Hunde
aus seiner Nachbarschaft ausführte, die sie zuvor zu aggressivem Verhalten provoziert hatten. Alles lief gut, bis
Warren sich einmischte, indem er viel zu nah neben mir
herlief und die normalen sozialen Grenzen überschritt,
die wir als den »persönlichen Raum« bezeichnen. Sobald
Warren anfing, seine Zweifel lauthals zu äußern – »Aber
was ist, wenn sie schnappt? Was ist, wenn Sie die Kontrolle verlieren? Was ist, wenn Rory an der Leine zerrt?« –,
spielte die Hündin wieder verrückt. Ich versuchte, Warren
klarzumachen, dass seine Energie die angespannte Situation verursachte, worauf er in die Kamera grinste und sagte:
»In Ordnung, verstanden«, und ihr nervöses Verhalten
dann einfach munter weiter unterstützte.

Ehrlich gesagt, hatte ich das Gefühl, meine ganz positive, ruhige und bestimmte Energie würde von Warrens
schwarzem Loch aus gesichts- und namenloser Besorgnis
aufgesogen. Wie sehr ich mich auch bemühte, ich konnte
ihn einfach nicht dazu bringen, sich zu entspannen und
einfach zuzusehen und zuzuhören. Schließlich rief ich
Tessa zu mir und bat sie, mir Rory abzunehmen. Die Hündin beruhigte sich sofort!

Warren regte sich darüber auf und fing tatsächlich an zu
brüllen: »Aber das ist mein Hund! *Ich* sollte Rory führen!«

Ich machte ihm klar, dass Tessa im Umgang mit Rory im
Augenblick die ruhigere Energie hatte.

»Aber Tessa hat dieselbe Energie wie ich!«, jammerte Warren. »Rory macht bei Tessa immer dasselbe, was sie bei mir macht!«

Ich wandte mich um, sah ihm fest in die Augen und sagte: »Im Augenblick ist das aber nicht so.«

Bei Warren musste ich etwas bestimmter auftreten, als das bei meinen Klienten sonst der Fall war, und ich bestand darauf, dass er zurückblieb, während ich mit Tessa, Rory und dem ehemals »verfeindeten« Hund eine Runde drehte. Wir waren noch keinen halben Block gegangen, da normalisierte sich die Energie. Tessa, die beiden Hunde und ich machten einen friedlichen Spaziergang um den Block und führten dabei ein nettes Gespräch. Tessa war erstaunt – sie hatte Warren und seinen starken negativen Prophezeiungen Glauben geschenkt und erkannte nun, dass sie in einer sehr viel besseren Wirklichkeit leben konnte.

Als wir zurückkehrten, hatte sich auch Warren etwas beruhigt. Allmählich räumte er ein, dass seine eigene Besorgnis und Negativität eine toxische Wirkung auf seinen Hund hatten. Bis heute bin ich mir allerdings nicht sicher, wie die Sache für ihn und Rory ausgehen wird. Wie bei vielen negativen Persönlichkeiten war klar, dass sich sehr viel Schmerz und Wut in seinem Inneren aufgestaut hatten. Doch das Problem hatte seine Ursache nicht in dem, was er in seiner Vergangenheit durchgemacht hatte, sondern ganz und gar in seiner mangelnden Bereitschaft – oder Unfähigkeit –, sich im jetzigen Augenblick objektiv einzuschätzen.

Energie und Wirklichkeit

Warren hatte eine dunkle, ansteckende Energie. Das heißt nun nicht, dass er ein schlechter Kerl gewesen wäre. Ich glaube sogar, ihm war nicht klar, wie subtil er Rorys – und seinen eigenen – Fortschritt unterminierte. In Psychologenkreisen kursiert ein Insiderwitz: »Denial« (das englische Wort für den Abwehrmechanismus der Verdrängung), so sagen sie, steht für: »Don't Even Notice I Am Lying« (»Du sollst nicht einmal merken, dass ich lüge«). Der Mensch ist das einzige Tier, das sich hinsichtlich der Vorgänge in seinem Umfeld fröhlich vom eigenen Denken belügen lässt. Unsere Lügen mögen uns vielleicht vor Bedrohungen schützen, die unserem empfindlichen Ego einen Schaden zufügen könnten, aber sie machen uns auch blind gegenüber erheblichen Gefahren – besonders diejenigen, die von unseren Artgenossen ausgehen –, welche allen anderen Tieren offensichtlich wären. Wir sind die einzigen Lebewesen, denen die Natur schrille Warnsignale sendet, dass ihr Überleben bedroht ist, die sich aber dennoch einreden: »Nur keine Panik, vermutlich hat das nichts zu bedeuten.«

Andererseits hat die Wissenschaft auch bewiesen, dass wir als einzige Art unseren geistigen oder emotionalen Zustand bewusst *verändern* können. Ich spreche nicht davon, dass wir die Tapferen spielen sollen, obwohl wir innerlich zittern. Das ist nur halbherzige Schauspielerei. Ich meine vielmehr, dass wir uns *von innen nach außen* vorarbeiten, um den augenblicklichen Zustand unseres Seins zu verändern. Diese Fähigkeit verleiht uns eine erstaunliche Macht über unsere Welt – eine Macht, die wir nicht oft genug einsetzen.

Östliche Religionen vertreten schon lange die Vorstellung, dass wir unsere Wirklichkeit selbst erschaffen – und sich das, was in unseren Köpfen vor sich geht, in unserem Leben manifestiert. Seit geraumer Zeit kommen angesehene Wissenschaftler vor allem im Bereich der Quantenphysik zu denselben Schlussfolgerungen wie die Mystiker vor vielen tausend Jahren. Wir leben unser Leben in der Illusion, keine Kontrolle darüber zu haben, aber das Modell der Quantenphysik behauptet, dass die inneren und äußeren Vorgänge einander spiegeln.

Was hat das alles mit Hundepsychologie zu tun und damit, ein besserer Rudelführer zu werden? Nun, es bedeutet, dass Ihr Bewusstsein sehr viel stärker ist als das Ihres Hundes und Sie deshalb Dinge tun können, die er nicht vermag. Sie können Ihre Wirklichkeit – und damit auch die von Ihnen ausgestrahlte Energie – bis zu einem Grad beeinflussen, den Sie vermutlich nicht für möglich halten.

»Der Geist ist stärker als die Materie.« Diese Aussage ist viel mehr als nur ein Spruch. An der Cornell-Universität wollten die Sozialpsychologen David Dunning und Emily Balcetis herausfinden, ob sich das vom Gehirn Wahrgenommene tatsächlich vom »Wunschdenken« beeinflussen ließ. Sie sagten freiwilligen Versuchspersonen, dass ihnen ein Computer entweder einen Buchstaben oder eine Zahl zuweisen und dies darüber entscheiden würde, ob sie einen leckeren Orangensaft oder einen etwas weniger schmackhaften Smoothie (ein sogenanntes Ganzfruchtgetränk) zu trinken bekämen. Als auf dem Computer ein Bild aufblitzte, das man entweder als den Buchstaben B oder die Zahl 13 interpretieren konnte, passierte Folgendes: Die Teilnehmer, denen gesagt worden war, der

Buchstabe würde ihnen einen Orangensaft bescheren, behaupteten am häufigsten, ein B zu sehen. Diejenigen, denen man gesagt hatte, dass sie bei der Zahl Orangensaft bekämen, erspähten öfter eine 13. Die Testpersonen sahen mit überwältigender Mehrheit das, was sie sehen wollen.

Dazu Dunning: »Noch bevor wir die Welt überhaupt wahrnehmen, interpretiert das Gehirn sie so, dass sie unseren Wünschen entspricht und das ausgeschlossen wird, was wir nicht sehen wollen.«[10]

Ich bin alles andere als ein Wissenschaftler, aber für mich klingt das wie eine Erklärung des Phänomens der »Verdrängung«! Nehmen wir beispielsweise Warren. Er hatte sich so sehr auf Rorys Unkontrollierbarkeit versteift, dass er gar nichts anderes sehen konnte – obwohl sich direkt vor seiner Nase das Gegenteil abspielte.

Wir haben die Macht, auf unsere Wahrnehmung einzuwirken und sie zu unserem Vorteil zu nutzen. Statt wie gewohnt negative Umstände zu sehen, können wir einfach beschließen, etwas anderes wahrzunehmen. Forscher haben schon vor langem festgestellt, dass das Gehirn nicht zwischen Wirklichkeit und Vorstellung unterscheiden kann, da bei einem Menschen dieselben Nervenbahnen aktiviert werden, ob er nun beispielsweise einen echten Baum betrachtet oder nur gebeten wird, einen solchen zu visualisieren. Die Vorgänge im Gehirn sind genau die gleichen.[11] Zeigt man Schlangenphobikern Bilder von diesen Tieren, stellen die Sensoren auf ihrer Haut Schweißabsonderungen sowie andere Anzeichen von Angst fest – sogar dann, wenn die Versuchspersonen ihre Furcht nicht zugeben. Das limbische System im Gehirn hält die Schlangen für echt, obwohl das Bewusstsein es besser weiß.

Deepak Chopra beschreibt ein anderes beliebtes Experiment, bei dem die Teilnehmer gebeten werden, in der Vorstellung eine Zitronenscheibe in den Mund zu nehmen, hineinzubeißen und den Saft in den Mund spritzen zu lassen: »Wenn Sie reagieren wie die meisten Menschen, dann reicht diese Vorstellung dafür, dass sich in Ihrem Mund Speichel sammelt. Damit teilt Ihnen Ihr Körper mit, dass er glaubt, was Ihr Verstand ihm vorgaukelt.«[12]

Schon viele hundert Jahre bevor die Wissenschaft diese Erkenntnisse stützen konnte, nutzten in Indien heilige Männer die Kraft ihres Geistes, um unbeschadet über glühende Kohlen zu laufen. Die Kraft ihrer Konzentration sorgte dafür, dass ihre Füße unversehrt blieben, wo die Sohlen anderer Menschen brannten.

Die Macht der Absicht

Um zu einer ruhigen und bestimmten Geisteshaltung zu finden, müssen sich Ihre Gefühle und Ihre Absichten harmonisch zusammenfügen. Falls Sie den harten Kerl »markieren« sollten, obwohl Sie sich innerlich zu Tode fürchten, wird Ihr Hund das sofort wissen. Ihren Chef können Sie vielleicht täuschen, doch bei Ihrem Vierbeiner wird Ihnen das niemals gelingen. Wenn Ihr Inneres nicht mit Ihrem Äußeren übereinstimmt, sind Sie in der Tierwelt machtlos. Doch unser menschlicher Verstand ist ein unglaublich mächtiges Werkzeug, und mit der Kraft der Absicht können wir unsere Gefühle tatsächlich nicht nur oberflächlich, sondern von innen heraus verändern. Falls Sie die gewünschte Absicht mit *echter* Stärke und Ehrlichkeit ausstrahlen, wird Ihr Hund unmittelbar auf diese ruhige und bestimmte Energie reagieren.

Als Tiere können wir an unseren instinktiven Empfindungen ebenso wenig etwas ändern wie unsere Hunde. Wie wir wissen, haben unsere Gefühle eine Aufgabe: Sie sollen uns helfen, auf unser Umfeld zu reagieren, und uns am Leben halten. Als Menschen haben wir allerdings *sehr wohl* Einfluss auf unsere Gedanken. An dieser Stelle kommt die Macht der Absicht ins Spiel.

Von dieser Vorstellung erfuhr ich zum ersten Mal vor vielen Jahren aus Dr. Wayne W. Dyers Buch *Mit Absicht: den eigenen Lebensplan erkennen und verwirklichen*. Darin definiert der Autor die Absicht als jene Kraft im Universum, die den Schöpfungsakt geschehen lässt. Dabei handelt es sich keineswegs um etwas, was Sie tun, sondern um ein Kraftfeld, von dem Sie ein Teil sind. Ich kann nicht genug betonen, wie sehr diese Vorstellung mein Leben verändert und verbessert und mich bei der Verwirklichung meines Traums unterstützt hat, aus dem Gleichgewicht geratenen Hunden zu helfen. So manches von dem, was Dyer in seinem Buch beschrieb, deckte sich mit meinen Ansichten und bestätigte die Beobachtungen, die ich damals in Mexiko gemacht hatte, ehe ich Zugang zu derlei Texten hatte.

Kürzlich beschäftigte sich auch Deepak Chopra mit diesem Thema. »Intention orchestriert jegliche Kreativität im Universum«, schreibt er. »Und Menschen sind fähig, durch ihre Absicht positive Veränderungen in ihrem Leben zu bewirken.«[13] Diesen beiden Autoren zufolge funktioniert sie ganz genau wie ein Gebet. Der Schlüssel, so die Experten, liegt in der Bereitschaft, sich vom Ego zu lösen – dem »Ich«, das den ganzen Vorgang aus Eigennutz überwachen und lenken will. Wenn jemand über glühende Kohlen laufen möchte und sich plötzlich mittendrin von der Vernunft einreden lässt: »Das hier widerspricht doch den Gesetzen der Physik! Was, wenn's nicht funktioniert und ich mir die Füße versenge?«, sabotiert er seine Absicht und zieht sich am Ende tatsächlich Brandblasen zu.

Ich will Ihnen weder beibringen, auf glühenden Kohlen zu laufen, noch, die Antworten auf die Fragen des Quantenuniversums zu finden. Aber ich hoffe, Ihnen dabei helfen zu können, dass Sie sich der Augenblick für Augenblick von Ihnen ausgestrahlten Energie besser bewusst sind und die Macht dieser Energie dazu nutzen können, Ihren Hund ruhig und bestimmt zu führen. Hunderte meiner Klienten tun dies bereits, und im nächsten Kapitel beschreibe ich auch für Sie, wie es funktioniert.

7. FÜHRUNG FÜR HUNDE ...
UND MENSCHEN

*»Der Meister redet nicht, er handelt.
Wenn sein Werk getan ist, sagt das Volk: ›Unglaublich:
Wir haben es ganz allein vollbracht!‹«*

Laotse

Die Hotelhalle war elegant möbliert, das Licht gedämpft,
die Unterhaltungen waren leise. Meine Frau und ich konnten nicht glauben, dass man uns eingeladen hatte. Wir
zwickten uns, um uns zu vergewissern, dass wir nicht
träumten. Wohin wir auch blickten, sahen wir Menschen,
über die in den Schlagzeilen, den Titelthemen des *Time*-
Magazins, den wichtigen Meldungen der Abendnachrich-

ten berichtet wurde. Am Kamin war der frisch gewählte
Präsident eines Nahostlandes ins Gespräch mit einem ehe-
maligen Spitzenbeamten der US-Regierung vertieft. An
der Bar trank der Vorstandsvorsitzende eines der weltweit größten Unternehmen für Bürobedarf ein Gläschen
mit dem Geschäftsführer der am schnellsten wachsenden
amerikanischen Fluglinie. Und etwas weiter starrte der vermutlich reichste und mächtigste Medienmogul der ganzen
Welt gedankenverloren aus dem Fenster. Im Raum tum-
melten sich amerikanische und internationale politische
Entscheidungsträger, Prominente, Mediengiganten und In-
dustriemagnaten. Wir sahen Universitätspräsidenten und
die Gründer politischer Denkfabriken. Wir sahen Millio-
näre und Milliardäre, die mit Learjets oder Rolls-Royces
hierhergekommen waren. In diesem Raum befanden sich
die erfolgreichsten Rudelführer der menschlichen Welt.

Erstaunlicherweise hatte man mich eingeladen, um in
diesem elitären Kreis einen Vortrag über Hunde und einen
ruhigen, bestimmten Führungsstil zu halten. Wer, *ich*? Ich
sollte den Mächtigen dieser Welt etwas über Führung sagen? Was konnte ich, ein Kind aus der mexikanischen Ar-
beiterklasse, diesen Leuten schon erzählen? Zu meiner
großen Überraschung war das eine ganze Menge. Denn
von all diesen international erfolgreichen Alphamännchen
hatte nicht einer den eigenen Hund im Griff!

Lob des Hundes

Falls Sie sich je gefragt haben, wie die Amerikaner auf
die Idee gekommen sind, der Hund sollte beim Spaziergang vorneweg laufen, dann sehen Sie sich einen Film, ein

Video oder ein Bild von einem beliebigen US-Präsidenten beim Verlassen von Air Force One an. Wer kommt zuerst aus dem Flugzeug? Wer betritt als Erster das Weiße Haus? Ronald Reagan, Bill Clinton, George W. Bush – sie alle laufen *nach* ihren Hunden über den Rasen. In der Tierwelt hat die Position eine große Bedeutung. Und auf allen diesen Bildern sind die Hunde vorneweg. Zeit meines Lebens gab es noch nie einen Hund einer körperlich starken Rasse im Weißen Haus. Ich habe Labradore gesehen, viele Terrier und eine Menge sanftmütigere Rassen. Aber einen Rottweiler? Einen Pitbull? Seit JFK gab es keinen Deutschen Schäferhund mehr im Weißen Haus, ebenso wenig wie Rhodesian Ridgebacks oder Belgische Schäferhunde oder Mastiffs. Gäbe es dort einen solchen Hund, hätte niemand mehr Zugang zum Präsidenten. Weshalb? Nun, wenn die Präsidenten schon ihre Terrier und ihre entspannten Labradore nicht im Griff haben, wie sollen sie dann mit einer starken Rasse zurechtkommen? In einem solchen Fall müssten sich zehn Agenten des Geheimdienstes mit einem Hund herumschlagen, da dieser keinen Rudelführer hätte.

Auf einem Seminar erhielt ich viel Beifall für meine Anregung, die Leute sollten einen Brief an den US-Kongress schreiben und vorschlagen, dass jeder Präsident zunächst die Kunst des Spaziergehens mit einem körperlich starken Hund meistern muss, ehe er oder sie den Amtseid ablegen darf. Vielleicht sogar mit einem ganzen Rudel! Alle müssten diese Prüfung bestehen. Die politischen Führer aller Länder der Welt sollten dazu in der Lage sein. Würde dies tatsächlich in die Tat umgesetzt, müssten sich die menschlichen Rudelführer um eine ruhige und bestimmte Energie bemühen, da die Hunde nur ihr von Natur aus folgen. Ich glaube, es gäbe sehr viel mehr ausgeglichene Menschen an der Macht, wenn ihre Führungskraft auf einer ruhigen und bestimmten Energie beruhte.

Tiere folgen nämlich keinem unausgeglichenen Rudelführer. Nur der Mensch preist und fördert die Instabilität und folgt ihr nach. Nur der Mensch hat Anführer, die lügen dürfen und damit durchkommen. Weltweit sind die wenigsten »Leittiere«, denen wir heute folgen, wirklich gefestigt. Ihre Anhänger wissen das vielleicht nicht, aber Mutter Natur ist viel zu ehrlich, um sich von einer wütenden, frustrierten, eifersüchtigen, ehrgeizigen, halsstarrigen oder anderweitig negativen Energie zum Narren halten zu lassen – selbst wenn sie vom äußerlichen Lächeln eines Politikers überdeckt wird. Das liegt daran, dass alle Tiere wissen und unterscheiden können, wie sich eine ausgeglichene Energie anfühlt. Ein Hund kann nicht sagen, wie intelligent, reich, mächtig oder beliebt ein Mensch ist. Ihm ist egal, ob eine Führungsperson in Harvard ihren Doktor gemacht hat oder ein Fünf-Sterne-General ist. Dafür kann er ganz gewiss einen gefestigten von einem labilen Charakter unterscheiden. Wir Menschen folgen auch weiterhin Anführern mit unausgeglichener Energie – und leben aus diesem Grund nicht in einer friedlichen, ausgeglichenen Welt.

Leider werden nicht viele Menschen in eine Führungsrolle hineingeboren. Aber in der Tierwelt kann jeder von uns ein Rudelführer sein – und das müssen wir auch, denn ob es uns gefällt oder nicht, der Mensch hat die Kontrolle über den Planeten übernommen und viele Tiere in seine zivilisierte Umgebung geholt. Unsere Haustiere haben keine Wahl mehr. Sie leben bei uns, für gewöhnlich hinter Mauern. Dass wir zu Rudelführern unserer Hunde werden, ist vor allem dann wichtig, wenn wir sie in eine Umgebung voller Gefahren holen, die sie nicht verstehen, etwa den Straßenverkehr, die Elektrizität und giftige Chemikalien. Wie könnten wir erwarten, dass sie diese Tücken ohne unsere Führung bewältigen? Wir müssen ihnen zu ihrem eigenen Wohl und ihrer Sicherheit Führung geben. Wir müssen auch um der anderen Menschen willen gute Rudelführer werden und dürfen nicht vergessen, dass Hunde Raubtiere sind. Sie sind soziale, aber auch *fleischfressende* Lebewesen – und tief in ihren Genen verbirgt sich der Wolf, der seine Beute jagen und töten will. Wenn wir harmonisch mit anderen Tieren und Menschen zusammenleben möchten, müssen wir diese Instinkte kontrollieren können.

Drittweltinstinkte

Die Führungspersönlichkeiten und Großindustriellen aus aller Welt, mit denen ich mich an jenem Tag unterhielt, waren alle intelligent. Sie verfügten zweifellos über eine starke Entschlossenheit, Ehrgeiz und die Fähigkeit, menschliche Rudel zu führen. Viele von ihnen strahlten eine sehr harte, sehr aggressive Energie aus. Was ihnen fehlte, war der *Instinkt*.

Sie waren nicht besonders glücklich, als ich ihnen sagte, in den Augen von Mutter Natur seien die armen Menschen in den Ländern der Dritten Welt ihren Hunden bessere Rudelführer als sie! In Amerika sind die Menschen kulturell darauf geprägt, intellektuell und emotional zu sein. In den Ländern der Dritten Welt sind viele kulturell darauf konditioniert, instinktiv und spirituell zu sein. Dort können Menschen der unteren und mittleren Einkommensklassen (also die meisten von ihnen!) einen Hund kontrollieren, ohne überhaupt darüber nachzudenken. Ich spreche von dreijährigen Kindern, denen die Hunde wie selbstverständlich hinterherlaufen und gehorchen. Wenn Sie zu einem Kind auf einer beliebigen Farm der Welt (auch in Amerika) sagen: »Geh und hol das Pferd«, wird es losgehen und das Tier holen. Und dieses wird ihm folgen.

Meine Mitautorin erzählte mir eine Geschichte, die sich zugetragen hatte, als sie mit einem Filmteam in einer ländlichen Oase mitten in der ägyptischen Wüste gewesen war. Sie kam gerade mit ein paar Amerikanern aus der Gruppe an einer Kamelherde vorbei, als ein schwangeres Tier plötzlich anfing, sein Junges zur Welt zu bringen. Die Kamelmutter stand da, und ihr Baby kam einfach aus ihr heraus – und schien nur aus Hufen und langen Beinen zu bestehen. Auf einmal sah es so aus, als stecke es fest, was für die Mutter nicht sonderlich angenehm sein konnte. Während die Amerikaner miteinander debattierten und sich völlig ratlos fragten, was zu tun sei, kam ein sechs- oder siebenjähriger Junge von einem nahe gelegenen Bauernhof angelaufen, packte das Tierbaby, ohne zu zögern, an den Hufen und fing an zu ziehen. Wenige Augenblicke später gab es ein neugeborenes Kamel auf der Welt. Seine Mutter legte sich hin und säuberte ihr Junges, der kleine Bub wischte sich die Hände ab und machte sich wieder auf den Heimweg.

Das Filmteam konnte nur völlig verblüfft staunen. Sie hatten den Eindruck, gerade Zeugen eines Wunders geworden zu sein. Für den kleinen Jungen (und das Kamel)

war das ein normaler, alltäglicher Vorgang in der Welt von
Mutter Natur.

In einem Drittweltland oder auf einer beliebigen Farm
irgendwo auf der Welt sind Sie mit sehr viel größerer
Wahrscheinlichkeit gezwungen, sich auf Ihre instinktive
Seite zu verlassen, um zu überleben. Sie haben täglich
Kontakt zu Mutter Natur, ganz ähnlich, wie auch unsere
Vorfahren mit Pflanzen und Tieren umgingen. Sie müssen
ruhig und bestimmt sein, denn wenn Sie überleben möch-
ten, müssen Sie mit Mutter Natur *zu ihren Bedingungen* in
Kontakt treten.

In Südkalifornien gibt es reichlich legale und illegale
mexikanische Einwanderer. Viele kommen aus armen Ver-
hältnissen und haben dieselbe instinktiv-spirituelle Erziehung genossen wie ich. Reiche Amerikaner stellen sie
beispielsweise für die Garten- und Hausarbeit sowie als
Hausmeister ein. Auch ich werde von diesen wohlhaben-
den Leuten angeheuert, um ihnen bei ihren Hunden zu
helfen. Wenn ich ein paar Landsleute im Garten arbeiten
sehe, frage ich manchmal, wie es ihrer Meinung nach um
die Hundeprobleme im Haushalt steht. In neun von zehn
Fällen erzählen sie mir auf Spanisch: »Nun ja, die Besitzer
sagen dem Hund einfach nicht, was er tun soll. Sie behandeln ihn wie ein Baby.« So einfach ist das. Sie kommen
direkt auf den Punkt.

Sie erzählen über ihre Arbeitgeber: »Wenn sie fort sind,
sagen wir dem Hund, was er tun soll. Auf uns hört er.
Aber wenn sie da sind, dürfen wir ihm keine Befehle geben, weil sie Angst haben, wir könnten seine Gefühle verletzen.« Die Arbeiter tun dem Hund nicht weh – ich sehe
sofort, dass er sie mag und ihnen vertraut. Gelegentlich
hat es sogar den Anschein, als wäre er lieber mit ihnen als

mit seinem Besitzer zusammen. Wenn das Herrchen dann
nach Hause kommt, kann ich beobachten, wie die Unausgeglichenheit und die Nervosität des Hundes zum Vorschein kommen.

Damit möchte ich Folgendes sagen: Ich glaube zwar,
dass die Menschen aus den Ländern der Dritten Welt
allgemein instinktiver und stärker auf die Natur eingestimmt sind als die Amerikaner. Andererseits möchte ich
damit ganz bestimmt nicht behaupten, dass Tiere in Dritt-
weltländern besser behandelt würden als in Industrie-
nationen. Häufig geht man dort sogar sehr schlecht mit
ihnen um. Ich bin unter anderem auch deshalb in Amerika, weil man Hunde in Mexiko nicht besonders schätzt.
Eine Ausnahme machen vielleicht die Kreise der Super-
reichen. Aber meinen Traumberuf gab es dort nicht. Weil
viele Menschen in der Dritten Welt ihre intellektuelle und
emotionale Seite nicht schulen, haben sie nicht immer
Gewissensbisse, wenn ein Tier zu Schaden kommt, und
sie lesen auch keine Bücher über Hundepsychologie, um
herauszufinden, was in den Tieren vorgeht.

In vielen dieser Länder, etwa in Mexiko, werden die
Frauen schlechter behandelt als alle Hunde und Katzen
Amerikas. Solange die Menschen dort nicht lernen, Ach-
tung vor den Frauen zu haben, wie können sie da die
Würde der Tiere respektieren? Allerdings haben sie kein
Problem, mit Tieren zu *kommunizieren*, wie das hier der
Fall ist. Das liegt daran, dass Tier und Mensch dort vonei-
nander abhängig sind. In den amerikanischen Städten
hängt unser alltägliches Überleben nicht von Tieren ab.
Wir haben uns von unserer animalischen Natur entfernt
und blockieren die Verbindung mit unserer Illusion von
intellektueller und emotionaler Überlegenheit.

Dominanz und Unterordnungsbereitschaft – zwei neue Definitionen

In der Beziehung zwischen den Bewohnern der Dritten Welt, den Obdachlosen sowie den Farmern und ihren Tieren steht immer das Überleben im Vordergrund. Diese Menschen haben auch keine Angst, ihre Dominanz gegenüber den Tieren geltend zu machen. In ländlichen Gegenden ist diese Vorstellung nicht »politisch inkorrekt«. Auf einer amerikanischen Farm weiß der Farmer, dass nur er allein für Harmonie unter seinen Tieren sorgen kann. Damit das möglich ist, muss jemand die Kontrolle haben. Das Tier mit dem größten Gehirn, das sich mit der Psychologie aller anderen Arten beschäftigen und sie verstehen kann, bekommt den Job. In der Landwirtschaft haben wir es zwar mit Haustieren zu tun. Trotzdem müssen sie für Futter und Wasser arbeiten. Und alle leben harmonisch zusammen. Diese Harmonie erzeugt der Farmer mit seiner ruhigen und bestimmten Energie und Führungskraft. Der Begriff »Führung« enthält definitionsgemäß ein gewisses Maß an Autorität. An Einfluss. An Dominanz.

Leider ist das Wort »Dominanz« in Verruf geraten. Wenn ich es auf das Verhältnis zu unseren Hunden anwende, kommt es mir vor, als fühlten sich die Leute dabei sehr unwohl und schlecht – als würde ich von ihnen verlangen, sich ihren Hunden gegenüber wie der Diktator einer Bananenrepublik aufzuführen. Tatsache ist, dass Dominanz ein natürliches, die Arten übergreifendes Phänomen ist. Mutter Natur hat es erfunden, um die Einteilung der Tiere in geordnete Sozialverbände zu erleichtern und ihr Überleben zu sichern. Es bedeutet nicht, dass sich ein Tier zum

Tyrannen über ein anderes aufschwingt! In der Natur ist
Dominanz nicht »emotional«. Es gibt weder Zwang noch
Schuld oder verletzte Gefühle. Jedes Tier, das die dominante Rolle in einem Hunderudel ergattert, muss sich seinen Platz an der Spitze verdienen – und so, wie die Führung von Menschen bisweilen eine undankbare Aufgabe
sein kann, deuten jüngste Studien offenbar an, dass auch
die Rolle des Leittiers in der Natur nicht immer ein Ho-
nigschlecken ist.

Bei Wölfen und vielen anderen Mitgliedern der Gattung
Canis helfen die Rudelmitglieder bei der Aufzucht des
Nachwuchses mit – das heißt, der Großteil, wenn nicht
sogar die gesamte Paarung und Fortpflanzung wird vom
Leitwolf und der Leitwölfin geregelt. In einer Studie aus
dem Jahr 2001 wollten in der Forschung tätige Endokri-
nologen herausfinden, ob die untergeordnete Rolle in einem solchen Sozialgefüge Rudelmitgliedern mehr Stress
verursachte. Schließlich gehen sie aus den meisten Kon-
flikten als Verlierer hervor und dürfen ihre Sexualpartner nicht selbst wählen. Untersuchungen des Niveaus der
Stresshormone bei afrikanischen Wildhunden und Man-
gusten (beides soziale, fleischfressende Lebewesen) kamen zu überraschenden Ergebnissen – durch die Bank
hatten die *dominanten* Tiere mehr Stresshormone im
Blut! Falls sich diese Studien als richtig erweisen, schreibt
Forscher Scott Creel von der Montana State University,
dann ist Dominanz vielleicht nicht »so vorteilhaft, wie es
auf den ersten Blick aussieht. Der Zugang zu Paarung und
Ressourcen, den die dominanten Tiere genießen, kann
verborgene psychologische Kosten mit sich bringen. Falls
dem so ist, würde das erklären helfen, weshalb die unter-
geordneten Tiere ihre Stellung mit verblüffender Bereit-

willigkeit akzeptieren.«[1] Mit anderen Worten, die dominanten Tiere erfüllen die Rolle des Führers nicht wegen der materiellen Vorteile, die dies mit sich bringt. Sie werden mit der Energie zu führen geboren und übernehmen ganz automatisch das Ruder. Bei Hunden dreht sich alles um das Wohl des Rudels. Das ist der Grund, weshalb Hundebesitzer lernen müssen, die Rudelführer ihrer Tiere zu werden – und ja, das bedeutet auch, ihnen gegenüber *dominant* zu sein.

Rudelführer zu sein bedeutet nicht, dass Sie Ihrem Hund auf Teufel komm raus zeigen, »wer der Boss ist«. Es geht darum, dem Leben Ihres Hundes eine sichere, beständige Struktur zu geben. Geborene Rudelführer beherrschen ihr Gefolge nicht mit der Erzeugung von Angst. Von Zeit zu Zeit müssen sie ihre Autorität zeigen oder andere herausfordern, meist sind sie jedoch ruhige, gütige Anführer.

Der Naturforscher Farley Mowat beschreibt in dem Buch *Ein Sommer mit Wölfen*, seinem berühmten Bericht über das Leben mit Grauwölfen in Alaska, den männlichen Leitwolf des Rudels, das er zwei Jahre lang beobachtete, mit folgenden Worten: »George war ein schweres, prächtiges Tier mit silberweißem Fell. Er war ungefähr ein Drittel größer als seine Gefährtin, hätte aber dieser körperlichen Überlegenheit gar nicht bedurft, um seine Stellung als Familienoberhaupt zu unterstreichen. Georges Würde war unantastbar, doch er wirkte durchaus nicht hochmütig. Mit seinem Verständnis für Fehler, seiner Rücksicht auf andere und seiner sich in vernünftigen Grenzen haltenden Zärtlichkeit war er genau der Vater, dessen idealisiertes Bild immer wieder in Familiengeschichten auftaucht, der aber in Wirklichkeit nur selten auf zwei Beinen über

die Erde geschritten ist. Kurz: George war genau der Vater,
den jeder Sohn sich wünscht.«[2]

Sicher, Mowat vermenschlicht den Wolf. Dies machte
ihn aber unter anderem zu einem beliebten Autor. Falls
Ihnen also nicht ganz wohl bei dem Gedanken ist, der
Rudelführer Ihres Hundes zu sein, lesen Sie diese wunder-
schöne Beschreibung von George noch einmal. Denken
Sie darüber nach. Hätten Sie es nicht gern, wenn Ihr Hund
Sie so sähe?

Wir haben bereits geklärt, dass Hunde nicht in einer »Demokratie« leben wollen. Sie setzen Unterordnungsbereitschaft auch nicht zwangsläufig mit Schwäche gleich. Ich
selbst bezeichne diese Haltung auch als »Aufnahmebe-
reitschaft«. Ein unterordnungsbereites Tier ist offen und
willens, von einem dominanteren Rudelmitglied Befehle
entgegenzunehmen. Im Menschen weckt eine aufgeschlos-
sene Haltung die Bereitschaft und die Gelegenheit, etwas
zu lernen und neue Informationen aufzunehmen. Wenn
Sie ein Buch lesen oder ruhig dasitzen und sich ein Kon-
zert oder einen Film ansehen, sind Sie normalerweise
ruhig und »unterordnungsbereit«. Würden Sie sich in diesem Zustand für »unterwürfig« halten? Natürlich nicht!
Sie sind entspannt und aufnahmebereit. Bei meinen Semi-
naren befindet sich der Großteil meines Publikums in einem ruhigen und unterordnungsbereiten Zustand. Die
Menschen sind gekommen, um mir offen zuzuhören und
etwas Neues zu erfahren.

Wenn die Leute in den Staaten zur Kirche gehen, kommt
es vor, dass Angehörige mehrerer Rassen – Weiße, Latinos, Schwarze und Asiaten – friedlich im Geiste des Gebets versammelt sind. Der Rudelführer ist der religiöse

Führer – oder Gott –, und alle sind ruhig und unterordnungsbereit. Wenn sich die Gemeinde anschließend
zum zwanglosen Beisammensein trifft, haben alle eine
positive Geisteshaltung und können einander im gesell-
schaftlichen Rahmen begegnen. Erst wenn sie zur Tür
hinausgehen und die Kirche verlassen, kehren die alten
Probleme, Unterschiede und Vorurteile zurück, um sie
zu quälen.

Wir wollen für unsere Hunde ein Umfeld wie die Zu-
flucht der Kirche erschaffen, damit sie sicher, entspannt
und ungezwungen am sozialen Kontakt teilhaben können.
Um eine solche Umgebung schaffen zu können, müssen
wir die Projektion ruhiger und bestimmter Energie meis-
terhaft beherrschen.

Die Geheimnisse einer ursprünglichen Führung

Im Tierreich funktioniert nur ein ruhiger und bestimmter
Führungsstil. In unserer eigenen Welt folgen wir Führungspersönlichkeiten, die uns nötigen, uns schikanieren, aggressiv sind und uns Angst machen, um uns zu beherrschen.
Aber die Forschung zeigt, dass ein ruhiger und bestimmter – ein ursprünglicher – Führungsstil auch beim Menschen die bessere Lösung ist. Daniel Goleman, Richard Boyatzis und Annie McKee erforschen bereits seit Jahrzehnten die Rolle des menschlichen Gehirns bei der Entstehung
des besten und effektivsten Führungsverhaltens. Auf der
Grundlage all dessen, was wir über die Wirkung von Energie im Tierreich wissen, sollte uns das, was sie dabei entdeckt haben und wovon sie in ihrem Buch *Emotionale Führung* berichten, nicht überraschen: »Gute Führungskräfte

sprechen unsere Gefühle an.«[3] Das, so berichten sie, liege daran, dass die Wurzel unserer Gefühle – das limbische System im Gehirn – eine »offene Schleife« sei. Das heißt, es ist in seiner Regulation von Faktoren außerhalb des Körpers abhängig. »Mit anderen Worten hängt unsere eigene emotionale Stabilität von der Verbindung mit anderen Menschen ab.« In diesem Punkt unterscheiden wir uns nicht von anderen Soziallebewesen – vor allem den Hunden. Wir spiegeln die Emotionen der anderen auf eine Weise, »bei der eine Person Signale überträgt, welche die Hormonproduktion, die Herz-Kreislauf-Funktion, die Schlafrhythmen und sogar das Immunsystem einer anderen Person verändern können.«[4]

Erinnern Sie sich an meinen Klienten Warren, dessen Energie so negativ war, dass sie sich auf seinen Hund, seine Verlobte und auch auf mich auswirkte. Diese Kraft, die wir spürten, war keine Einbildung. Nicht genug damit, dass uns die negative Stimmung und die schlechten Gefühle eines anderen beeinflussen können. Danach dauert es Stunden, bis der Körper die bei dieser Aufregung ausgeschütteten Stresshormone wieder abgebaut hat. Deshalb brauchte ich mehrere Stunden, um mich von meiner Begegnung mit Warren zu erholen.[5]

Die Autoren des Buchs *Emotionale Führung* schreiben: »Forscher konnten immer und immer wieder beobachten, wie sich Emotionen unwiderstehlich ausbreiten, wenn Menschen zusammenkommen, selbst wenn der Kontakt ausschließlich nonverbal ist. Wenn zum Beispiel drei Fremde einander ein oder zwei Minuten lang schweigend gegenübersitzen, überträgt derjenige, der emotional am expressivsten ist, seine Stimmung auf die beiden anderen – ohne ein einziges Wort zu sagen.«[6]

Negative Energie kann buchstäblich tödliche Folgen haben: Wenn die Krankenschwestern in Herzabteilungen mürrisch und depressiv waren, war die Sterberate ihrer Patienten viermal so hoch wie in Abteilungen, in denen sich die Schwestern ausgeglichener zeigten.[7]

Wie wir wissen, sind Tiere noch sehr viel besser auf diese emotionalen, von Stimmung und Energie beeinflussten Signale eingestimmt als wir. Sie werden als »emotionale Magneten« bezeichnet, was auch der Grund dafür ist, dass meine Rehabilitationsmethode mit der »Macht des Rudels« so gut bei »unmöglichen« Hunden und in Fällen anschlägt, in denen menschliche Maßnahmen wirkungslos blieben. Da Hunde nonverbal miteinander kommunizieren und sich dabei lediglich mit ihrer Energie und ihrer Körpersprache »unterhalten«, kann sich ein unbalancierter Hund beinah sofort um 180 Grad wandeln, wenn er in ein ausgeglichenes Rudel aufgenommen wird. Das gilt zumindest dann, wenn er sich in einem ruhigen und unterordnungsbereiten, also einem aufgeschlossenen Zustand befindet und bereit ist, etwas zu lernen und die neue Energie anzunehmen.

In einem Hunderudel ist Instabilität nicht erlaubt. Sie wird zum Ziel irgendeiner Gruppenaktion – oft eines Angriffs. Weiter oben habe ich die Erfahrung meiner Mitautorin geschildert, wie die emotionale Ansteckung im Bruchteil einer Sekunde auf mein ganzes Rudel übergriff, was im Grunde genommen genau in dem Augenblick geschah, in dem sie ihre Gedanken und ihre Geisteshaltung änderte. Vielleicht haben Sie ja schon einmal ein Rudel oder eine Herde Tiere in natura oder in einer Tierdokumentation in Aktion gesehen. Es ist eines der anschaulichsten, dramatischsten Beispiele dafür, wie Emotionen und

Energie zusammenwirken, um die Koexistenz aller sozialen Lebewesen im Tierreich zu regeln.

In ihren Studien definierten Goleman, Boyatzis und McKee zwei Führungsstile. Den ersten bezeichneten sie als »dissonante Führung«, und an amerikanischen Arbeitsplätzen ist er für 42 Prozent der Vorfälle verantwortlich, in denen Arbeiter und Angestellte berichten, angeschrien, beleidigt oder anderem unschönen Verhalten ausgesetzt gewesen zu sein. »Dissonante Führung«, so schreiben sie, »bewirkt, dass eine Gruppe sich auf emotionaler Ebene uneinig fühlt.«[8] Viele mächtige und einflussreiche Personen schwören immer noch auf diesen Stil und führen dafür ins Feld, dass er die Leute »auf Trab hält«. In dem Dokumentarfilm »Enron: The Smartest Guys in the Room« wurde ein Unternehmen dargestellt, in dem dissonante Führung an der Tagesordnung war. Stellen Sie sich einen Börsensaal vor, in dem die Händler ständig miteinander konkurrieren und einander anschreien, in dem der Blutdruck und die Emotionen hochkochen und am Ende des Tages alle erschöpft und fürchterlich aufgedreht sind und sich fragen, ob sie genügend Profit machen, um ihren Job zu behalten – das ist dissonante Führung.

Leider ist das auch die Art von Führung, die meine Klienten häufig bei ihren Hunden anwenden. Sie sind emotional, reagieren schnell mit Aufregung oder Frustration, sind panisch, schwach oder wütend. Darüber hinaus schicken sie ihren Hunden inkonsequente Botschaften, sodass die Tiere im einen Augenblick nicht wissen, was sie im nächsten erwartet. Ist mein Herrchen der Rudelführer? Bin ich der Rudelführer? Ein verwirrter Hund ist ein unglücklicher Hund. Dissonante Führung mag an der Wall

Street noch die Norm sein, aber im Tierreich ist sie inakzeptabel.

Der andere Führungsstil, den die Autoren beschreiben, ist die »resonante Führung«: »Resonante Führung lässt sich unter anderem daran erkennen, dass die Gruppe mit der optimistischen und begeisterten Energie des Anführers mitschwingt. Eine Maxime emotional intelligenter Führung lautet: Resonanz verstärkt und verlängert die emotionale Wirkung von Führung.«[9]

Das ist der Führungsstil, den ich als »ruhig und bestimmt« bezeichne – und der natürlich aus einer ruhigen und bestimmten Energie erwächst.

So erzeugen Sie eine ruhige und bestimmte Energie

Zu verstehen, was ruhige und bestimmte Energie ist, ist das eine. Doch wie können wir sie erzeugen – und wie bewahren, ob in Gegenwart unserer Hunde, unserer Familie, unserer Chefs oder unserer Kollegen?

In seinem Buch *Emotionale Intelligenz* erzählt Daniel Goleman die faszinierende Geschichte von einem Feuergefecht zwischen US-Soldaten und Vietcong im Vietnamkrieg. Mitten in der Schießerei tauchten plötzlich sechs Mönche auf und gingen an den Reisfeldern entlang, welche die beiden Seiten voneinander trennten – sie liefen direkt in die Schusslinie.

David Busch, einer der amerikanischen Soldaten, beschrieb den erstaunlichen Vorfall später so: »Sie schauten nicht nach rechts, sie schauten nicht nach links. Sie gingen einfach geradeaus… Es war seltsam, aber keiner schoss auf sie. Und nachdem sie vorbeigegangen waren, hatte ich plötzlich keinen Kampfgeist mehr. Ich hatte einfach keine Lust mehr dazu, jedenfalls nicht an diesem Tag. So müssen es alle empfunden haben, denn keiner gab mehr einen Schuss ab. Wir stellten den Kampf einfach ein.«[10]

Was taten die Mönche, um dieses wunderbare Ereignis zu ermöglichen? Sie sandten starke emotionale Signale – friedliche Signale, die offenbar stärker waren als der Hass der sich bekriegenden Soldaten. Wir haben es hier zwar mit einem recht extremen Beispiel zu tun, allerdings kann es eine Vorstellung davon vermitteln, wie die Kraft und die Absicht der von uns ausgestrahlten Energie eine tiefgreifende Wirkung und Veränderung bei den Menschen in unserer Umgebung auszulösen vermögen.

Goleman sagte dazu: »In einer Interaktion den emotionalen Ton anzugeben ist gewissermaßen ein Zeichen von Dominanz auf einer tiefen, sehr persönlichen Ebene; bedeutet es doch, den emotionalen Zustand des anderen zu steuern.«[11] Der Stärkere kontrolliert die Energie des Schwächeren, indem er beider biologische Rhythmen einander angleicht, sodass sie miteinander und nicht mehr getrennt voneinander arbeiten: »Bei persönlichen Begegnungen ist es gewöhnlich derjenige mit der größeren Expressivität – oder der größten Macht –, dessen Emotionen den anderen mit sich ziehen... Einfluss beruht darauf, dass man die Emotionen mitreißen kann.«

Um die Gabe der emotionalen Beeinflussung zu bekommen und ein resonanter Anführer zu werden, muss man die vier Elemente emotionaler Intelligenz meistern. Die ersten beiden sind *Selbstwahrnehmung* und *Selbstmanagement*. Sie versetzen alle Menschen in die Lage, in der natürlichen Welt eine Leitfunktion einzunehmen, sofern sie das möchten: »Führungskräfte, die über Selbstwahrnehmung verfügen, nehmen ihre inneren Signale wahr und reagieren darauf. Sie erkennen zum Beispiel, wie sich ihre Gefühle auf sie selbst und ihre Arbeitsleistung auswirken. Statt zu warten, bis ihre aufgestaute Wut sich in einem Ausbruch entlädt, spüren sie sie bereits in einem frühen Stadium, sehen die Ursache und können konstruktiv damit umgehen.«[12]

Hier sind Sie Ihrem Hund gegenüber im Vorteil, da Sie zu diesem Prozess fähig sind. Ihr Hund kann nicht darüber nachdenken, welche Gefühle seine Empfindungen in ihm auslösen. Er kann nur reagieren. Sie dagegen können eine Emotion erkennen und umlenken, ehe jene Energie daraus wird, die Sie dann an andere weitergeben. Der Bereich des Selbstmanagements bedeutet in diesem Zusammenhang, dass Sie Ihre eigenen Gefühle in den Griff bekommen, bevor Sie handeln.

Bei den beiden anderen von Daniel Goleman beschriebenen Faktoren emotionaler Intelligenz handelt es sich um soziale Verhaltensweisen, die Ihre Hunde die ganze Zeit über untereinander praktizieren. Ich bezeichne das als »Instinkt«. *Soziales Bewusstsein* oder *Empathie* zu besitzen bedeutet, auf die Gefühle und die Energie der anderen Tiere in der Umgebung eingestimmt zu sein. Zum *Beziehungsmanagement* gehören die Führungswerkzeuge selbst – der Umgang mit den Gefühlen und die Interaktionen der Rudelmitglieder. Wenn ein dominanter Hund Blickkontakt zu einem Tier aufnimmt, das sich seinem Futternapf nähert, und dieses innehält und abdreht, ist das Beziehungsmanagement. Wenn ein unterordnungsbereiter Hund auf eine Demonstration von Dominanz reagiert, indem er sich auf den Rücken dreht, ist das Beziehungsmanagement. Nur der Mensch nutzt diese Möglichkeiten häufig dazu, andere zu manipulieren oder zu verletzen. Bei Hunden dient Beziehungsmanagement dem Wohl des Rudels – um die soziale Harmonie zu wahren, Konflikte zu bannen und das Überleben zu sichern.

Der Schlüssel zum Verständnis und der Entwicklung gewisser Fähigkeiten in diesen vier Bereichen liegt darin, die richtige Energie zu erzeugen, um sie dann an die eigenen Hunde weiterzugeben.

Techniken

Üblicherweise wird man nicht über Nacht zu einem ruhigen und bestimmten Rudelführer. Viele von uns sind seit frühester Jugend darauf konditioniert, an sich zu zweifeln, ein geringes Selbstwertgefühl zu haben oder zu glauben, Durchsetzungsfähigkeit sei dasselbe wie Aggression. Oft werden wir von unseren Gefühlen beherrscht oder sind uns unserer Stimmungen und Emotionen einfach nicht bewusst. Alle meine Klienten haben ihre ganz eigene Art und Weise, diese Energie in sich zu nähren, und leider kann ich Ihnen keine einfache Schritt-für-Schritt-Anleitung geben. Aber eine ruhige und bestimmte Energie kommt von innen. Deshalb können Ihnen die folgenden Techniken helfen, sie in Ihrem Leben zu pflegen.

Vor dem 19. Jahrhundert waren Theateraufführungen meist eine sehr »äußerliche« Angelegenheit. Die Schauspielerei bediente sich großer Gesten, war emotional und übertrieben. Die Stimmen der Akteure waren laut und dröhnend, und das war auch nötig, damit man sie in großen

Theatern und Auditorien verstehen konnte. Die meisten Stücke waren in einer übertriebenen oder hochtrabenden Sprache geschrieben.

Doch im 20. Jahrhundert bereitete der Darsteller und Theaterregisseur Konstantin Stanislawski in Russland den Weg für eine neue Schauspielmethode. Er hatte die revolutionäre Idee, dass die Akteure in sich gehen und aus ihrem Inneren heraus spielen sollten. Die Schauspielerei sollte zu einer psychologischen und emotionalen, einer auf Wahrheit beruhenden Erfahrung werden, und das Ziel des Schauspielers war die Glaubwürdigkeit. Stanislawski lehrte genau wie später der Amerikaner Lee Strasberg, dass ein Schauspieler die Macht der Vorstellungskraft nutzen konnte, um sein Bewusstsein zu verändern. Die Darsteller lernten Entspannungs- und Konzentrationsmethoden sowie Techniken der emotionalen Gefühlserinnerung, damit sie Emotionen aus der Vergangenheit heraufbeschwören konnten, um die von ihnen dargestellten Charaktere zum Leben zu wecken. Zum Method Acting, wie es heute heißt, gehört mehr, als nur so zu tun, als ob man wütend oder glücklich oder von Trauer überwältigt sei. Es geht darum, zu lernen, die tief in einem selbst verschütteten Erinnerungen an das echte Gefühl auszugraben und auf die gespielte Szene zu übertragen. Sieht man begnadete Schauspieler eine Szene spielen, kann man die ansteckende Energie des von ihnen dargestellten Gefühls tatsächlich spüren.

Wenn ich meinen Klienten beibringe, die Macht der ruhigen und bestimmten Energie zu nutzen, schlage ich ihnen deshalb häufig vor, Schauspieltechniken zu verwenden. Schon lange bevor ich zum ersten Mal einem Schauspieler begegnet war oder wusste, was Method Acting war, bat ich die Leute, sich an eine Zeit in ihrem Leben zu erinnern, als sie sich stark fühlten. Sie sollten versuchen, dieses Gefühl zu wecken und beim Spaziergang mit ihren Hunden einzusetzen. Als ich nach Los Angeles kam, erfuhr ich, dass es sich dabei um eine sehr einfache Form jenes intensiven Trainings handelte, das die meisten professionellen Schauspieler durchlaufen. Viele von ihnen stützen sich bei der Darstellung der von ihnen gespielten fiktionalen Charaktere auf echte Menschen, die sie kennen. In meinem Buch *Tipps vom Hundeflüsterer* empfehle ich Ihnen, sich vorzustellen, eine Person oder eine Figur zu sein, die für Sie Führungskraft verkörpert. Sharon war Schauspielerin und hatte gelernt, ihre Vorstellungskraft auf diese Weise zu nutzen. Ihr verlieh die Rolle der Kleopatra Selbstvertrauen und half ihr, sich beim Spaziergang mit ihrem ängstlichen Hund Julius als Rudelführerin zu fühlen. Bei anderen Klienten können das die verschiedensten Leute sein – von Superman über Bruce Springsteen und Oprah Winfrey… bis hin zur eigenen Mutter! Ich zum Beispiel ahme jedes Mal, wenn ich das Geräusch: »Tsssst!« mache, meine Mutter nach. Dieser Laut besitzt keinerlei Zauberkraft, er hat lediglich eine große Bedeutung für mich, da sie ihn immer dann machte, wenn wir Kinder uns benehmen sollten!

Wenn Sie mehr über diese Techniken erfahren möchten, finden Sie viele Bücher über die Grundlagen des Method Acting. Sie können auch Schauspielunterricht für Anfänger nehmen, oder vielleicht kennen Sie ja einen Schauspieler. Dann laden Sie ihn zum Kaffee ein und fragen Sie ihn nach seinen Tricks, wie er eine Figur zum Leben erweckt. Es ist nicht so, als müssten Sie lernen, Shakespeare zu spielen. Ihr Hund ist kein Theaterkritiker, aber er muss Ihnen Ihre Darbietung abnehmen!

Neben den Schauspielübungen schlage ich Klienten, die
Probleme mit dem Konzept der ruhigen und bestimmten
Führung haben, auch *Visualisierungstechniken* als weitere
Möglichkeit vor. Obwohl der eine oder andere diese Me-
thode vielleicht allzu einfach findet, würden Tausende von
Sportlern, Vorstandsvorsitzenden, politischen Führern,
Studenten, Offizieren, Entertainern und anderen nicht im
Traum daran denken, ihre Arbeit oder gar ihren Tag ohne
eine Visualisierung zu beginnen. Manchmal bedeutet dies,
dass Sie sich vor einem bestimmten Ereignis einen Augen-
blick Zeit nehmen, um den ganzen Ablauf erfolgreich im
Kopf durchzuspielen und so eine Geschichte mit Happy
End zu schreiben.

Haben Klienten zum Beispiel Probleme beim Spazierengehen mit ihrem Hund, korrigiere ich zunächst ihre
Technik und bitte sie dann, im Kopf ein »Drehbuch« für
den Ausflug zu schreiben. Wie Tina Madden – die Besitzerin von NuNu – im ersten Kapitel erzählt, war es
sehr wichtig für sie, sich während der Verwandlung ihres
Chihuahuas (und ihres Lebens) vorzustellen, an bellenden
Hunden vorbeizugehen und sie zu ignorieren. Sie musste
das immer wieder tun, aber sobald sie sich tatsächlich in
der Situation befand, konnte sie im Kopf auf die Visualisierung »umschalten«. Manche Leute treiben die Visualisierung bis zum Äußersten – der *Selbsthypnose*. Psychologen, Psychiater und Selbsthilfe-Gurus haben viel über
Visualisierung und Selbsthypnose geschrieben. Sie alle
werden Ihnen sagen, dass Sie diese Technik üben müssen,
damit sie wirkt. Sie dürften es wohl kaum beim ersten
Versuch richtig machen, aber mit jeder Wiederholung der
Übungen wird Ihr Geist stärker.

Auch der *innere Dialog* ist nützlich, um die Kommunikation mit Ihrem Hund erheblich zu verbessern. So viele meiner Klienten sprechen ständig mit ihrem Tier. Sie verwenden ganze Sätze, und die Themen reichen vom Abendessenswunsch des Hundes bis hin zum Stand der internationalen Politik. Das ist natürlich eine ganz wunderbare Therapie für den Menschen, für gewöhnlich aber keine effektive Methode, um dem besten Freund ein besseres Benehmen zu entlocken. Wenn Sie Ihren Hund mit Worten bitten, etwas zu tun, sollten Sie eigentlich zu sich selbst sprechen.

Nehmen wir Brian und Henry, die Besitzer von Elmer, einem Beagle mit chronischem Heulproblem. Wenn sie zu ihren täglichen Spaziergängen aufbrachen, waren ihre Probleme schon programmiert, ehe sie das Haus verließen. Noch bevor Elmer vollständig angeleint war, wurde er nervös und aufgedreht. Anschließend versuchten Brian und Henry stets, vor ihm das Haus zu verlassen. Sie hatten meine Sendung gesehen und wussten, dass das Herrchen zuerst zur Tür hinausgehen soll. Was taten sie also? Sie *sprachen* mit Elmer und nörgelten an ihm herum! »Nein, Elmer. Wir zuerst. Wir zuerst.« Und die ganze Zeit ließen sie zu, dass Elmer sie zur Seite zu drängen versuchte! Er konnte natürlich nicht verstehen, was sie sagten. Aber er verstand die frustrierte, hilflose, schwache und unsichere Energie hinter ihren Worten.

Ihr innerer Dialog lief folgendermaßen ab: »O mein Gott, jetzt geht Elmer schon wieder zuerst raus, und wir sind nicht die Rudelführer! Wir müssen ihn aufhalten!« Wer hatte nun das Sagen? Elmer natürlich. Seine Energie und seine Absicht waren sehr viel stärker als die der Herrchen, obwohl ihnen vom Verstand her klar war, dass *sie* diejenigen sein sollten, die vorangingen.

Wenn Sie den ruhigen und bestimmten inneren Rudelführer beschwören, gehören manche Menschen dem eher emotionalen, andere dem optischen und wieder anderen dem verbalen Typ an. Letztere ziehen es oft vor, sich zunächst mit Worten auszudrücken, um Zugang zu ihren Gefühlen oder Sinnen zu bekommen. Diesen Klienten schlage ich deshalb vor, immer dann Selbstgespräche zu führen, wenn sie das Bedürfnis nach einer verbalen Unterhaltung mit ihren Hunden verspüren. Hunde reagieren oft besser, je weniger akustische Reize auf sie einströmen, und Sie stärken Ihre Energie, indem Sie Ihr Denken nach innen richten. Wenn Sie beispielsweise Anspruch auf ein Möbelstück erheben möchten, dann konzentrieren Sie sich und sagen Sie im Geiste: »Das ist *mein* Sofa.« Drücken Sie Ihren Willen mit Ihrem Körper aus und wiederholen Sie im Stillen immer wieder diesen Satz. Mit Hilfe der Selbstgespräche nehmen Sie allmähliche Veränderungen in Ihrem Gehirn, Ihrem Körper und Ihren Gefühlen und damit auch in Ihrer Energie vor. Ihre Energie ist es, die zu Ihrem Hund spricht. Mit anderen Worten, Selbstgespräche sind eine sehr viel schnellere Methode, um Ihrem Hund Ihre Energie mitzuteilen, als wenn Sie versuchen, mit menschlicher Sprache vernünftig mit ihm zu reden – ganz gleich, wie überzeugend Sie sind, wie laut Sie schreien oder wie nett Sie bitten.

Die Meister in vielen Lebensbereichen nutzen auch andere wirkungsvolle Methoden, um sich selbstbewusster und stärker zu fühlen. Einige von ihnen hören *Motivationskassetten*, andere wiederholen *positive Affirmationen* oder schreiben sie auf kleine Zettel, die sie überall in der Wohnung verteilen und zum Beispiel an den Badezimmerspiegel, die Kühlschranktür oder über den Haken für die Hundeleinen kleben. Andere lesen *motivierende Zitate* und Bücher mit *inspirierenden Geschichten* für jeden Tag. *Musik* ist einer der stärksten emotionalen Auslöser. Meine Mitautorin hat sich auf ihrem iPod diverse Musikmischungen für unterschiedliche Stimmungen zusammengestellt. Die einen hört sie vor Geschäftsterminen oder in stressigen Situationen, um sich zu motivieren. Andere beruhigen sie, wenn sie nervös ist, oder heitern sie auf, wenn sie traurig ist. Klienten erzählen mir, dass sie *Yoga*, *Meditation* und *Tai Chi* praktizieren und *spirituelle Texte* wie die Bibel lesen, um sich mit ihrer geistigen Seite zu verbinden und ihre intuitive innere Stärke zu finden. Als ich acht Jahre alt war und in der Stadtwohnung in Mazatlán frustriert und aggressiv wurde, schickten meine Eltern mich klugerweise ins Kampfsporttraining. Dort lernte ich zum ersten Mal, meine Energie zu sammeln und meine negative in eine positive Kraft zu verwandeln. Der berühmte Pferdetrainer Brandon Carpenter hat ganz ähnliche Vorstellungen von der Verbindung zwischen Mensch und Tier wie ich. Auch er beschäftigte sich mit jahrhundertealten Kampfkunsttechniken, die ihn lehrten, seine Gefühle, seine Energie und seinen Körper gleichzeitig zu beherrschen.

Natürlich ist das *Gebet* die stärkste Form des inneren Dialogs und der Absicht auf Erden. Sogar die moderne Wissenschaft öffnet sich allmählich für jene Forschungen, die zeigen, dass Gebete, Meditation und der Glaube Ereignisse auf eine Art und Weise beeinflussen können, die sich die meisten »Realisten« nicht träumen ließen.

All das sind Möglichkeiten, Zugang zu Ihrer ruhigen und bestimmten Seite – zu Ihrem inneren Anführer – zu bekommen. Wenn Ihr Leben von einer ruhigen und

---

Techniken zur Entwicklung
einer ruhigen und bestimmten Energie

- Eine klare und positive Absicht
- Techniken aus dem Method Acting
- Visualisierung
- Selbsthypnose
- Innerer Dialog
- Motivationskassetten
- Positive Affirmationen, schriftlich oder mündlich
- Motivierende Zitate oder Texte
- Musik
- Yoga, Tai Chi
- Kampfsport
- Meditation oder Gebet

---

bestimmten Energie erfüllt ist, können Sie nicht nur die Existenz Ihres Hundes, sondern auch das eigene Dasein verändern – sofern Sie das möchten. Was die mächtigen und einflussreichen Menschen angeht, zu denen ich auf jener Konferenz gesprochen habe, so wird der eine oder andere von ihnen lernen, seinen Hunden ein ruhiger und bestimmter Rudelführer zu sein. Vielleicht inspiriert es sie sogar dazu, auch ihren Angestellten und den Menschen in ihrem Einflussbereich mit einer ruhigeren und bestimmteren Energie zu begegnen. Andere werden natürlich so weitermachen wie bisher.

Präsident Theodore Roosevelt soll einmal gesagt haben: »Die Leute fragen nach dem Unterschied zwischen einem Anführer und einem Chef ... der Anführer spielt mit offenen Karten, der Chef arbeitet im Verborgenen. Der Anführer führt, der Chef treibt an.« Damit Ihr Hund Ihnen folgt, genügt es nicht, dass Sie ein Chef sind. Sie müssen von innen heraus ein Anführer, eine Inspiration, eine echte Führungspersönlichkeit sein.

ERFOLGSGESCHICHTE

CJ und Signal Bear

Ich arbeitete auf einer Baustelle auf einem umzäunten Gelände für Instandhaltungsarbeiten (das ungefähr so groß war wie ein ganzer Block), als einer der Vorarbeiter zu uns kam und uns erklärte: »Wir können euch mittags zu den Autos bringen. Auf dem Gelände treibt sich ein wilder schwangerer Hund herum, der alle terrorisiert. Wir haben gerade die Gemeinde angerufen, damit sie kommen und ihn holen.«

Ich dachte mir: »Ach du lieber Himmel, ein wilder und schwangerer Hund? Den werden sie sicher einschläfern.«

So wurde vor Ort üblicherweise mit wilden Hunden verfahren. Ich fühlte mich genötigt, einen Blick auf dieses arme

Tier zu werfen, das so gut wie sicher der Todesstrafe zum Opfer fallen würde. Als ich allerdings auf dem Gelände ankam, sah ich einen männlichen Hund, der vor Angst wie von Sinnen war! Er war panisch, bellte, knurrte und lief herum. Als Arbeits- und Umweltschutzbeauftragte mit 35 Jahren Erfahrung war mein erster Gedanke: »Kann ich diesem Hund gefahrlos helfen, ohne mich, die anderen Arbeiter oder auch ihn selbst zu gefährden, wenn er aus diesem sicheren Hof entwischt und auf die Straße hinausläuft?«

Vor kurzem hatte ich die neue Sendung »Dog Whisperer« mit Cesar Millan gesehen. Ich arbeite schon mein Leben lang mit Rettungs- und Showhunden und traute mir zu, ein paar der im Fernsehen erwähnten Techniken problemlos anzuwenden. Ich erinnerte mich vor allem an zwei von Cesars Hinweisen: »Depression und Aggression sind oft nur Frustration.« Und: »Bauen Sie zuerst die Energie ab. Gestatten Sie dem Hund, sich abzureagieren.« Genau das tat er auch, bis er sich schließlich zwischen Lagerschuppen und Betonmauer versteckte und seine Energie von aggressiver Konfrontation in ängstlichen Rückzug umschlug.

Anschließend kopierte ich die Schritte, die ich Cesar bei Tieren im roten Bereich hatte anwenden sehen – obwohl ich wusste, dass es im Fernsehen immer hieß, man solle das nur ja nicht zu Hause ausprobieren. *Beherrsche den Raum.* (Ich schnitt dem Hund den Weg ab, setzte mich in den Zugang und beanspruchte den Platz für mich.) *Nicht anfassen, nicht ansprechen, nicht ansehen.* (Bei 40 Grad Hitze setzte ich mich so hin, dass ich ihm meine Seite zuwandte und seinen Weg blockierte.) Schließlich kam er zu mir. Ich ignorierte ihn. Er stupste mich mit der Nase an – seine Energie war nun ruhig, unterordnungsbereit und ausgeglichen. Ohne ihn anzusehen, streckte ich die Hand nach ihm aus und massierte seine

Schulter. Schließlich drückte ich ihn an mich und trug ihn zum Wagen, um ihn meinem vierköpfigen Rudel zu Hause vorzustellen: Ich machte es auf Cesars Art.

Signal Bear, wie ich ihn nennen sollte, war der erste Hund in meinem »Rudel«, den ich vom ersten gemeinsamen Augenblick an nach seiner Methode erzog. Ich war erstaunt, wie sehr Cesars Techniken die Arbeit mit einem Tier vereinfachen. Alles ging sehr viel leichter als bei meinen anderen Hunden, die ich zehn Jahre lang vermenschlicht hatte. Damals hatte ich auch die Eingebung, eine Yahoo!-Mailingliste für Fans der Sendung »Dog Whisperer« zu moderieren. Darüber hinaus habe ich (bis jetzt!) vier weitere Hunde gerettet, rehabilitiert und ein Zuhause für sie gefunden, die wegen angeblich »aussichtsloser« Verhaltensprobleme eingeschläfert werden sollten und sich bei der konsequenten Anwendung von Cesars Formel von »Regeln und Grenzen« allesamt änderten.

Cesars Philosophie und seine Methoden haben uns nicht nur ein besseres Leben mit unseren Hunden beschert, sondern auch mir und meinem Mann am Arbeitsplatz geholfen. Ich hatte einen Kunden, der sich seit Jahren wie ein wütender emotionaler Tyrann benahm. Vor kurzem gab er mir unberechtigterweise die Schuld an einem unglücklichen Umstand, und ich beschloss, von nun an anders mit ihm umzugehen. Statt mich als Opfer zu fühlen und mich auch so zu verhalten, löste ich mich geistig von meiner langen Geschichte und meiner ungewöhnlich emotionalen und ängstlichen Reaktion auf diesen Mann. Ich atmete tief durch, um mich zu beruhigen, und benutzte dann eine Technik der energetischen Ablenkung, die Cesar beim Spaziergang mit seinen Hunden angewandt hatte. Ich konnte zwar schlecht »Tsssst!« zu einem Kunden sagen, bediente mich aber dersel-

ben Energie wie Cesar, sagte einfach den Namen des Mannes und legte dabei ganz bestimmt meine Hand auf seinen
Arm. Er erstarrte, seine Wut verflog – und er sah mich *wirklich* an. Anschließend fuhr ich mit der Erörterung der pro-
jektbezogenen Entscheidungen fort. Mein Kunde folgte mir
ruhig. Ich hatte ihn wieder zu einem Teil des Teams (des
Rudels) gemacht!

8. UNSERE VIERBEINIGEN HEILER

»Tritt heraus in das Licht der Dinge,
Lass die Natur dein Lehrer sein.«

William Wordsworth

Abbie Jaye (ihre vielen lieben Freunde nennen sie »AJ«) war gerade fünf volle Jahre lang durch ihre ganz persönliche Hölle gegangen. Zuerst war ihr geliebter Hund Scooby gestorben – eine Mischung aus einem Deutschen Schäferhund und einem Labrador. Dann waren ihr Vater und ihre Mutter kurz nacheinander verschieden. Mit ihrem Mann Charles versuchte Abbie verzweifelt, ein Kind zu bekommen, und erlitt insgesamt vier Fehlgeburten nacheinander – eine herzzerreißender als die andere. Falls an dem Sprichwort »Gott mutet uns nie mehr zu, als wir ertragen können« etwas dran ist, dann ging Gott bei AJ bis an die Grenzen des Erträglichen – und für eine Weile war sie davon überzeugt, dass sie diesen Test nicht bestehen würde.

»Stellen Sie sich einen Punchingball vor«, erklärte sie und musste dabei ihre Gefühle im Zaum halten. »Wenn man ihn wegschlägt, springt er zurück. Nun, ich hatte nie die Zeit, mich von dem vorherigen Verlust zu erholen, ehe der nächste Schlag fiel.«

Die Folge dieser Reihe von Tragödien war, dass AJ allmählich eine psychologische Reaktion auf den starken Stress entwickelte, die man unter der Bezeichnung »Panikstörung« kennt. Das, was wir über den Umgang Ihres Hundes mit aufgestauter Energie beschrieben haben, trifft auch auf alle anderen Tiere zu – vor allem auf den Menschen. Wenn jemand so stark traumatisiert wird wie AJ und keine Erleichterung von all der Trauer, Traurigkeit und Frustration erfährt, braucht diese negative Energie ein Ventil. Panikattacken sind eine Möglichkeit, wie sie zum Ausdruck kommen kann. Ungefähr fünf Prozent der erwachsenen Bevölkerung in den USA leiden an Panikattacken. Menschen, die solche Attacken erleben, bezeichnen sie als verheerende Albträume. Sie sind sowohl körperlich als auch emotional traumatisierend. Die Betroffenen haben das Gefühl eines unmittelbar drohenden Unheils, die Befürchtung, dass sie gleich einen Herzinfarkt erleiden oder ersticken werden oder alles auf einmal. Ihr Herz schlägt schnell und hart, sie hyperventilieren, ihre Arme und Beine kribbeln und werden taub, und sie haben den Eindruck, verrückt zu werden. Einigen wird schwindlig, und sie fallen tatsächlich in Ohnmacht. Bevor die Störung diagnostiziert wird, landen die Opfer von Panikattacken oft in der Notaufnahme.

Das Schlimmste an der Panik ist, dass es nicht immer einen klaren Auslöser dafür gibt. Betroffene sagen, die Anfälle kämen »aus heiterem Himmel«. Das versetzt sie in eine schrecklich hilflose und deprimierte Lage, selbst wenn die Attacke irgendwann wieder vorüber ist. Sie wissen nicht, wann oder wo sie das nächste Mal zuschlagen und was ihnen zustoßen wird.

AJ wurde zu einem der vielen Millionen Menschen mit Panikattacken und fürchtete sich so sehr davor, in der Öffentlichkeit von einem Anfall überrascht zu werden, dass sie sich allmählich immer mehr zurückzog. Das war verheerend für sie, denn vor Beginn der Panikattacken war sie kontaktfreudig, aktiv und energiegeladen gewesen. Stets hatte sie die Helferrolle übernommen, war nie ein Mensch gewesen, der Unterstützung benötigte. Darüber hinaus engagierte sich AJ regelmäßig ehrenamtlich, indem sie in einem Seniorenheim Aktivitäten plante. Seit fünfzehn Jahren legte sie mit ihren Tieren sogar die Therapiehundeprüfung ab und besuchte mit ihnen Menschen in Not.

Therapiehunde sind darauf trainiert, in Krankenhäuser, Seniorenheime, Pflegeheime, Nervenheilanstalten und Schulen zu gehen, um den Patienten und Bewohnern Liebe und Trost zu schenken. Ruhige, unterordnungsbereite Hunde können oft helfen, wo der Mensch machtlos ist. Wenn wir einen Kranken sehen, der an eine Maschine angeschlossen ist, können wir nicht anders – wir empfinden Trauer oder Mitleid. Die Hunde sehen das nicht. Deshalb bekommen viele Krankenhauspatienten lieber Besuch von einem Therapiehund als von einem Menschen. Ärzte und Krankenschwestern sind darauf geschult, unbefangener zu sein, haben aber oft keine besonders nährende Energie. Sie bedienen sich im Umgang mit den Patienten einer rein intellektuellen Kraft.

Ein Hund befindet sich dagegen stets in einem instinktiven Zustand. Wenn man einen ruhigen und unterordnungsbereiten Hund auf eine Krankenstation bringt, auf der Menschen leiden, wird er sofort zur schwächsten Person im Raum laufen, sie in einen besseren energetischen Zustand versetzen und sich dann durch das Zimmer arbeiten, bis auch alle anderen diese Geisteshaltung haben. Forschungen zur Heilkraft von Tieren haben erst ein wenig an der Oberfläche der magischen Geheimnisse der Verbindung zwischen Mensch und Tier gekratzt. Bislang haben sie ergeben, dass Tiere den Blutdruck sowie die Menge der Triglyceride und des schlechten Cholesterins im Blut senken.[1] Im Falle eines Herzinfarkts ist Ihre Chance, ein weiteres Jahr zu überleben, achtmal höher, wenn Sie einen Hund haben. Nach einer Operation werden Sie mit einer Tiertherapie viel schneller genesen. Chemische Tests haben gezeigt: Wenn ein Mensch einen Hund streichelt, werden innerhalb weniger Minuten sowohl bei ihm als auch bei dem Tier eine Flut wohltuender Hormone wie Prolaktin, Oxytocin und Phenylethylamin ausgeschüttet. Therapiehunde werden inzwischen eingesetzt, um bei Patienten mit Alzheimer und Depressionen die Konzentration zu verbessern und das Gedächtnis anzuregen. Diese Tiere unterstützen alle, die Probleme mit dem Sprechen haben, bei der Kommunikation – etwa Psychiatriepatienten und Opfer von Schlaganfällen –, und schenken Menschen in belastenden Situationen Trost und ein Gefühl des Friedens.[2]

AJ, Scooby und ihr zweiter Hund, ein drei Jahre alter Boxer-Labrador-Mischling namens Ginger, hatten bis zu Scoobys Tod solche Aufgaben übernommen. Dann war ein kleiner einjähriger Terrier namens Sparky an Scoobys Stelle getreten.

Doch wie sich herausstellen sollte, hatte Sparky ein ganz besonderes, einzigartiges Talent. Sowohl Abbie als auch ihrem Mann Charles fiel auf, dass sie in Sparkys Gesellschaft weniger Panikattacken bekam – und wenn es doch so weit kam, erholte sie sich sehr viel schneller davon. Sparky schenkte ihr ein Gefühl von Frieden und Trost, das ihr kein Medikament geben konnte. Ja, die vielen Präparate, die AJ nacheinander verschrieben worden waren und die ihr bei ihren Attacken helfen sollten, hatten entweder schreckliche Nebenwirkungen oder blieben völlig wirkungslos.

Der Tierarzt Marty Becker glaubt, ein Haustier wirke wie ein Medikament gegen Depressionen, sogar noch besser – aber ohne eine einzige Nebenwirkung. Auch AJ beschrieb Sparky auf diese Weise: »Wenn ich das, was ich in seiner Gegenwart empfinde, in Flaschen abfüllen und im Nahen Osten abwerfen könnte, gäbe es dort keinen Krieg mehr. Sparky schenkt mir ein tiefes Gefühl von Ruhe und Frieden.«

Ihr war klar, dass Sparky die Diensthundeprüfung ablegen musste, wenn sie ihr früheres Leben wieder aufnehmen wollte. Das ist eine sehr viel größere Verantwortung, als »nur« Therapiehund zu sein. Beim Stichwort »Diensthund« denken wir hauptsächlich an Blinden- und Behindertenhunde, die Rollstuhlfahrern helfen. Doch diese Tiere werden inzwischen auch darauf geschult, Kinder mit Autismus und anderen Entwicklungsbeeinträchtigungen zu unterstützen, den Gehörlosen als »Ohren« zu dienen, Menschen mit Gleichgewichtsproblemen beizustehen und sogar chronisch Kranke an die rechtzeitige Medikamenteneinnahme zu erinnern!

Zudem gibt es eine völlig neue Bewegung, die sich für psychiatrische Diensthunde einsetzt – Hunde, die Menschen mit seelischen Störungen unterstützen.[3] Diese Tiere sind darauf abgerichtet, Patienten mit psychischen Problemen zu helfen, indem sie sich an sie schmiegen, wenn sie traurig oder hoffnungslos sind, sie aufwecken, wenn die »Hypersomnie« – ein vermehrtes Schlafbedürfnis – sie überkommt oder sie übermäßig lange schlafen, und sie an die Einnahme ihrer Medikamente erinnern, falls sie Probleme mit der Konzentration oder dem Erinnerungsvermögen haben. Wie wir wissen, sind Hunde voll und ganz auf unsere Gefühle, Empfindungen und sogar auf kaum wahrnehmbare körperliche und chemische Veränderungen in unserem Körper und in unserem Gehirn eingestellt. Deshalb sind sie viel intuitiver als der kostspieligste Spitzenpsychiater und retten uns in Notfällen manchmal sogar schneller als die Sanitäter.

Sparky schenkte Abbie bereits Führung und Trost. Doch damit er immer an ihrer Seite bleiben durfte, brauchte er wie gesagt die offizielle Diensthundeprüfung. Nur damit durfte er die spezielle Weste tragen und konnte das entsprechende »Zeugnis« vorweisen, um sie in Geschäfte und Restaurants, in Flugzeuge und an andere öffentliche Orte begleiten zu dürfen. Sparky bestand alle Grundprüfungen wie das Befolgen von Befehlen und das Mitfahren im Auto mit Leichtigkeit.

Doch in einem Bereich versagte er kläglich: In der Öffentlichkeit war er unberechenbar, ließ sich häufig von

Menschen, Autos oder Lastwagen ablenken. Und was noch schlimmer war: Er konnte anderen Hunden gegenüber aggressiv werden. Wenn Sparky die Begleithundeprüfung nicht bestünde, bliebe AJ der Zugang zu der besten Medizin verwehrt, die es für sie gibt – ihren Hund. An diesem Punkt bat sie mich um Hilfe.

Ich hatte vor meiner Ankunft in den Vereinigten Staaten noch nie einen Dienst- oder Therapiehund gesehen und war vom ersten Augenblick an von ihnen fasziniert. Das Konzept leuchtete mir ein. Schließlich züchtet der Mensch bereits seit Urzeiten Hunderassen, die ihm das Überleben erleichtern sollen. In unserer modernen Welt sehen wir uns häufiger geistigen als körperlichen Hürden gegenüber. Weshalb sollte man also keine Hunde einsetzen, die uns auch bei der Bewältigung dieser Hindernisse helfen?

Hunde aller Rassen können Dienst- oder Therapiehunde werden, sofern sie das richtige Temperament dafür haben. Manche Hunde – wie Sparky – glänzen ganz von selbst in dieser Rolle. Das Beste, was Sie für einen Hund tun können, ist, ihm einen Job und eine wichtige Aufgabe zu geben. Es steckt in seinen Genen, dass er für Futter und Wasser arbeiten will und das Gefühl braucht, eine Aufgabe im Leben zu haben. AJ und Sparky hatten bereits jene Art von Verbindung, die viele Menschen erst mit viel Arbeit zu ihrem Therapiehund aufbauen müssen. Doch würde Sparky seine Schwierigkeiten überwinden können, um den Anforderungen gerecht zu werden?

Mein Beratungsgespräch mit AJ und ihrem Mann war sehr erhellend. Mir wurde klar, dass sie ein ausgesprochen starker Mensch war. Sie war hart im Nehmen, aber soeben an ihre Grenzen gestoßen, was ihre Fähigkeit zur Überwindung traumatischer Ereignisse anging. Was Abbie erlebt hatte, konnte jedem Menschen passieren, und die Tränen in ihren Augen machten klar, dass sie diese Hürde unbedingt überwinden und in ihrem Leben weiterkommen wollte. Obwohl sie unter einem sehr lähmenden psychischen Problem litt, spürte ich darunter eine positive Energie, die freilich von ihrer Angst erstickt wurde. Da sie ein so starker Mensch war, steckte sie damit auch ihren Mann und ihre beiden Hunde an. Ich war kein bisschen überrascht, als sie mir erzählte, dass sowohl Ginger als auch Sparky Probleme mit Angstaggression hätten. Die übertrugen sich direkt von ihrem Frauchen auf sie!

Ich arbeitete im Haus daran, Sparkys und Gingers Aggression abzubauen, und konnte bereits recht früh erkennen, wie in AJs Kopf allmählich eine Glühbirne anging. Sie verstand sofort, dass sich ihre eigene Instabilität im Verhalten ihres Hundes widerspiegelte. Dies ist ein sehr wichtiger Augenblick für meine Klienten. Der eine oder andere – wie Danny oder Warren aus den früheren Kapiteln – versteht dieses wichtige Konzept nie. Gelegentlich dringt die Botschaft nach langer gemeinsamer Arbeit zu Klienten wie dem Tycoon durch, bei denen das anfangs höchst unwahrscheinlich erschien. Aber AJ verstand es sofort. Sie hat eine sehr schnelle Auffassungsgabe und war zudem hoch motiviert. Im Gegensatz zu manchen Menschen, die auf ihrem Unglück herumzureiten scheinen, wollte sie das ihre verzweifelt hinter sich lassen. In dem Augenblick, in dem sie eine Chance sah, raste sie mit voller Kraft darauf zu.

Sie sagte mir: »Wenn Sie mir nur beibringen könnten,

ruhig und bestimmt zu sein, dann hätte ich weder eine Panikstörung, noch bräuchte ich einen Diensthund.«

Ich erwiderte: »Ich werde Ihnen nicht beibringen, ruhig und bestimmt zu sein.« Ich deutete auf Sparky: »*Er* wird das tun …«

Eine ruhige und bestimmte Heilung

Abbie sollte verstehen, dass man die eigene Energie am deutlichsten reflektiert sieht, wenn man sich das Verhalten der Tiere in seinem Umfeld ansieht. Mein Rudel sorgt dafür, dass ich als Mensch in meiner Mitte bleibe, denn die Hunde zeigen mir immer, wer ich in diesem Augenblick gerade bin. Wenn wir lernen können, die Energie der Tiere in unserem Umfeld zu lesen, können wir *alle* bessere Menschen werden – und sogar einige unserer tiefsten Wunden heilen.

Abbie hatte mir zu einem früheren Zeitpunkt unserer Begegnung anvertraut, dass sie große Angst vor »den Hunden aus den Nachrichten« habe – vor Akitas, Rottweilern, Deutschen Schäferhunden und vor allem Pitbulls. Kein Wunder, dass sich ihre Hunde vor fremden Artgenossen fürchteten – sie schnappten die Angst von AJ auf!

Nun, sie hatte Glück. Auf alle, die sich vor Pitbulls fürchten, wartet in meinem Dog Psychology Center das perfekte Heilmittel. Ich lud AJ und Sparky umgehend ins Center ein, wo sie das »Rudel« kennenlernen sollten. Damals hatten wir 47 Hunde, darunter zwölf Pitbulls. AJ sollte ihnen von Angesicht zu Angesicht gegenüberstehen. Ich glaube nämlich, dass Menschen und Tiere ihre Angst nur dadurch überwinden können, dass sie den schlimmstmöglichen Fall erleben und durchstehen. Auf diese Weise habe ich auch gelernt, meine Flugangst zu bezwingen – indem ich mich in ein Flugzeug setzte und meine Gefühle einfach spürte. Bis jetzt ist noch kein Flieger abgestürzt, während ich an Bord war, und deshalb habe ich verstärkt, dass Fliegen für mich eine neutrale – wenn auch nicht gerade positive! – Erfahrung ist. Manche Menschen, die genau wie ich an dieser Angst leiden, nehmen auf Flügen Beruhigungsmittel oder trinken Alkohol, um sich zu entspannen – und fragen sich dann, weshalb die Furcht nicht vergeht. Das liegt daran, dass sie ihr einfach aus dem Weg gehen, statt sich ihr zu stellen. Je mehr künstliche Substanzen sie einsetzen, um ihre Angst zu blockieren, statt dass sie sich erlauben, sie zu durchleben, umso mehr verstärken sie dieses Gefühl.

Zufällig glaube ich auch – und Hunderte von Erfahrungen mit Hunden haben mir dies bestätigt –, dass viele Tiere ihre Phobien überwinden können, wenn sie sich ihren Ängsten stellen. Auf diese Weise habe ich Kane, der Deutschen Dogge aus der ersten Staffel von »Dog Whisperer«, geholfen, seine Furcht vor glänzenden Böden abzulegen. Ich nutzte seinen eigenen Schwung, um ihn auf ebenjene glänzende Fläche zu locken, auf die ihn seit einem Jahr keine Macht der Welt – weder Mensch noch Tier – hatte bringen können. Dann wartete ich einfach mit meiner ruhigen und bestimmten Energie ab, während er sich an diese neue Situation gewöhnte. Da ich ihm das Gefühl einer Führung vermittelte, der er vertrauen konnte, sagte ihm sein Verstand: »Hey, hier gibt es rein gar nichts, wovor man Angst haben müsste!« In weniger als fünfzehn Minuten war Kane von einer unnötigen Phobie befreit, die ihn und seine Besitzer über ein Jahr lang enorm belastet hatte.

Heute, vier Jahre später, ist er immer noch hundertprozentig phobiefrei.

Manche Psychologen und Tiertherapeuten bezeichnen diese Technik als »Reizüberflutung«, und einige meiner Kritiker greifen mich deswegen an. Ich habe meine Freundin, die Psychologin Dr. Alice Clearman, gebeten, zu erklären, wie die Überflutung mit Reizen auf das Gehirn wirkt. Sie sagte mir, dass diese Methode derzeit als »Konfrontationstherapie« bezeichnet werde und bei Phobien beim Menschen die beste Behandlungsmöglichkeit sei. Sie beschreibt hier, wie es funktioniert:

Bei der Konfrontation geht es lediglich um die Verstärkung im Gehirn. Sobald wir eine gewohnheitsmäßige Reaktion auf etwas entwickelt haben, das wir fürchten, verstärken wir diese Angst. Wenn wir uns vor Spinnen fürchten und vor ihnen davonlaufen, verstärken wir unsere Angst. Stellen Sie sich vor, Sie hätten eine Riesenfurcht vor diesen Tieren. Sie entdecken eins davon in Ihrem Schlafzimmer. Sie laufen davon und holen jemanden, um es zu töten. Oder Sie rufen den Kammerjäger. Ich kenne eine Frau, die drei Monate lang nicht in ihrem Schlafzimmer schlafen wollte, nachdem sie eine Spinne dort gesehen hatte!

Die Sache funktioniert folgendermaßen: Die Menschen werden immer ängstlicher, je näher sie dem gefürchteten Objekt oder der gefürchteten Situation kommen. Im Falle der Spinnen läuft das so: Wenn ich Angst vor ihnen habe und eine von ihnen töten muss, wächst meine Furcht, je näher ich ihr komme. Vielleicht halte ich einen Schuh in der Hand – bereit, das Tier zu zerquetschen. Mein Herz klopft wie wild, mein Puls rast, ich bin kurz vorm Hyperventilieren. Ich habe schreckliche Angst! Ich komme immer näher, schwitze Blut und Wasser. Und plötzlich beschließe ich, dass ich nicht damit umgehen kann! Ich mache auf dem Absatz kehrt und renne aus dem Zimmer, rufe meine Nachbarin an und bitte sie, herüberzukommen und das Tier zu töten. Wie fühle ich mich in dem Augenblick, in dem ich davonlaufe? Erleichtert! Mein Puls wird langsamer, meine Atmung normalisiert sich. Mit zitternder Hand wische ich mir den Schweiß von der Stirn. Puh! Das war knapp!

Nun sehen Sie sich an, was ich in meinem Gehirn angerichtet habe. Meine Angst wuchs, je näher ich der Spinne kam. Dann habe ich beschlossen, dass ich das einfach nicht kann. Ich bin davongelaufen und war enorm erleichtert. Dieses Gefühl war eine Belohnung. Ich habe mich für meine Flucht vor der Spinne belohnt. Ich habe mir – oder in einem ziemlich wörtlichen Sinne meinem Gehirn – beigebracht, dass Spinnen in der Tat sehr gefährliche Kreaturen sind. Das hat mir die Erleichterung verraten, die ich bei meiner Flucht gespürt habe. Die Folge davon ist, dass meine Angst noch größer wird. Jedes Mal, wenn ich davonlaufe, verstärke ich meine Angst vor Spinnen ein wenig mehr.

Was Phobien angeht, liegt der Unterschied zwischen Hunden und Menschen laut Dr. Clearman darin, dass der Mensch Gedanken, Vorstellungen, Erinnerungen und Erwartungen mit seinen Ängsten verknüpft. Hunde tun nichts dergleichen. Sie leben im Augenblick, was ihnen beim Überwinden von Ängsten und Phobien uns gegenüber große Vorteile beschert. Aber auch beim Menschen mit all seinen komplexen Gedanken und Erinnerungen ist die Konfrontation die beste Behandlungsmethode. Dr. Clearman berichtete, bei einer Spinnenphobie bestünde die Behandlung darin, dem Klienten so lange eine Spinne

auf die Haut zu setzen, bis seine Angst vor dem Tier ver-
schwunden sei. Der von der Angst geplagte Mensch unter-
hält sich zunächst mit einem Therapeuten, der das Aus-
maß der Furcht einschätzen kann – aber die Behandlung
ist immer gleich. Sie kann in kurzen Abschnitten erfolgen und sich über einen längeren Zeitraum hinziehen oder
in einer einzigen Sitzung abgeschlossen werden. Seit dreißig Jahren bedienen sich Psychologen der Konfrontationstherapie. Dr. Clearman erklärte mir, dass die Berge von
Forschungsarbeiten, die es dazu gibt, ihre enorme Wirksamkeit belegen.[4]

Ein großer Vorteil der Konfrontationstherapie ist ihre
schnelle Wirkung. Bei Menschen wie bei Hunden beseitigt sie die Phobie in kürzester Zeit. Was ist so schlimm
daran, jemanden den Rest seines Daseins mit einer Phobie
leben zu lassen? Einiges. Phobien produzieren Stresshormone, die unser Leben dadurch verkürzen, dass sie unser
Herz, unser Gehirn und unser Immunsystem schädigen.
Hunden schaden sie in gleicher Weise wie uns. Wenn wir
helfen, diese Belastung schnell zu beseitigen, ist dies das
Beste, was wir für ängstliche oder furchtsame Hunde tun
können.

Es gibt Kritiker, die meine Arbeit mit der Konfrontationstherapie als »grausam« bezeichnen. Wird jemandem
ohne einen klugen Führer oder Helfer an seiner Seite (einen Therapeuten oder Menschen, der beruflich mit Tieren
zu tun und viel Erfahrung hat) plötzlich eine schreckliche
Erfahrung *aufgezwungen*, kann das natürlich mehr schaden als helfen. Ist man allerdings mit dem richtigen Wissen und einer ruhigen, bestimmten Energie ausgestattet,
kann man Hunden dabei helfen, ihre Phobien zu überwinden, und ihnen dadurch die Gelegenheit geben, sich zu

entspannen und ein besseres Leben zu führen. Falls Sie wissen, dass Sie diese Angst oder Furcht schnell und sicher abstellen können, ist es das Barmherzigste, was Sie für einen geliebten Menschen oder ein geliebtes Tier tun können. Weshalb würde irgendjemand Leiden verlängern wollen? Meiner Ansicht nach ist es am besten, es schnell zu beenden.

Ein weiterer Vorteil der Konfrontation ist etwas, was Dr. Clearman als »Selbstwirksamkeit« bezeichnet – es ist das Gefühl, im eigenen Leben etwas zu bewirken. Es ist sowohl für Menschen als auch für Hunde wichtig, Selbstvertrauen und Selbstwertgefühl zu haben. Wenn sie eine Phobie überwinden, bekommen sie dadurch sehr viel innere Macht. Dies wirkt sich auch auf andere Lebensbereiche aus, und Sie fühlen sich stärker, wohler und glücklicher.

Ich wollte AJ helfen, dies zu erreichen, indem ich sie mit meinem Rudel Pitbulls konfrontierte. Ich hoffte, sie würde so nicht nur ihre Angst vor großen, starken Hunden überwinden, sondern sich auch als Sparkys Rudelführerin mächtiger fühlen – genau wie in ihrem übrigen Leben, wo dies dringend nötig war. Zu diesem Zeitpunkt ähnelte AJs Leben einem Aktenschrank mit zwei Schubladen, aber das Fach mit den schlechten Erfahrungen quoll über, während das mit den guten beinah leer war. Mein Ziel war es, ihr beim Auffüllen dieses Teils des Aktenschranks zu helfen, und mein Rudel sollte mich dabei unterstützen.

Das Maul des Krokodils

Als AJ ins Center kam, teilte ich ihr die üblichen Regeln mit: nicht anfassen, nicht ansprechen, nicht ansehen. Ich merkte, dass sie zögerlich, aber auch neugierig war und eine sehr positive Einstellung mitbrachte. Wirklich bemerkenswert war, dass in dem Augenblick, in dem ich das Tor öffnete, Popeye herausgelaufen kam – einer meiner Pitbulls –, um sie zu begrüßen. AJ fürchtete sich vor Pitbulls, und doch übernahm Popeye die Funktion des Botschafters, um sie ins Rudel einzuladen. Ich sah, wie sich ihre Angst sofort ein wenig legte. Es war, als sei von einer Sekunde auf die andere ein Band zwischen ihr und Popeye entstanden. Schon jetzt spürte sie die heilende Macht der Hunde.

AJ lief erstaunlich ruhig zwischen den 47 Hunden hin und her. Sie bezeichnete diesen Augenblick als »außerkörperliche Erfahrung«. Ich denke, sie konnte einfach nicht fassen, dass sie dies tatsächlich tat! Sie ging mit mir in den Hof hinaus und warf Tennisbälle für die Hunde. Von Sekunde zu Sekunde wuchs ihr Selbstvertrauen. Ja, ich fand sogar, sie fühlte sich stark genug, dass ich sie mit mehreren Pitbulls in einen eingezäunten Bereich einladen und eine ganz private »Pitbull-Party« für sie ausrichten konnte. Das fiel ihr schon etwas schwerer, aber sie vertraute und folgte mir.

Ich ließ sie dabei zusehen, wie Pitbulls Konflikte austragen – und wie ich den Tumult beende, bevor die Sache eskaliert. Ich zeigte ihr auch, wie man so lange wartet, bis ein Hund geistig entspannt ist, ehe man ihm Zuneigung schenkt. Was den Hund natürlich zur Entspannung ermu-

tigt. Es war wunderschön, dass sich Popeye vor uns hin-
legte und immer ganz nah bei AJ blieb, fast als wolle er sie
bewachen. Und nicht weit von uns beobachtete Sparky,
wie sich die ganze Angelegenheit entwickelte. Indem
er sehen konnte, wie AJs Unbehagen in der Gegenwart
großer Hunde verschwand, konnte sich Sparkys eigene
Aggression gegenüber seinen Artgenossen ein klein wenig
abbauen.

Ein wirklich wichtiger Augenblick kam, als AJ und ich
in der Umgebung des Dog Psychology Centers spazieren gingen, in einem Industriegebiet mit vielen Lagerhäu-
sern und zahlreichen frei laufenden Hunden. Unweit eines Grundstücks mit Gebrauchtwagen begegnete uns
eine schwangere Labrador-Mischlingshündin und fing an,
uns aggressiv anzubellen. Während der gesamten Begegnung blieb AJ ruhig, genau wie Sparky. Wieder ging ihr
ein Licht auf – dieser Augenblick lieferte ihr den klaren
Beweis, dass sie *tatsächlich* seine Energiequelle war! Ich
zeigte ihr, wie sie sich behaupten, ruhig und bestimmt bleiben und einfach im Stillen ständig wiederholen konnte:
»Ich will dir nichts tun, aber das ist mein Platz.« Ich for-
derte sie auf, einen Schritt auf den aggressiven Hund
zuzugehen, und sie sah, wie er unterwürfig davonlief.

»Geschafft«, sagte ich. »Du hast gewonnen.« Abbie war
in Hochstimmung. Sie sollte noch sehr viel mehr gewinnen.

Ungefähr zwei Wochen später lud ich AJ und ihren Mann
Charles noch einmal mit Sparky und Ginger ins Center
ein. Dieser Termin sollte das ganze Rudel stärken, aber
auch sicherstellen, dass AJ das bei ihrem ersten Besuch
Gelernte festigte. Die Veränderung in AJ war erstaunlich.

Ihre Augen leuchteten mehr, sie ging aufrechter, und ich sah, dass sie es kaum erwarten konnte, wieder zu all den Hunden hinter den Zaun zu dürfen! Um zu prüfen, was sie gelernt hatte, bat ich sie, Charles dieselben Regeln mitzuteilen, die ich ihr beim letzten Mal gegeben hatte.

Selbstbewusst zählte sie die Richtlinien auf: »Nicht anfassen, nicht ansprechen, nicht ansehen«, als sei sie schon tausendmal hier gewesen. Professionelle Erzieher wissen, wenn ein Mensch Informationen oder Fähigkeiten an andere weitergibt, verstärkt er dabei die eigene Kenntnis des Stoffes.[5] AJs Selbstvertrauen bekam einfach dadurch, dass sie Charles all das beibrachte, was sie zwei Wochen zuvor gelernt hatte, einen neuen Schub.

Im Center war AJ mindestens zu 90 Prozent der Zeit über ruhig und bestimmt. Ihr Körper und ihre Gesichtsmuskulatur waren entspannt, beim Gehen drückte sie die Schultern nach hinten, und ihr Blick blieb konzentriert, statt umherzuhuschen und den Boden nach möglichen Gefahren abzusuchen. Als einer der Pitbulls an ihr hochsprang, befahl sie ihm ruhig und bestimmt, unten zu bleiben, und sofort setzte er sich ruhig und unterordnungsbereit vor sie hin. Jedes Mal, wenn ihr etwas Neues mit den Hunden gelang, wuchs ihr Selbstvertrauen.

Als sie an jenem Tag das Center verließ, sagte sie nachdenklich: »Wenn ich immer mache, was Cesar sagt, wenn ich das schaffe, werde ich nicht nur keine Panikattacken mehr haben, sondern brauche überhaupt keinen Diensthund mehr.«

Wie sich herausstellte, brauchte Sparky sehr viel weniger Rehabilitation als AJ. Als er die Diensthundeprüfung mit Bravour bestand, war ich so aufgeregt, dass ich nicht aufhören konnte, jubelnd auf und ab zu springen. Ich fühlte mich, als hätten wir einen Oscar gewonnen. AJ schenkte mir eine Zeichnung, die sie von Popeye gemacht hatte, ihrem Freund aus dem Center, der ihre Ansichten über Pitbulls ins Wanken gebracht hatte.

Die wahre Erfolgsgeschichte in diesem Fall aber schrieb nicht Sparky, sondern AJ selbst. Als sie im Umgang mit Hunden – und vor allem mit Pitbulls! – lernte, die ruhige und bestimmte Energie zu meistern, beschritt sie einen Weg zur Selbsterkenntnis, der sie immer weiter führt. Inzwischen arbeitet sie wieder als Bio-Rohkostköchin und hat eine ehrenamtliche Tätigkeit als Lehrerin am Braille Institute aufgenommen. Gleichzeitig lässt ihre Panikstörung immer mehr nach. Sie sagt:

Cesar hat mir geholfen, zu verstehen, dass meine Ängste mich verschlingen werden, falls ich mich ihnen nicht langsam stelle. Wenn man seiner Furcht nicht begegnet, geht sie deshalb noch lange nicht weg. Tut man dies allerdings, kann sie tatsächlich verschwinden.

Die Arbeit mit Cesar hat mir geholfen, meine ängstliche in eine bestimmtere Energie zu verwandeln. Ich bekomme immer noch Angst – manchmal sogar sehr große –, aber jetzt bin ich bereit, wie es heißt, »die Angst zuzulassen … und trotzdem zu handeln«. Wenn man an einer Panikstörung leidet, neigt man dazu, weder zu kämpfen noch zu fliehen – man erstarrt einfach. Ich bin jetzt eine Kämpferin, und das habe ich Cesar zu verdanken.

Die Wahrheit ist, dass AJ mir eine ebenso wertvolle Lektion erteilt hat wie ich ihr. Ich gestand ihr, dass ich zwar niemals einen Hund aufgab, dass dies im Hinblick auf Menschen und ihre Fähigkeit, sich zu ändern, aber durchaus einmal vorkommen konnte. AJ hatte äußerst reale, sehr ernst zu nehmende Beschwerden, unter denen so mancher ein Leben lang leidet. Doch dank ihrer positiven Einstellung und ihrer großen Entschlossenheit gab sie sich nicht auf. Sie lehrte mich, niemals einen Menschen aufzugeben. Und wenn Menschen in ihrem Leben von Hunden lernen können, sind ihrem Wachstum keine Grenzen gesetzt.

Die Geschichte von AJ und Sparky ist eine wunderschöne Lehre von der Heilkraft der Hunde. Sie zeigt uns auch, welch erstaunliche Veränderungen sich in allen Bereichen unseres Lebens ergeben können, wenn wir den ruhigen und bestimmten Führungsstil meistern.

Könnte ein Hund sich sein Herrchen oder Frauchen aussuchen, würde er gewiss keine Kleinanzeige wie die folgende aufgeben: »Suche Hundeliebhaber, der mir Zuneigung, Zuneigung und nochmal Zuneigung schenkt!« Das liegt daran, dass ein Hunde*liebhaber* nicht für Ausgeglichenheit sorgt, sondern die Situation vielmehr aus dem Gleichgewicht bringen kann. In den *Tipps vom Hundeflüsterer* habe ich die Geschichte von Pitbull Emily erzählt. Sie wurde mit einem herzförmigen Fleck auf dem Rücken geboren und von dem Augenblick geliebt und bewundert, in dem ihr Frauchen Jessica sie zu sich nahm. Tagtäglich überschüttete Jessica sie mit Zuneigung. Trotzdem wuchs Emily zu einem sehr bösartigen kleinen Mädchen heran. Wenn ein Hund schon mit einem Menschen zusammenleben muss, dann hätte er lieber einen Besitzer, der sich auskennt, als lediglich einen Hunde*liebhaber*.

Hätten sie die Wahl, würden die meisten Tiere lieber mit ihren Artgenossen zusammenleben als mit Angehörigen einer anderen Spezies. Ein Tier ohne Bezug zur eigenen Art hängt gewissermaßen in der Luft – wie ein staatenloser Mensch. So war es beispielsweise in der Geschichte von Keiko, dem Killerwal aus dem Film »Free Willy – Ruf der Freiheit«. Er wurde in Gefangenschaft aufgezogen, dressiert und von seinen Trainern geliebt. Später wurde er immer wieder ausgesetzt, aber er konnte einfach keine Beziehung zu den wilden Killerwalen aufbauen. Er bemühte sich, aber sie akzeptierten ihn einfach nicht. Ihm fehlten die entsprechenden sozialen Fähigkeiten, und die Menschen konnten sie ihn nicht lehren.

Leider starb Keiko, ohne dass er je erlebt hatte, wie es sich anfühlte, einfach nur ein Killerwal zu sein, ohne dass er je stolz darauf gewesen war, ein Killerwal zu sein. Meiner Ansicht nach gilt Ähnliches auch für Hunde. Ich glaube, sie fühlen sich nur dann vollständig, wenn sie mit Artgenossen zusammen sein und eine Beziehung zu ihnen haben können. Vermögen sie sich an das Leben mit einer anderen Spezies anzupassen? Absolut. Es gehört zu unserem Überlebensmechanismus im weiteren Sinne, dass Tiere mit anderen Tieren zusammenleben können, solange sie nicht angegriffen werden. Aber würde ein Hund nicht lieber mit einem Hund als mit einem Menschen zusammen sein?

Auf der Farm meines Großvaters in Mexiko gab es »Ziegenhunde«. Um sie zu Hütehunden zu machen, wurden sie schon früh entwöhnt und anschließend von der Ziegenmutter aufgezogen, damit sie Teil ihrer Herde wurden. Aber als sie dann heranwuchsen, verhielten sie sich irgendwann nicht mehr wie Ziegen, sondern mehr wie Hunde. Nun, die Ziegen sind ihr Rudel – sie wurden von einer Ziege großgezogen. Diese Tiere sind ihre Familie. Trotzdem zeigten sie immer noch Verhaltensweisen, wie sie für

Hunde typisch sind. Irgendwann trafen sie dann auf Artgenossen, fanden ein Weibchen oder Männchen und entfernten sich von ihrer Ziegenfamilie. Die Tage verbrachten sie noch immer mit der Herde – aber nun war das ihre Arbeit, nicht mehr ihre ganze Identität. Sie fühlten sich gut dabei, Hunde zu sein.

So achten Sie den Menschen in sich

Die Geschichte von den Ziegenhunden ist gewissermaßen eine Metapher für mein eigenes Leben. Als Junge in Mexiko konnte ich mich nicht mit Menschen identifizieren. Ich hatte das Gefühl, anders zu sein. Statt nach menschlicher Nähe zu suchen, zog es mich zu Hunden hin. Bei ihnen fühlte ich mich frei, von ihnen fühlte ich mich nicht beurteilt, und außerdem konnte ich ein sehr wichtiges Element ihrer Gruppe werden. Das wurde Teil meiner Identität, und ich wurde ziemlich gesellschaftsfeindlich. Ich vertraute den Menschen nicht mehr. Ich schloss sie aus. Ich gab sie völlig auf. So lebte ich lange Zeit und steckte all meine emotionalen, spirituellen und instinktiven Energien in die Welt der Hunde.

Ich hielt dies für mein Schicksal. In Wirklichkeit fühlte ich mich von den Menschen zurückgewiesen, doch im Grunde lehnte ich mich selbst ab. Man kann der eigenen Art nicht den Rücken kehren, ohne sich auf irgendeine Weise selbst zu verleugnen. Man macht andere für das eigene Elend verantwortlich und vergisst darüber den Blick in den Spiegel. Nichts ändert sich – man vegetiert dahin. Vielleicht fühlt man sich sogar ganz gut dabei, aber man wächst nicht mehr.

Dann traf ich meine Frau Ilusion. Sie ist emotional
sehr offen, obwohl ihr in ihrem Leben sehr viel Leid zugefügt worden war. Trotzdem hat sie nie aufgehört, die
Menschen zu lieben und zu versuchen, das Beste in ihnen zu sehen. Meine Frau lehrte mich zu verstehen. Sie
erinnerte mich daran, wie wichtig es war, Beziehungen zu
anderen Menschen zu haben. Damals wurde mir klar, dass
ich nicht vollständig war. Meine Art, zu leben, war zur Gewohnheit geworden, zu einem Lebensstil, aber im Hinter-
kopf hatte ich das Gefühl, damit weder vollständig noch
glücklich zu sein.

Ich war wie Mogli, der wilde Junge in Rudyard Kip-
lings *Dschungelbuch*. Ich liebte meine Hunde auch weiterhin und war ihnen ergeben, aber am Ende musste ich ein
Gleichgewicht zwischen meinen Tieren und meinem eigenen »Rudel« finden – meiner menschlichen Familie. Wäre
mir das nicht gelungen, befände ich mich nicht in der
Lage, die Arbeit zu tun, die ich heute tue. Als Junge hatte
ich davon geträumt, mit Hunden zu arbeiten, um so den
Menschen zu entfliehen. Heute helfe ich dabei, Hunde
zu rehabilitieren, doch der Großteil meiner Bemühungen
konzentriert sich auf die Schulung der Menschen.

Wir alle sehnen uns nach bedingungsloser Liebe in unserem Leben, doch allzu oft scheuen wir die harte Arbeit,
die nötig ist, sie uns von unserer eigenen Art zu verdienen.
Stattdessen nehmen wir Tiere bei uns auf und erwarten,
dass sie uns mit Liebe versorgen. Sie können uns tatsächlich genauso nehmen, wie wir sind, und ich bin der Ansicht, dass jeder lernen sollte, ein Tier zu lieben – es macht
uns zu besseren Menschen und bringt uns der Natur näher. Doch wenn wir dabei nur an unsere eigenen Bedürf-

nisse denken, wird das eine egoistische Beziehung. Wir haben das Gefühl, endlich jemanden gefunden zu haben, unseren tierischen Seelenverwandten – und das ist herrlich therapeutisch und eine wunderbare Gelegenheit, zu spüren, wie es ist, so geliebt zu werden, wie wir sind. Das ist ein guter erster Schritt, aber noch lange nicht das Ende der Reise zur eigenen Identität innerhalb der eigenen Art – zur Verbindung mit dem Menschen oder dem »Rudel« Menschen, die uns ebenfalls akzeptieren, wie wir sind, wie das eben nur unsere Artgenossen können. Dies wird uns nicht gelingen, wenn wir andere für unsere Misserfolge verantwortlich machen. Wir müssen in den Spiegel blicken und uns ehrlich unseren Ängsten stellen.

Was unsere Hunde angeht, so sollten wir es als unsere Aufgabe betrachten, ihre Bedürfnisse an die erste Stelle zu rücken. Es wird Ihnen wirklich helfen und Ihnen sehr viel innere Kraft verleihen, die Bedürfnisse eines anderen Lebewesens zu erfüllen. Wenn Sie zusehen können, wie sich Ihr Hund von einem unsicheren, ängstlichen und aggressiven in ein ausgeglichenes, friedliches Tier verwandelt, ist das eine erstaunlich gute Therapie. Es stärkt Ihre Führungskraft und erhöht Ihr Selbstwertgefühl. Sobald Sie sich auf das konzentrieren, was für die Tiere das Beste ist, ernten Sie automatisch die Früchte, indem Sie von ihrer Ausgeglichenheit, ihrer natürlichen Lebensweise lernen. Sie wünschen sich ganz einfache Dinge vom Leben – doch diese bedeuten ihnen ebenso viel wie drei Milliarden Dollar meinem Freund, dem Tycoon.

Wenn Sie im Umgang mit Ihrem Hund eine ruhige und bestimmte Energie und einen ebensolchen Führungsstil meistern, wird Ihnen dies auch in anderen Lebensbereichen gelingen. Lassen Sie zu, dass Ihr Hund zu Ihrem vertrauensvollen Gefährten, Ihrem Spiegel – und letztlich Ihrem Führer wird, während Sie sich zu dem besten Menschen entwickeln, der Sie sein können.

Epilog

MENSCHEN UND HUNDE –
DER LANGE WEG NACH HAUSE

»Wir sind allein,
völlig allein auf einem Planeten des Zufalls,
und unter allen Gestalten des Lebens,
die uns umgeben,
hat sich nicht eine mit uns verbündet,
außer dem Hunde.«

Maurice Maeterlinck

Ich habe bereits gesagt, dass sich zwei Hundetrainer offenbar nur in einem einzigen Punkt einigen können – nämlich darin, dass ein dritter alles falsch macht. In ähnlicher Weise streiten sich die Wissenschaftler auf der Suche nach Antworten auf die Fragen, wie und wann der Hund domestiziert wurde, ständig um die Lösung eines der größten Rätsel aller Zeiten. Ich bin weder Wissenschaftler noch Archäologe oder Historiker. Aber tun Sie mir bitte den Gefallen und spielen Sie einen Augenblick mit. Nutzen Sie die mächtige Vorstellungskraft im vorderen Teil Ihres großen, menschlichen Gehirns, um sich diese mögliche Szene auszumalen:

Wir befinden uns in einer Zeit vor ungefähr 12 000 Jahren. Es ist der Höhepunkt der Eiszeit. An einem frostigen Tag mit Temperaturen unter null zeigt sich ein Lebenszeichen auf der Landbrücke der Beringstraße, die den asiatischen Kontinent mit der »Neuen Welt« verbindet. Auf der Suche nach besseren Jagdgründen stapft eine kleine Gruppe früher Menschen über die gefrorene Ebene und kämpft sich trotz Wind und Schnee vorwärts. Ein Rudel wolfsähnlicher Caniden – die frühesten Vorfahren des modernen Hundes – trottet hinter der bunt zusammengewürfelten Gruppe her. Vielleicht suchen die Vierbeiner nach Nahrung für ihren Nachwuchs und nach von den Menschen auf ihrer Wanderschaft zurückgelassenen Essensresten. Vielleicht wurden sie auch dazu verpflichtet, große Gegenstände auf einem Schlitten zu ziehen. Aber vielleicht – nur vielleicht – halten sie diese Menschen am Leben, indem sie ihnen beim Jagen helfen. Mit ihren empfindlichen Nasen können sie potenzielle Beutetiere aus vielen Kilometern Entfernung riechen. Mit ihrer Wolfs-DNA sind sie von Natur aus die besseren Jäger und Fährtensucher. Sie sind schneller als die Menschen und besser im Einklang mit den anderen Tieren in ihrer Umgebung. Vielleicht hätte die kleine Menschengruppe die Überquerung ohne diese Tiere nicht überlebt.

Was, wenn die ersten Hunde weniger von den Menschen lernten als umgekehrt die Menschen von den Hunden?

Natürlich ist das nur eine Phantasievorstellung – mein ganz privater kurzer Hollywoodfilm, den ich immer wieder gern in meinem Kopf abspiele. Aber in diesem Bild verbirgt sich eine Wahrheit, von der ich absolut überzeugt bin: Ganz gleich, was wir tun mussten, um es von unserer frühen Vergangenheit bis ins 21. Jahrhundert zu schaffen – ich habe keinerlei Zweifel daran, dass Mensch und Hund weite Teile dieser Reise *zusammen* zurückgelegt haben. Ich sage immer, dass das Gehen mit Hunden – das Umherziehen mit ihnen – unsere stärkste Form der Kommunikation mit ihnen ist, denn es ahmt diese uralten, ursprünglichen Wanderungen nach. Seite an Seite haben wir uns auf diesem Planeten zu zwei sehr unterschiedlichen Arten entwickelt, die ein Überlebensbündnis eingegangen sind. Wir sind beide soziale Lebewesen, leben beide in »Rudeln«. Vermutlich haben wir uns von Anfang an stark miteinander identifiziert – so stark, dass unsere Geschichte stets miteinander verflochten sein sollte.

Wir haben uns in die Hunde verliebt, haben sie ebenso sorgfältig bestattet wie unsere eigenen Toten. Wir haben die Wände unserer Paläste mit Bildern von ihnen geschmückt, unsere alten Götter nach ihrem Bild geschaffen. Und aus irgendeinem Grund lieben sie uns wohl ebenfalls. Hunde sind die einzigen Nichtprimaten, die instinktiv auf unsere Gesten reagieren. Sie sind die einzigen Nichtprimaten, die unseren Gesichtsausdruck nach Hinweisen für unsere Absicht absuchen. Sie sind die einzigen Tiere, die automatisch von uns erwarten, dass wir ihnen Führung geben in dieser seltsamen, technisch-komplexen Welt, die wir aus unserem Planeten gemacht haben.

Diese edlen Tiere – die sich in so vieler Hinsicht von uns unterscheiden und uns in anderer so ähneln – sind unsere engste Verbindung zu dem von uns zurückgelassenen instinktiven Selbst. Wenn wir in ihre vertrauensvollen Augen blicken, spiegeln sich sowohl unsere Stärken als auch unsere Schwächen perfekt darin wider. Wir können hier unendlich viele Lektionen lernen, wenn wir bereit und mutig genug sind, danach zu suchen.

Ich hoffe, dieses Buch hilft Ihnen, Ihre geliebten Hunde in einem noch bedeutungsvolleren Licht zu sehen und sich stets des ewigen Bandes zwischen uns bewusst und dankbar dafür zu sein.

Anhang

EINE KURZE ANLEITUNG, UM EIN BESSERER RUDELFÜHRER ZU WERDEN

Die erste Begegnung mit einem Hund

- Gehen Sie nicht auf den Hund zu; denn Rudelführer nähern sich Rudelmitgliedern niemals selbst – diese kommen zu ihnen. Manchen Menschen fällt das sehr schwer, weil sie einfach zu einem entzückenden Hund hinlaufen und ihn streicheln müssen. Doch ganz gleich, wie niedlich das Tier ist, vergessen Sie bitte nicht, dass es ein Lebewesen mit eigener Würde ist und ebenso viel Respekt verdient wie ein Mensch.
- Normale Hunde werden wissen wollen, wie Sie riechen. Deshalb müssen Sie ihnen erlauben, zu Ihnen zu kommen und Sie zu beschnuppern. Besuchen Sie jemanden zum ersten Mal zu Hause, wird sein Hund viel besser auf Sie reagieren, wenn Sie ihn zunächst ignorieren und warten, bis er sich mit Ihnen bekannt macht. Da die meisten Leute keine Ahnung von Hundeetikette ha- ben, sind viele Tiere daran gewöhnt, dass sich die Men-

schen ihnen unaufgefordert nähern. Aus diesem Grund haben sie Abwehrmechanismen wie Schüchternheit, Angst und manchmal sogar Aggression entwickelt. Indem Sie einem Hund gestatten, sich mit Ihnen vertraut zu machen, bevor Sie sich ihm Ihrerseits nähern, geben Sie ihm den Raum, sowohl Respekt als auch Vertrauen aufzubauen.

– Denken Sie an meine Regel »nicht anfassen, nicht ansprechen, nicht ansehen«, während die Nase des Hundes damit beschäftigt ist, Ihre Energie und die verschiedenen Gerüche Ihres Körpers zu analysieren. Dieses Schnuppern kann zwischen drei Sekunden und einer Minute in Anspruch nehmen. Es ist wichtig, den Hund bei diesem Ritual nicht zu unterbrechen. Sie würden ja auch nicht mitten in einem Händedruck davonlaufen, oder?

– Wenn sich der Hund mit Ihnen bekannt gemacht hat, wird er Ihnen ein Zeichen geben, ob er mit Ihnen kämpfen, vor Ihnen davonlaufen, Sie ignorieren oder Ihnen »Respekt« zollen möchte – was nur eine andere Bezeichnung für »Unterordnungsbereitschaft« ist. Im letzten Fall wird eine sehr freundliche Schwingung bei Ihnen ankommen, und manchmal drückt sich der Hund dann behutsam an Sie heran. Das ist das Zeichen, dass Sie ihn nun berühren oder streicheln dürfen.

– Viele Menschen verfolgen einen Hund oder drängen ihm ihre Aufmerksamkeit auf, obwohl er sie lieber ignorieren würde. In der Hundewelt ist das unhöflich. Stellen Sie sich vor, Sie hätten gerade jemandem formal die Hand geschüttelt und sich umgedreht, um sich wieder Ihren eigenen Angelegenheiten zu widmen, und derjenige würde Sie einfach nicht in Ruhe lassen.

Wenn ein Hund Sie ignorieren möchte, wendet er sich einfach ab, schaut in die andere Richtung und wendet den Blick entweder dem Boden oder anderen Objekten zu, die seine Aufmerksamkeit wecken. Vielleicht läuft er davon. Im Grunde sagt er damit: »Danke, aber nein danke.« Das Beste, was Sie dann tun können, ist, ihn ebenfalls zu ignorieren.

– Zeigt ein Hund allerdings Anzeichen von Dominanz oder Aggression Ihnen gegenüber, könnte er es als Schwäche werten, wenn Sie ihn ignorieren. Ein verräterisches Signal könnte es sein, wenn er Sie anstarrt, die Lefzen hochzieht oder einfach körperlich aggressiver auftritt – wenn er Sie etwa kräftig anrempelt oder Ihnen auf die Zehen tritt. In diesem Fall sollten Sie sich behaupten. Stellen Sie keinen intensiven Blickkontakt her, denn das wird sofort als Herausforderung empfunden. Ihr Ziel ist es nicht, Streit anzufangen oder den Hund zu zwingen, dass er Sie als »Boss« anerkennt. Sie wollen lediglich mit demselben Respekt behandelt werden, den sie ihm entgegenbringen. Benutzen Sie einfach Ihren Körper und Ihren beruhigenden »inneren Dialog«, um Ihren Platz zu behaupten. In der Hundewelt wird ständig über den eingenommenen Raum »verhandelt« – und die meisten Tiere werden Ihnen Ihren Raum zugestehen, sobald Sie ihn für sich beanspruchen.

– Falls die Aggression anhält, sollten Sie den Besitzer so ruhig und bestimmt wie möglich bitten, den Hund zu entfernen, weil Sie sich nicht wohlfühlen. Tun Sie das sofort – denn wenn Sie zulassen, dass Ihre Gefühle eskalieren und sich zu Nervosität oder Angst entwickeln, können Sie damit eine langfristige Problembeziehung zu diesem Hund programmieren. Natürlich muss der Besitzer das Tier ruhig und bestimmt entfernen. In diesem Augenblick kommt es darauf an, dass sich niemand aufgeregt benimmt.

Den Hund mit fremden Personen (vor allem Kindern) bekannt machen

– Wenn Sie die Straße entlanggehen und ein Kind oder ein Fremder Ihren Hund streicheln möchte, vergessen Sie vor allem nicht, dass Sie der Rudelführer sind und die Situation jederzeit unter Kontrolle haben müssen.

– Überlassen Sie dem Kind bzw. dem Fremden niemals den ersten Schritt. Sie müssen es (oder den Fremden) beobachten, sich ansehen, wie sie sich benehmen, und dabei besonders auf Körpersprache und Blickkontakt achten. Falls der Betreffende aufgeregt ist, kann der Hund dies als eine Form von Respektlosigkeit auffassen und dann vielleicht versuchen, ihn zu korrigieren, indem er ihn mit dem Kopf, dem Körper oder den Füßen anstößt. Sie können nicht einfach zu Ihrem Hund sagen: »Keine Sorge, das ist der Sohn meines Freundes.« Er wird das Kind nicht so sehen, und es wird ihm egal sein, ob das ein Mensch ist, der »Hunde liebt«. Er wird sein Urteil aufgrund der Intensität der Energie, der Geschwindigkeit, der Art und Weise sowie der Stellen treffen, an denen das Kind ihn berührt.

– Falls Sie Ihren Hund kennen und ihm im Umgang mit Fremden vertrauen können (und er genügend Bewegung hatte und weder ängstlich noch frustriert ist), empfehle ich Ihnen, zu dem Kind zu sagen: »Warum wartest du nicht ab, bis er sich mit dir bekannt gemacht hat? Ich habe drei Regeln – zwei Minuten lang nicht anfassen, nicht ansprechen und nicht ansehen.« Beobachten Sie nun die Reaktion Ihres Hundes. Wenn Sie es für sicher halten, erlauben Sie dem Kind, ihn zu streicheln. Achten Sie jedoch darauf, dem Kind zu zeigen, wie es mit ihm umgehen soll, denn vermutlich werden nur Sie als Besitzer wissen, wenn Ihr Hund an bestimmten Stellen oder auf eine bestimmte Weise nicht angefasst werden möchte.

– Falls Ihnen die Energie des Kindes unpassend erscheint oder Sie das Gefühl haben, dass Ihr Hund nicht in der Stimmung für eine harmlose Begegnung mit ihm ist, lautet die korrekte Antwort auf die Bitte, ihn streicheln zu dürfen: »Es tut mir leid, aber wir üben gerade.« Es ist sehr viel besser, auf Nummer sicher zu setzen – vor allem wenn es um das Wohlergehen eines Kindes geht.

So führen Sie jemanden in Ihren Haushalt ein

Die meisten Hunde werden anschlagen, wenn ein Besucher vor der Tür steht. Das ist normal und Teil des »Hundewarnsystems«. Es ist einer der vielen Gründe, weshalb die frühen Menschen Hunde in ihr Leben integrierten – sie sollten sie auf Unbekannte oder mögliche Gefahren aufmerksam machen. Schwierig wird es erst, wenn wir die Kontrolle über das Gebell unseres Hundes haben wollen, er uns aber zugleich bei der Entscheidung helfen soll, ob wir dem Menschen an der Tür vertrauen können oder nicht. Wir wünschen uns ein Alarmsystem, das wir an- und ausschalten können, aber ein Hund ist ein lebendiges We-

sen mit einem eigenen Kopf. Hier sind Planung, Wiederholungen und Ihre Fähigkeiten als Rudelführer gefragt:

- Es ist klug, Ihrem Hund beizubringen, dass nur eine
  bestimmte Anzahl von Bellgeräuschen von ihm erwartet wird. Je länger er bellt, desto mehr wird er in jenem
  wachsamen Verhaltensmodus bleiben, der nichts mit
  Ruhe und Unterordnungsbereitschaft zu tun hat. Wenn
  er drei- bis viermal bellt, sollte das genügen, um die
  Personen auf der anderen Seite der Tür darauf aufmerksam zu machen, dass ein Hund im Haus ist. Außerdem
  erledigt er damit eine Aufgabe für Sie – er kündigt dem
  Rudel Neuankömmlinge an.
- Falls Ihr Hund im Raum ist, sollte er sich in einem ruhigen und unterordnungsbereiten Zustand befinden,
  ehe Sie die Tür öffnen. Ich ziehe gern eine unsichtbare
  Grenze um den Eingangsbereich, der nur mir allein ge-
  hört – nicht dem Hund. Er kann ruhig außerhalb dieses
  Kreises warten, darf sich dem neuen Besucher aber erst
  dann nähern, wenn ich beiden die Erlaubnis dazu gebe.
  Das kann sehr viel Training erfordern, bei dem Sie als
  Rudelführer den Platz für sich »beanspruchen« und dem
  Hund mit Korrekturen und mit der Verstärkung durch
  Leckerlis und Zuneigung beibringen müssen, geduldig
  auf Ihre Erlaubnis zu warten, statt einfach loszustür-
  men.
- Damit haben Sie einen sicheren Raum geschaffen und
  können die Tür öffnen. Falls der Betreffende noch nie
  bei Ihnen war, bitten Sie ihn höflich, Ihre Regeln zu
  befolgen und den Hund weder anzufassen noch anzusprechen oder anzusehen, bis er sich mit ihm bekannt
  gemacht hat. Geben Sie dem Hund die Erlaubnis für

sein Kennenlernritual. Nein, aufgeregtes Hochspringen gehört nicht dazu. Wenn das Kennenlernen beendet ist, können Sie mit der Begrüßung fortfahren.

– Sobald sich der Hund an den Besucher gewöhnt hat, müssen Sie diese Regeln nicht mehr ganz so streng beachten. Wenn er sich in der Gegenwart des Neuankömmlings entspannt und versteht, dass auch dies ein Mensch in einer Führungsrolle ist, muss er sich keine Gedanken mehr darüber machen, welche Position der Betreffende wohl im »Rudel« einnehmen könnte. Ihr Hund weiß nicht, dass die Besucherin zum Beispiel Ihre älteste Freundin ist, die mit Ihnen Ihren Geburtstag feiern möchte. Er will lediglich wissen, *welche Rolle diese neue Person in seiner Welt spielt*. Ihre Aufgabe als Rudelführer ist es, dafür zu sorgen, dass sowohl Hund als auch Gast dies verstehen.

Einige Hundebesitzer – besonders solche mit einem mehrköpfigen Rudel – schicken die Tiere lieber aus dem Zimmer, sobald ein neuer Besucher kommt. Wenn Sie einen Hund mit Leckerlis darauf trainieren, das Zimmer zu verlassen, sobald es an der Tür klingelt, kann das die Spannung der ersten Begegnung mildern und dazu führen, dass er neue Leute mit angenehmen Begleiterscheinungen wie Leckerbissen in Verbindung bringt. Wichtig ist allerdings, dass Sie als Rudelführer trotzdem auf einer – nach menschlichen und »hündischen« Maßstäben der Etikette – höflichen Begegnung bestehen und diese auch überwachen, sobald sich der Gast heimisch fühlt.

Meistern Sie die »Kunst des Spazierengehens«

– Der ideale Zeitpunkt für einen Spaziergang ist dann,
  wenn Sie nicht in Eile sind. Planen Sie mindestens eine
  ganze Stunde ein, und zwar nicht unbedingt für den
  Ausflug selbst, sondern für das gesamte Ritual. Es soll
  eine sinnvolle, erfreuliche Erfahrung für Sie und Ihren
  Hund sein und nicht etwas, was Sie nur erledigen, um
  anschließend zur »wirklichen« Tagesordnung zurückkehren zu können. Falls Sie das die meiste Zeit über so
  empfinden sollten, merkt Ihr Hund das, und es wird das
  Band zwischen Ihnen schwächen.
– Die beste Zeit für einen Spaziergang ist tagsüber.
  Hunde sind tagaktiv, und wenn Sie mit ihnen im Hellen spazieren gehen, deckt sich das mit ihrer biologischen Uhr. Natürlich können sich Hunde genau wie wir
  Menschen daran gewöhnen, auch nachts aktiv zu sein,
  aber aus biologischer Sicht sind beide Arten während
  der Tagesstunden am leistungsfähigsten.
– Wenn Sie die Prinzipien der Hundepsychologie befolgen wollen, müssen Sie verstehen, dass Sie nicht zu viel
  Aufregung wegen des Spaziergangs verursachen dürfen. Ihr Hund durchschaut Sie, und für ihn beginnt
  das Ritual bereits in dem Augenblick, in dem Sie zum
  ersten Mal über einen möglichen Ausflug *nachdenken*!
  Schon die Leine genügt, und er wird zappelig. Rufen
  Sie ihn nicht mit heller, aufgeregter Stimme und gestatten Sie weder Hochspringen noch andere hysterische
  Verhaltensweisen. Warten Sie unbedingt ab, bis er sich
  beruhigt hat, selbst wenn Sie ihm nur die Leine anlegen.

– Es ist wirklich wichtig, dass Sie das Ritual des Rudelführers verstehen. Ein Rudelführer hat eine Aufgabe
oder eine Absicht; deshalb wissen die Hunde instinktiv,
dass sie ihm folgen müssen. Das Leittier weiß, was es
macht; darum sollten auch Sie zumindest so tun! Achten Sie auf Ihren inneren Dialog; er sollte stark, ruhig
und bestimmt sein.

– Nachdem Sie Ihren Hund angeleint haben und er sich
in einem ruhigen und unterordnungsbereiten Zustand
befindet, öffnen Sie die Tür. Ist er *immer noch* ruhig und
unterordnungsbereit? Wenn nicht, warten Sie so lange,
bis dies der Fall ist. Gehen Sie zuerst hinaus und lassen
Sie Ihren Hund nachkommen. Er sollte nicht vor Ihnen
zur Tür hinausflitzen. Draußen angekommen, befehlen
Sie Ihrem Hund, sich zu setzen, sich zu beruhigen und
sich zu entspannen. Schließen Sie die Tür. Ganz gleich,
was Sie machen müssen, bemühen Sie sich, es ohne
Eile zu tun. Deshalb planen Sie ja auch genügend Zeit
ein. Ob man's glaubt oder nicht, das Wichtigste an diesem Ritual ist der *Anfang*. Er gibt den Ton für die ganze
weitere Erfahrung vor.

– Falls Sie die umgekehrte Situation kennen und die Leine
Ihren Hund furchtsam macht, sollten Sie möglichst
leise vorgehen. Räumen Sie alle Möbelstücke aus dem
Weg, hinter denen er sich verstecken möchte. Warten
Sie dann, bis er zu Ihnen kommt, und legen Sie ihm
die Leine an. Dies ist eine gute Gelegenheit, Leckerlis
zu geben, sofern das nötig ist. Achten Sie darauf, alles
langsam und mit der größtmöglichen ruhigen und bestimmten Energie zu tun. Gehen Sie mit einem solchen
Hund aber nicht sofort nach draußen. Laufen Sie zunächst ein wenig mit der Leine in Ihrer eigenen Umge-

bung herum, bis ein Energiefluss entstanden ist, in dem Sie sich langsam der Tür nähern und sie öffnen. Warten Sie, bis der Hund ruhig und unterordnungsbereit ist, ehe Sie hinausgehen und die Tür schließen. Falls er Fluchtversuche startet, warten Sie so lange, bis er sich wieder beruhigt hat, ehe Sie irgendetwas anderes tun, damit Sie niemals einen instabilen Geist honorieren. Wenn Sie in einem solchen Fall nämlich die Tür öffnen, wird das als eine Belohnung registriert.

— Beim Spaziergang sollte Ihr Hund neben oder hinter Ihnen, aber niemals vor Ihnen herlaufen. Wenn Sie das prickelnde Gefühl nicht kennen, wenn ein Hund (oder auch mehrere!) in völligem Einklang mit Ihrer Energie und Ihren Bewegungen neben Ihnen herläuft, dann haben Sie meiner Meinung nach eine wunderbare Lebenserfahrung verpasst! Falls Sie lediglich von einem Hund, der weit vor Ihnen läuft, an der Leine hinterhergezerrt werden, dann haben Sie die wahre Schönheit und Verbundenheit, die während eines korrekten Spaziergangs entsteht, niemals kennengelernt. Vertrauen Sie mir: Sobald es Ihnen auch nur ein einziges Mal gelungen ist, werden Sie nie wieder zu der alten Methode zurückkehren wollen!

— Sofern sich Ihr Hund in dieser Zeit seine wunderbare Geisteshaltung bewahrt hat, können Sie ihn belohnen, indem Sie ihn sein Geschäft machen lassen. Auch der Fall, dass er automatisch den nächsten Baum ansteuert, sobald er zur Tür hinaus ist, ist in Ordnung – wenn er dabei ruhig und nicht aufgeregt ist. Der nächste Schritt betrifft das, wonach ich am häufigsten gefragt werde: »Wann lasse ich meinen Hund schnuppern?« Ich empfehle, dem Hund während seiner »Pipipause« nicht mehr als fünf Minuten zuzugestehen, die er für »sich selbst« hat.

– Nun ist es Zeit für das Migrationsritual – das gemeinsame Vorwärtsbewegen. Diese Aufgabe sollte es dem Hund nicht erlauben, den Boden zu beschnuppern, sich umzusehen oder sich von bellenden Hunden hinter Zäunen ablenken zu lassen. Hier strahlen Sie Folgendes aus: »Ich bin der Rudelführer. Übe dich darin, mir zu folgen.« Nachdem Sie ungefähr eine Viertelstunde erfolgreich miteinander gegangen sind, können Sie ihn noch einmal belohnen, indem er zwischen zwei und maximal fünf Minuten lang vorneweg laufen und am Boden schnuppern darf. Die Belohnungsphase sollte immer sehr viel kürzer sein als die der Leistung, denn schließlich soll er Sie mehr als Rudelführer und weniger als einen Freund betrachten, der hinter ihm herläuft. Jedes Mal, wenn der Hund ohne Erlaubnis vor Ihnen läuft, macht das ihn glauben, er hätte auf diesem Spaziergang die Führung.

– Versuchen Sie niemals, eine Begegnung zwischen Ihrem Hund und einem Artgenossen herbeizuführen, der nicht dieselbe »Geisteshaltung« hat wie er. Machen Sie keine Experimente. Wenn Ihr Hund ruhig und unterordnungsbereit und der andere aufgeregt ist, kann es nicht gesund sein, die beiden aufeinandertreffen zu lassen. Falls Sie möchten, dass der andere Hund eine Rolle im Leben Ihres Gefährten spielt, müssen Sie zunächst dafür sorgen, dass Sie alle zusammen ein wenig in Rudelformation gehen, bevor Sie die beiden miteinander spielen lassen.

– Gestalten Sie Ihre Route so abwechslungsreich wie möglich. Hunde mögen Routine – aber sie lieben auch das

Abenteuer! Wenn sie neue Orte, neue Landschaften und neue Gerüche erleben können, ist das für sie ein Teil der psychologischen Herausforderung.
– Vergessen Sie nicht, die Hundehaufen zu entfernen!

Noch ein Hinweis zum Spaziergang: Falls das Wetter zu schlecht ist, um vor die Tür zu gehen, dann lassen Sie Ihren Hund nicht einfach im Haus sitzen, ohne ihm »mitzuteilen«, weshalb der gemeinsame Ausflug heute entfällt. Gehen Sie mit ihm zur Tür, damit er den Regen, den Schnee – oder was auch immer – fühlen kann. Sobald er sich seinen eigenen »Wetterbericht« holen kann, wird er vollends verstehen, weshalb Sie heute nicht gemeinsam auf Wanderschaft gehen.

Die Heimkehr

– Wann kehrt man vom Spaziergang zurück? Wenn Sie Ihren Hund und seine körperlichen wie psychischen Bedürfnisse kennen, können Sie entscheiden, wie viel Zeit Sie jeden Morgen und jeden Nachmittag für den gemeinsamen Spaziergang einplanen wollen. Bei kleineren Hunden oder solchen mit niedrigerem Energieniveau empfehle ich ein Minimum von 30 bis 45 Minuten. Bei allen anderen – ausgenommen älteren Tieren oder solche mit Behinderungen – rate ich zu mindestens 45 Minuten Bewegung. Falls Sie einen Rucksack verwenden oder tagsüber Zeit für das Training auf dem Laufband bzw. für andere anstrengende Betätigungen einplanen, können Sie die Dauer verkürzen. Sie werden die Grenzen Ihres Hundes kennenlernen und feststellen, wann er allmählich müde wird und bereit ist, nach Hause zurückzukehren.

– Folgen Sie bei der Rückkehr denselben Prinzipien wie beim Verlassen des Hauses. Viele meiner Klienten meistern den ersten Teil des Spaziergangs und klinken sich dann aus, sobald sie die Tür aufsperren und wieder zu Hause sind. Damit machen sie fast alles wieder zunichte, was sie soeben erreicht haben. Sie als Rudelführer sollten die Türen öffnen und *Ihr* Revier zuerst betreten. Unmittelbar darauf entscheiden *Sie*, was der Hund nach seiner Heimkehr tun muss.

– Legen Sie sich einen Plan für den Augenblick Ihrer Rückkehr zurecht. Ihr Hund wird wissen wollen, welche Rolle er nach seiner Heimkehr spielen wird. Deshalb sollten Sie schon vorab überlegt haben, was sie von ihm verlangen wollen. Vielleicht gibt es eine Stelle, an der Ihr Hund sitzen und warten soll, während Sie die Leine, den Mantel oder die Laufschuhe an ihrem Platz deponieren oder kurz ins Bad gehen. Eine solche »psychologische« Herausforderung wird den Wert des Spaziergangs erhöhen und Ihre Führungsrolle im Haus stärken.

– Nach dem Spaziergang ist die beste Zeit, um Ihrem Hund Futter und Wasser zu geben. Damit ahmen Sie die natürliche Erfahrung so gut wie möglich nach – losziehen, gemeinsam laufen, Beute finden, Beute verzehren. Manchmal ist es allerdings besser, wenn sich ein Hund vor dem Fressen noch ein wenig entspannen und ausruhen kann. Vielleicht ist es ihm nach einem langen Spaziergang lieber, wenn Sie ihm etwas Wasser hinstellen und ihm dann eine kleine Ruhepause gönnen, etwa während Sie duschen und sich umziehen. Im Dog Psychology Center dauert es nach der Rückkehr von unserem morgendlichen Ausflug ein wenig, bis ich das Futter vorbereitet habe, und in dieser Zeit bekommen die Hunde ihr Wasser und ruhen sich kurz aus.

Das Fütterungsritual

- Mir persönlich ist es wichtig, das Futter meiner Hunde mit den Händen zu mischen. Liebe kann man nicht in Dosen kaufen, und ich möchte die Mahlzeit sowohl mit meinem Geruch als auch mit meiner Energie erfüllen. Ich will ihnen mehr als nur körperliche Nahrung geben. Ich will sie nähren, wie ich von meiner Mutter genährt wurde, die jede Mahlzeit mit so viel Liebe zubereitet hat. Dies ist eines meiner ganz persönlichen Rituale. Es ist natürlich keineswegs »Pflicht«, aber ich glaube, ein guter Rudelführer zu werden heißt, dass Sie immer neue Mittel und Wege finden, eine natürliche Verbundenheit zwischen Ihnen und Ihrem Hund herzustellen.
- Für die psychische Gesundheit Ihres Hundes, für sein ganzes Wesen – wenn Sie möchten, können Sie auch »Seele« dazu sagen –, ist es äußerst wichtig, dass er sich sein Futter *verdient*, denn das stärkt sein Selbstwertgefühl. Es erfüllt ihn mit innerem Stolz, es ist für ihn wie die Verleihung einer Goldmedaille. Wenn wir unseren Hunden einfach einen Futternapf hinknallen, verwehren wir ihnen dieses grundlegende tierische Bedürfnis.
- Es ist ganz typisch für einen Hund, dass seine Erregung steigt und er Interesse zeigt, wenn Futter vorbereitet

wird oder jemand eine Dose öffnet. Die Geräusche und Gerüche der Nahrung wecken äußerst angenehme Assoziationen in ihm. Da wird er selbstverständlich sofort munterer. Allerdings ist es ebenso normal für ihn, zu der Geisteshaltung zurückzukehren, in der er sich vor dem Aufmachen der Dose befunden hat. Falls Sie feststellen, dass er übermäßig aufgedreht oder interessiert ist, sind das erste Anzeichen, ehe das Verhalten weiter eskaliert. Gehen Sie sofort darauf ein – schicken Sie ihn wieder in den »Wartemodus« und geben Sie ihm erst dann etwas zu fressen, sobald er diesen zwanghaften, übererregten Zustand überwunden hat.

– Wenn Sie vor der Fütterung eine Phase ruhigen und unterordnungsbereiten Wartens einführen, ist das eine wichtige psychologische Herausforderung. Diese Wartezeit fällt Hunden sehr schwer, da in freier Wildbahn Aufregung und Dominanz dafür sorgen, dass sie etwas zu fressen bekommen. In der Natur frisst der Aktivste, Schnellste und Mutigste zuerst. Aber Hunde sind Haustiere, und deshalb können wir für einen ganz anderen Zustand sorgen, sodass sie nicht dominant sein müssen, um ihre Mahlzeit zu bekommen. Dies ist besonders wichtig, wenn Sie zwei oder mehr Hunde haben! Sie können von Ihrem Tier verlangen, ruhig zu bleiben, während Sie sich mit der Futterzubereitung etwas Zeit lassen. Wenn Sie einen Hund einen Augenblick lang fordern, sorgt eine solch konzentrierte Aktivität für Sammlung und Aufmerksamkeit und stärkt zudem sein Selbstvertrauen. Es ist immer besser, den Hund zu fordern, als sich umgekehrt pausenlos von ihm reizen zu lassen.

– Im Dog Psychology Center baue ich eine weitere Schwierigkeit in die Fütterung ein: Ich befehle den Hunden, *mich* anzusehen und nicht den Futternapf, ehe ich ihnen ihr Fressen gebe. Damit erreiche ich zweierlei: Ich verhindere erstens, dass sie sich zwanghaft auf das Futter konzentrieren, und schaffe zweitens ein Ritual der »Wertschätzung« zwischen mir und dem Rudel. Mit anderen Worten, ich als Rudelführer versorge sie mit Nahrung. Ich bin die Quelle all dessen, was sie haben. Wenn sie sich auf mich konzentrieren, kann ich ihnen mit meinen Augen beruhigende Energie schicken und so dafür sorgen, dass sie entspannt bleiben. Mit dieser über den Blickkontakt geführten Konversation will ich sie *nicht* dominieren! Sie dient vielmehr dazu, das verbindende Ritual zu stärken – und eine ausgedehnte Unterhaltung zu führen: »Ja, ich werde euch dieses Futter geben. Ich freue mich darauf, es mit euch zu teilen, und ich bin sehr stolz auf euch, weil ihr so ruhig seid, wie ich das möchte.« Während die Unterhaltung weitergeht, spiegeln wir gegenseitig unsere Energie, wie ich das in diesem Buch beschrieben habe. Wenn sowohl Menschen als auch Hunde einander mit derselben Energie versorgen und wir uns im selben energetischen Zustand befinden, stärkt dies das uns verbindende Band.

Mit Futteraggression umgehen

Es ist vollkommen normal, dass alle Fleischfresser bezüglich ihres Futters ein gewisses Verteidigungsverhalten entwickeln – in diesem Punkt kommen die uralten Überlebensinstinkte durch. Sicher kennen auch Sie jemanden, der nicht einmal ein einziges Pommes-frites-Stäbchen herausrücken würde! Aber Futterneid oder die zwanghafte Fixierung auf das Futter sollten bei keinem Hund in einem Haushalt geduldet werden. Eine schwach ausgeprägte Aggression lässt sich mit einigen der im Folgenden aufgeführten Schritte beseitigen. An extremere Fälle sollte sich aber nur heranwagen, wer bereits Erfahrung im Umgang mit Aggression hat. Ein Profi kann damit beginnen, dass er die Futterfixierung beseitigt und Ihnen dann als »Hausaufgabe« aufgibt, die Rehabilitation fortzusetzen.

Sie sollten Futteraggression immer ernst nehmen, auch bei einem Welpen. Ein solches Verhalten ist nicht »niedlich« und zudem ein ziemlich klarer Beweis dafür, dass Sie kein echter Rudelführer sind.

– Achten Sie auf verräterische Zeichen von Aggression am Futternapf. Wenn Sie auf Ihren Hund zugehen und er daraufhin sein Futter verteidigt, werden Sie sehen, wie er den Kopf zum Fressen senkt und sich darüber neigt, als wolle er Ihren Zugang dazu blockieren. Vielleicht stellen Sie auch fest, dass sich seine Nackenhaare sträuben, damit er größer wirkt – wie ein Kugelfisch. Sie werden die Anspannung in seinem Körper sehen und erkennen, dass seine Rute hölzern aussieht, selbst wenn sie sich bewegt. All diese Zeichen dienen dem Dialog mit Ihnen oder einem anderen Hund und sagen: »Das gehört mir – halt dich fern!«
– Falls Sie mehr als einen Hund haben und die Aggression nicht Ihnen, sondern einem anderen Tier gilt, ist die Angelegenheit etwas einfacher zu lösen. In meinem

»Rudel« wird der aufgeregte oder dominante Hund niemals zuerst gefüttert. Wir belohnen stets das ruhigste und unterordnungsbereiteste Tier, dessen Verhalten dann dem übrigen Rudel als Vorbild dient. Wenn Sie also mehr als einen Hund haben, sollten Sie niemals das aufdringlichste, das ältere Tier oder Ihren Liebling zuerst füttern. Viele Leute sagen: »Aber ich muss doch den aufgeregtesten Hund zuerst füttern, weil er das Alphatier sein muss.« Das ist ein Irrtum und führt nur zu Rivalitäten und letzten Endes zu noch mehr Dominanz unter den Tieren. Zudem kann es Raufereien und viele unglückliche Mahlzeiten verursachen.

– Im Center verlange ich auch von einem normalerweise aggressiven Hund, sich in denselben Zustand zu versetzen wie sein ruhigster, unterordnungsbereitester Artgenosse. Ich lasse mir so lange mit dem Füttern Zeit, bis er so weit ist. Ist er sehr aggressiv, nehme ich ihn an die Leine oder verbanne ihn sogar hinter einen Zaun, damit er sehen kann, wie das Ritual abläuft. Ist er dann endlich an der Reihe, weiß er, dass sich die anderen Hunde nicht mehr für das Futter interessieren, was seine Anspannung erheblich verringert. Inzwischen sind die Tiere, die gerade gefressen haben, entspannt und senden eine entsprechende Energie aus. Das hilft schließlich allen dabei zu erkennen, wie ihr Fütterungsritual aussieht. Hier geht es nicht um Konkurrenz, sondern im Grunde darum abzuwarten.

– Wenn ein Hund Ihnen gegenüber futteraggressiv ist, müssen Sie bei der Korrektur sehr behutsam vorgehen. Fressen und Paaren sind die beiden stärksten Triebe aller Tiere. Deshalb kann ein Hund mit Futteraggression einem Menschen, der ihn stört, ernste Verletzungen zufügen; und ich rate jedem mit diesem Problem, sich umgehend an einen Profi zu wenden.

— Schenken Sie einem auf sein Futter fixierten Hund *keinesfalls* Zuneigung, um sein Verhalten zu unterbinden. Sie verstärken es dadurch nur noch und riskieren je nach Stärke der Aggression vielleicht sogar, gebissen zu werden.

— Das Warteritual kann dazu beitragen, das Auftreten von Futteraggression zu verhindern oder zu unterbinden, ehe sie zu weit geht. Wenn ein Hund Sie mit Bellen oder Hochspringen dazu bringen kann, ihn zu füttern, sagt er Ihnen damit, dass sowohl Sie als auch das Futter ihm gehören. Achten Sie auf dieses Warnsignal.

Richtiges Verhalten gegenüber einem aggressiven Hund

— Lassen Sie sich nicht automatisch von »aggressivem« Gebell einschüchtern. Häufig ist das, was oberflächlich wie Aggression wirkt, lediglich eine Äußerung von Dominanzstreben oder eine Möglichkeit, zu sagen: »Das ist mein Revier!«

— Wenn ein Hund auf Sie zugelaufen kommt und sein Revier verteidigen möchte, will er meist einfach nur, dass Sie verschwinden. In diesem Fall ist es am besten, wenn Sie stehen bleiben, Ruhe bewahren und *Ihren* Raum für sich beanspruchen. Stellen Sie sich der Energie, die da auf Sie zukommt, und strahlen Sie Ihre eigene ruhige und bestimmte Schwingung aus. Nutzen Sie die Technik des »inneren Dialogs«, um zu vermitteln: »Ich möchte niemandem etwas tun, aber ich werde nicht zurückweichen. Ich beanspruche nur meinen *eigenen* Raum, nicht deinen.« Das sollte die Aggression hemmen und einen Hund bremsen, der nur sein Revier verteidigen will – und den Samen einer respektvollen Haltung Ihnen gegenüber säen.

– Sobald der Hund Sie respektiert, verbreiten Sie eine Energie, die ihn blockiert. Er wird ruhiger und kann Sie besser einschätzen. In diesem Fall werden Sie sofort sehen, wie sich seine Körpersprache verändert. Seine Haltung wird entspannter, der Kopf senkt sich ein wenig, und er vermeidet den Blickkontakt. Der empfindliche Überlebensimpuls ist abgeschwächt.

– Falls Sie jeden Tag an ihm vorbeikommen, müssen Sie diese erste Schlacht unbedingt »gewinnen«. Dies ist eine rein psychologische, keine körperliche Angelegenheit. Hier steht Ihre Energie gegen seine. Einen Sieg erkennen Sie daran, dass sich die Körpersprache des Hundes wie oben beschrieben verändert und er sich zurückzieht.

– Sobald er zurückweicht, können Sie einen Schritt nach vorn machen oder den Rückzug mit etwas Krach beschleunigen – klatschen Sie beispielsweise in die Hände oder klappern Sie mit Kieselsteinen in einer Plastikflasche. Damit schulen Sie ihn darauf, dieses Geräusch mit seinem Rückzug in Verbindung zu bringen. Falls Sie mit demselben Hund noch einmal in eine solche Situation geraten, können Sie dann darauf zurückgreifen.

– Achten Sie darauf, kein Geräusch zu machen, wenn der Hund auf Sie zukommt; es sei denn, Sie wissen, dass er auf einen bestimmten Befehl trainiert ist und dieses Kommando auch bei Ihnen funktionieren wird. Am besten, Sie bleiben völlig ruhig und verhalten sich ganz still, sind aber konzentriert und bestimmt. Oft geraten die Leute in Panik und schreien oder brüllen: »Hau ab!«, wenn ein Hund auf sie zukommt. Sofern die Energie hinter dem Geräusch nicht hundertprozentig ruhig und bestimmt ist, wird es wohl nicht funktionieren und kann die Angriffslust des Hundes sogar noch steigern. Man sollte immer bedenken: Wenn der Hund aggressiv ist, dann wollen Sie nicht noch mehr Energie *hinzufügen*, sondern das Niveau vielmehr senken.

– Wenden Sie sich erst ab oder gehen Sie nur dann weiter, wenn der Hund sich zurückzieht. Sonst überlassen Sie ihm – selbst wenn er sich hinter einem Zaun befindet – den Sieg und werden die ganze Prozedur jedes Mal wieder durchexerzieren müssen, wenn Sie an dieser Stelle vorbeikommen. Es kann die Begegnung sogar noch schwieriger machen, weil Sie dem Hund damit Macht verleihen – er weiß, dass er Sie schon einmal »besiegt« hat. Ist kein Zaun vorhanden, kann er Sie als Beute betrachten, wenn Sie sich abwenden, davongehen oder -laufen. Das kann den Hund reizen, hinter Ihnen herzujagen.

– Falls Sie ein bestimmtes Viertel regelmäßig durchqueren müssen, können Sie einen Gehstock benutzen, um sich größer zu fühlen. Könige und Kaiser längst vergangener Tage hatten stets Stöcke oder Stäbe – um sich psychologisch zu stärken, größer zu wirken und mehr Platz einzunehmen. Wenden Sie dieses Wissen auch bei Hunden an. Je mehr Raum Sie voll Selbstvertrauen einnehmen können, desto stärker und dominanter wirken Sie. Tragen Sie keine Kopfhörer, schalten Sie nicht ab und ziehen Sie sich nicht in Ihre eigene kleine Welt zu-

rück. Achten Sie auf Ihre Umgebung und beanspruchen Sie mit jedem Ihrer Schritte Ihren Raum für sich.

- Wenn Sie einen Stecken, einen Gehstock, einen Regenschirm oder einen Stapel Bücher bei sich tragen (oder
gar eine Dose Verteidigungs- oder Pfefferspray in die
Tasche stecken), kann Ihnen das eine psychologische
Hilfe sein, damit Sie sich sicherer fühlen. Es geht nicht
darum, das Spray tatsächlich zu benutzen, und schon
gar nicht darum, den Hund mit dem Stock zu *schlagen*.
Wenn Sie mit dem Stock auf ihn einschlagen, erhöht
das die Wahrscheinlichkeit, dass er »zurückschlägt«,
und im Kampf gegen einen starken Hund wie einen
Rottweiler, einen Schäferhund oder einen Pitbull sind
Sie klar unterlegen. Die Sache ist die, dass Sie keinen
Streit anzetteln wollen. Doch wenn Sie sich sicherer
und besser vorbereitet fühlen und Ihnen dies ein ruhi-
geres und bestimmteres Auftreten verleiht, werden Sie
weniger zur Zielscheibe – weder für aggressive Hunde
noch für aggressive Menschen.

- Falls es aussieht, als hätte der Hund sein aggressives
Verhalten aufgegeben und käme nun an, um Sie zu beschnuppern, ist dies ein wichtiger Zeitpunkt, um die Situation noch einmal neu einzuschätzen. Ist seine Körpersprache wirklich entspannt oder schleicht er sich an
Sie heran – um sich dann auf Sie zu stürzen? Wenn Sie
den Hund kennen und wissen, dass es sich im Allgemeinen um ein friedliches Tier handelt, ist das eine Sache. Ist er Ihnen dagegen unbekannt, sollten Sie weiterhin Ihren Raum beanspruchen und noch einen Schritt
auf ihn zugehen. Es kommt darauf an, dass Sie ihm
niemals den Rücken zudrehen. Das ist eine übliche
Vorlage für einen »Hinterhalt«. Gehen Sie erst dann

fort, nachdem der Hund *Ihnen* den Rücken zugekehrt hat.

– Wenn Sie es mit mehr als einem Hund zu tun haben, müssen Sie unbedingt verhindern, dass sich einer von ihnen hinter Sie schleicht! Eine der klassischen Angriffsstrategien eines Rudels ist es, dass ein Hund die Beute stellt, während die anderen sie umzingeln und von hinten angreifen. Kürzlich arbeitete ich mit einer Gruppe Postboten aus Atlanta, von denen mehrere genau diese Situation erlebt hatten. Falls Sie sich in einer solchen Lage befinden, bleiben Sie ruhig und behaupten Sie Ihren Raum noch bestimmter. Strecken Sie Ihren Stab, Ihr Wägelchen oder Ihre Handtasche vor sich aus, stellen Sie sich breitbeinig hin und stemmen Sie die Hände in die Hüften, um größer zu wirken. Wenn Sie sich behaupten und die Macht Ihrer Energie nutzen, können Sie den Angriff verhindern.

So beanspruchen Sie Ihren Raum

– Raum einzunehmen ist ein wesentliches Konzept im Tierreich. Tiere »unterhalten« sich ständig miteinander über den vorhandenen Platz – sie projizieren Energien hin und her, mit denen sie beispielsweise ausdrücken: »Das ist mein Sofa. Ich kann es mit dir teilen, aber in erster Linie gehört es mir.« Wenn Sie mehr als einen Hund oder gar einen Hund und eine Katze haben und es in Ihrem Haus eine Ecke oder ein Spielzeug gibt, das einer von beiden gern für sich beansprucht, dann setzen Sie sich ruhig hin und beobachten Sie eine Weile, wie sich die Körpersprache, die Energie und der Blickkontakt der Tiere zu einer glasklaren Kommunikation verbinden. Sie können sogar lernen, die Energie dieser Unterhaltung zu *fühlen*. Wir müssen lernen, so mit unseren Hunden zu sprechen, wie sie das untereinander tun.

– Um ein unerwünschtes Verhalten Ihres Hundes unterbinden zu können, müssen Sie unbedingt wissen, wie Sie seinen Raum kontrollieren. Hier geht es nicht darum, sich als Tyrann aufzuspielen. Ich wiederhole noch einmal, dass es sich dabei um sehr grundlegende Kommunikationskenntnisse handelt, mit deren Hilfe Sie das Verhalten eines Hundes rügen können, ohne je wütend oder frustriert werden zu müssen. Sie erheben Anspruch auf ein kleines Stückchen Raum, nicht auf das ganze Universum! Ein Sofa ist ein Raum. Ein Bett ist ein Raum. Ein Zimmer kann ein Raum sein. Ihr Hund wird Ihre Verhaltensregeln für diesen Bereich akzeptieren, wenn Sie Anspruch darauf erheben. Falls sich dieser Ort in Ihrem Haus befindet, fragen Sie sich: Wer bezahlt die Hypothek – Sie oder Ihr Hund? Und fühlen Sie sich dann nicht schlecht, wenn Sie bestimmte Regeln festsetzen, wie man sich darin zu verhalten hat.

– Einen Raum beanspruchen heißt, dass Sie sich das mit Ihrem Körper, Ihrem Geist und Ihrer Energie »zu eigen machen«, was Sie kontrollieren möchten. Stürmt ein Hund zum Beispiel auf Leute zu, die an Ihrer Tür klingeln, können Sie verhindern, dass er ihnen zu nahe kommt, indem Sie sich fest vor ihn hinstellen, die Hände in die Hüften stemmen und die Tür für sich fordern. So erzeugen Sie einen kreisrunden Raum um »Ihre Tür« sowie zwischen sich und dem Hund. Ich bediene mich hier derselben Strategie, die ein Hütehund verwenden würde, um einem Schaf den Raum zu nehmen, das sich von der Herde entfernt. Ich bewege mich vorwärts, mache dann *einen Bogen* um das Tier, sehe es dabei an und erkläre ihm im Geiste, dass es von meinem Eigentum Abstand nehmen soll. Wenn ich den Hund von der Tür *wegziehe*, verstärke ich seinen Wunsch nur noch, sie für sich zu fordern. Zieht man einen Hund zurück, wird er geistig vorwärtsstreben. Ich empfehle Ihnen, sich Videoaufnahmen von einem Hütehund anzusehen. Während er einen Bogen um eine Kuhherde schlägt und den Tieren mitteilt, wohin sie gehen sollen, ohne sie jemals zu berühren, sagt er: »Haltet euch fern von hier – geht dort hinüber.« Er arbeitet nur mit »Psychologie«. Die Kuh, das Schaf oder die Ziege gehören völlig anderen Arten an und verstehen doch ganz genau, was der Hund von ihnen will. Auch wir sind Tiere – nur kommen uns bei dieser instinktiven Form der Kommunikation die Worte und unsere großen Gehirne in die Quere.

– Wenn Sie eine unsichtbare Grenze ziehen, die Ihr Hund ohne Ihre Erlaubnis nicht überschreiten darf, und Sie diese Übung mit hundertprozentiger Konzentration und Engagement machen, werden Sie erstaunt sein, wie schnell er versteht, wo genau sie sich befindet. Falls er am Fenster bellt, können Sie ihm das abgewöhnen, indem Sie bestimmt Anspruch darauf erheben. Damit sagen Sie: »Dieses Fenster gehört mir, und ich missbillige es, wenn du es anbellst.« Sobald ich den Hund anschreie und sage: »Nein, Sally, hör auf damit! Sei still!«, bringe ich eine schwache, frustrierte Energie zum Ausdruck, statt mir diesen Raum zu eigen zu machen. Ich sage es noch einmal: Ich verschwende meine Energie, wenn ich ein Verhalten mit menschlicher Sprache und Vernunft kontrollieren will, obwohl ich mir ein Beispiel an Mutter Naturs bewährten Methoden nehmen und es so machen kann, wie es die Tiere untereinander tun.

– Wenn Sie Ihrem Hund etwas wegziehen, fordern Sie ihn entweder auf, darum zu kämpfen, oder Sie laden ihn zum Spielen ein. Für den Fall, dass Sie spielen wollen, ist das in Ordnung. Falls Sie den Spaß allerdings beenden möchten, ehe das spielerische Verhalten in Wettbewerbsaggression ausartet, müssen Sie das Spielzeug energisch für sich beanspruchen, damit Ihr Hund es freigibt. Sobald Sie Anspruch auf einen Gegenstand erheben und die richtige Energie ausstrahlen, wird er ihn Ihnen überlassen. Sie dürfen nicht zögern und müssen Ihre Absicht zweifelsfrei deutlich machen. Sie können weder im Geiste noch mit Worten mit Ihrem Hund »verhandeln«, etwa nach dem Motto: »Gibst du mir bitte das Spielzeug, Schätzchen?« Er wird es nicht persönlich nehmen. Er hat kein Problem damit, Ihnen zu geben, was Ihnen gehört.

Viele Menschen sorgen sich, ihre Hunde könnten es ihnen übelnehmen oder sie würden den »Geist« ihres Hundes brechen, wenn er nicht jederzeit sein Lieblingsspielzeug haben kann. Falls Sie ihm jedoch einfach alle Gegenstände überlassen und er sie behalten darf, kann das zu einem zwanghaften Verhalten führen – und das ist nicht gesund. Ein Teil Ihrer Führungsaufgaben besteht darin, Ihrem Hund Regeln und Grenzen aufzuzeigen, um zu verhindern, dass mögliche Frustrationen in Obsessionen münden.

Was Sie gegen
Zwänge und Fixierungen tun können

Bei Hunden können Zwänge und Fixierungen ebenso ernste Schäden anrichten wie Suchterkrankungen beim Menschen. Wenn wir über ein Tier lachen, das sich vollkommen verrückt nach einem Spielzeug, einem Knochen, einem Lichtstrahl, einem Apportierspiel oder der Katze des Nachbarn zeigt, dann ist das, als amüsiere man sich über jemanden, der betrunken hinfällt. Sicher, das Verhalten dieser Person sieht im Augenblick komisch aus. Die Wahrheit ist jedoch, dass sich der Betreffende weder körperlich noch psychisch unter Kontrolle hat. Eines Tages wird er sich und den Menschen in seinem Umfeld vielleicht tatsächlich wehtun. Das deckt sich mit dem zwanghaften Verhalten eines Hundes – es handelt sich um eine Sucht. Interessant hierbei ist, dass sich der englische Begriff *addiction* (= »Sucht«) vom lateinischen *addicere* (= »zusagen, preisgeben«) herleitet. Wenn wir dem Verhalten unserer Hunde gestatten, sich bis zum Zwang und/oder zur Sucht zu entwickeln, überlassen wir sie damit in der Tat einem äußerst frustrierten, unglücklichen Dasein.

So erkennen Sie Zwänge

– Ein normaler Hund ist ein guter Spielkamerad – für Sie, Ihre Kinder und andere Hunde. Bei ausgeglichenen Tieren ist es durchaus möglich, dass sie das eine Spielzeug oder Spiel lieber mögen als das andere, aber es ist und bleibt nur ein *Spiel* für sie. Es geht nicht um Leben und Tod. Ein zwanghafter Hund wird solche Spiele sehr ernst nehmen. Seine Art zu spielen wird ein völlig anderes Intensitätsniveau haben.

- Wenn ein Hund Zwänge entwickelt, verändern sich Gesichtsausdruck und Körpersprache erkennbar. Sein Körper versteift sich, seine Augen werden glasig – die Pupillen bleiben starr, und Sie können seinen Blick nicht mehr ablenken. Es scheint fast so, als befände er sich in Trance. Er lebt an einem Ort, an dem es keine Unbeschwertheit, keine Entspannung und keine Freude am Spiel gibt. Denken Sie an einen Süchtigen vor einem Spielautomaten, der immer wieder mechanisch den Einarmigen Banditen betätigt und darauf fixiert ist, aber ganz offensichtlich keinen Spaß dabei hat. Zwänge sind nie etwas Erfreuliches. In diesem Zustand ist ein Tier blind für all das, was es eigentlich glücklich machen *sollte*.

So verhindern Sie Zwänge

- Eine Möglichkeit, zwanghaftes Verhalten zu verhindern, besteht darin, auf die Intensität Ihres Hundes beim Spielen zu achten. Ich versuche, auch ein Auge darauf zu haben, wie ernst meine Kinder ein Spiel nehmen – denn eines von ihnen ist zwangsläufig schneller oder körperlich stärker. Wenn ich sie auf einer geringen Intensitätsstufe halten kann, können sie einander weder körperlich noch emotional verletzen, aber immer noch Spaß haben.
- Die Sache ist die: Ihr Hund muss wissen, dass jedes Spiel Grenzen hat – ob mit seinem Lieblingsspielzeug oder wenn er Eichhörnchen im Garten jagt. Diese Grenzen werden von *Ihnen*, nicht von ihm festgesetzt.

Zwänge korrigieren

- Achten Sie darauf, dass Ihr Hund ausreichend Bewegung bekommt und keine Energie aufstaut. Meist entsteht zwanghaftes Verhalten dadurch, dass der Hund etwas entdeckt, was ihm als Ventil für seine Furchtsamkeit, Frustration oder unterdrückte Energie dienen kann.

- Korrigieren Sie zwanghaftes Verhalten oder Wettbewerbsaggression sofort: Hier kommt es darauf an, *dass Sie Ihren Hund kennen*. Sie müssen lernen, die körperlichen Hinweise und energetischen Signale zu deuten, wenn er in einen zwanghaften Zustand abzuleiten droht, und Sie müssen ihn auf Stufe 1 zurückbremsen, ehe sein Verhalten bis Stufe 10 eskaliert. In genau diesem Augenblick sollten Sie ihn korrigieren, die größtmögliche Unterordnungsbereitschaft von ihm fordern und dafür sorgen, dass das Spielzeug oder der Gegenstand, auf den er fixiert ist, in seiner Nähe bleibt, bis er sich freiwillig davon entfernt. Die meisten Menschen schnappen dem Hund das Spielzeug weg und sagen: »Nein!« Damit können sie den Zwang noch weiter steigern – indem sie den Gegenstand zur Beute und *sich selbst* zu einem möglichen Ziel machen. Mag sein, dass Ihr Hund nicht vorhat, ein Mitglied der Familie zu beißen, aber er befindet sich nun in einem Zustand, in dem er sich nicht mehr bremsen kann. Man darf nicht vergessen, dass Hunde keineswegs »rational« denken.

Verhindern Sie Stress beim Tierarzt

– Lernen Sie Ihren Tierarzt zunächst einmal kennen!
Hunde sind keine »Haushaltsgeräte«, die man zum
Richten bringt, sondern empfindsame, *fühlende* Wesen –
denen allerdings jegliches logische Verständnis in unserem Sinne fehlt, sodass sie nicht genau wissen, welche Rolle dieser geschäftige Mensch im weißen Mantel spielt. Tierärzte sind wunderbar engagierte Leute,
aber sie tun auch ihre Arbeit. Sie haben viele Patienten
und sehen täglich sehr viele verschiedene Tiere. Falls
der Tierarzt einen schlechten Tag oder zu viel Stress hat
und der Hund ihn nicht kennt, wird er seine Energie
auffangen und unmittelbar spiegeln. Deshalb empfehle
ich ein »Beratungsgespräch«, wenn weder eine medizi-
nische Untersuchung ansteht noch ein Notfall vorliegt,
damit Ihr Hund den Veterinär in einem anderen Zusammenhang kennenlernen kann. Dann ist er nicht nur
ein Patient, sondern wird anfangen, Freundschaft und
Vertrauen zu dieser Person zu entwickeln. Ich glaube,
dass Vertrauen die Grundlage aller erfolgreichen Tier-
arztbesuche ist. Ihr Hund muss in erster Linie Ihnen
und danach dem Tierarzt vertrauen. Im Grunde gehört
es nicht zu den Aufgaben des Arztes, das Vertrauen herzustellen, aber Sie können gewisse Maßnahmen ergrei-
fen, um diese Wahrscheinlichkeit zu erhöhen.
– Beim Tierarzt wird der Hund auf eine Art und Weise
berührt, die ihm fremd ist. Ich rate meinen Klienten,
zu Hause ein paar Mal »Doktor zu spielen« – mit weißen Kitteln, Instrumenten, dem Geruch von medizini-
schem Alkohol usw. Damit gehen kleine Annehmlich-

keiten – Belohnungen, Massagen, Lob – einher und helfen ihm, all diese seltsamen Anblicke, Gerüche und Gegenstände entweder mit etwas Angenehmem oder mit Entspannung in Verbindung zu bringen. Jedes Mal, wenn Sie einen Hund auf kommode Weise auf eine neue Erfahrung vorbereiten können, machen Sie ihm das Leben leichter und füllen die Rolle des Rudelführers vorbildlich aus.

– Zusätzlich zur Vorbereitung auf die Untersuchung sollten Sie sicherstellen, dass Ihr Hund den Transport zur Praxis gut verkraftet. Falls er das Auto hasst und das Autofahren eine angsterfüllte, traumatische Erfahrung für Sie beide ist, muss zunächst dieses Hindernis angegangen werden. Wenn Ihr Hund noch nie in der Stadt oder in einem Einkaufszentrum war – oder wo immer sich die Tierarztpraxis befindet –, müssen Sie zuerst das erledigen. Muten Sie ihm nicht zu viele Überraschungen auf einmal zu! Ich schlage auch vor, dass Sie sich einmal aus keinem anderen Grund mit Ihrem Hund ins Wartezimmer der Tierarztpraxis setzen als der Gesellschaft wegen – das ist eine wunderbare Möglichkeit für Sie beide, dafür zu sorgen, dass der Tierarztbesuch im »Ernstfall« dann keine »großen Sache« wird.

– Bewegung, Bewegung, Bewegung! Ist der Hund müde, sinkt die Wahrscheinlichkeit, dass er auch ängstlich ist. Nach einem schönen, strengen, 45-minütigen Spaziergang dürfte sich Ihr Hund sehr viel besser als sonst damit anfreunden können, zehn Minuten still auf einem Untersuchungstisch zu liegen. Ich nehme immer gern meine Inlineskates mit, parke ein paar Blocks von der Praxis entfernt und lasse die Hunde eine halbe Stunde

an der Leine neben mir herlaufen, um die Tiere mit höherem Energieniveau zu ermüden. Wenn ich sie dann
in die Praxis bringe, bitte ich die Dame an der Anmel-
dung oder einen der Tierarzthelfer, ihnen eine Schüs-
sel Wasser und einen Keks zu geben. Nicht *ich* gebe ihnen das, sondern einer der Praxisangestellten, um eine
herzlichere Verbindung zwischen dem Tier und dieser
neuen Person herzustellen, die dort arbeitet. Für den
Hund ist diese Situation ganz anders, als einfach nur einen Keks zu bekommen, weil ihm langweilig ist. Sobald
jemand seine ursprünglichen Bedürfnisse wie Hunger
oder Durst befriedigt, findet eine »Unterhaltung« statt,
und es entsteht Wertschätzung.

– Es ist besonders wichtig, dass *Sie* ebenfalls darauf achten, während und nach dem Arztbesuch ruhig und entspannt zu sein! Meist sind jetzt auch die Besitzer nervös. Sie fühlen sich schlecht, weil sie ihrem Hund dies
zumuten. Sie halten die Vorstellung nicht aus, dass er
eine Spritze oder Blut abgenommen bekommt. Oder sie
machen sich große Sorgen um seine Gesundheit. Ihr
Hund schnappt all diese Signale auf – Sie sind ja seine
»Energiequelle«! Bedienen Sie sich Ihrer Hilfsmittel, um
eine ruhige und bestimmte Energie herzustellen und
sich so geistig auf das Ereignis vorzubereiten. Spielen
Sie beschwingte Musik im Auto auf dem Weg zur Praxis und strahlen Sie positive Energie an Ihren Hund ab.
Er wird die Geschehnisse weitgehend so erleben, wie
Sie sie ihm vermitteln.

– Selbst wenn Sie all diese Schritte erfolgreich gemeis-
tert haben, kann sich Ihr Hund in der Tierarztpraxis
fürchten. Warum? Erstens wird das Wartezimmer voller
Leute sein, die dieses Buch nicht gelesen haben! Viele

von ihnen projizieren genau jene Anspannung und bösen Vorahnungen in den Raum, die Sie so hart zu bannen versuchen. Deshalb werden ihre Tiere sehr nervös sein. Ihr Hund spürt all das. Darüber hinaus werden ihm die Gerüche in der Tierarztpraxis verraten, dass es hier Angst und Schmerz gibt. Wenn sich ein Hund fürchtet, öffnen sich seine Analbeutel und setzen ein Sekret frei. Und jeder Hund weiß, was dieser Geruch bedeutet. »Warum ist er hier so stark? Und warum kommen wir hierher, wenn mein Instinkt mir sagt, dass ich einen Ort meiden soll, an dem dieser Geruch so intensiv ist?« Sie müssen eine besonders positive Einstellung haben, um all den natürlichen Signalen entgegenzuwirken, die der Hund aufschnappt.

– Wenn Ihr Hund eine schmerzhafte Behandlung über sich ergehen lassen muss, ist es normal, dass er zubeißen will. Das ist ein Reflex. In diesem Fall ist ein Maulkorb eine hervorragende Hilfe. Natürlich müssen Sie Ihren Hund schon lange vor einem möglichen Unfall an den Maulkorb gewöhnt haben. Sie können ihn sogar als psychologisches Beruhigungsmittel einsetzen, wenn Sie Ihren Hund korrekt konditionieren. Sofern Sie die in Kapitel 3 dargelegten Empfehlungen befolgen und jedes Anlegen des Maulkorbs zu einer angenehmen, beruhigenden Erfahrung machen, können Sie ihn als zusätzliche Möglichkeit nutzen, die Ihr Hund automatisch mit Entspannung in Verbindung bringt. Das kann ihm helfen, seine Angst zu besiegen – vor allem dann, wenn er sich plötzlich verletzt oder einen Unfall hat.

– Falls Ihr Hund einen Unfall hat und Sie ihn schleunigst zum Tierarzt bringen müssen, werden Sie ganz automatisch von allerhand Gefühlen überwältigt – Angst, Panik, Sorge, Hysterie. Wenn Sie diese Empfindungen auf Ihren Hund projizieren, werden Sie seine Angst verstärken, was wiederum seine Herzfrequenz erhöht und jede lebensbedrohliche Lage noch weiter verschlimmert. Stellen Sie sich in einer solchen Situation vor, Sie seien ein Rettungssanitäter. Diese Menschen kommen niemals an den Unfallort gerauscht und sagen: »Ach, du lieber Gott, Sie bluten ja, oje, oje, da sollten wir besser schnell machen, sonst sterben Sie uns noch weg!« Diese Profis bewahren stets eine ausgeglichene und bestimmte Haltung, beruhigen und entspannen damit das verängstigte Opfer und helfen so, sein Leben zu retten. Sie müssen sich selbst einer Gehirnwäsche unterziehen, damit Sie nicht vergessen: »Wenn mein Hund unter Druck ist, darf ich nicht wie ein Hundebesitzer denken. Ich muss ein Rettungssanitäter sein.« Versuchen Sie, sich auf den Notfall vorzubereiten, ehe er eintritt. Lassen Sie es nicht erst dann auf einen Test ankommen. Versuchen Sie, die Situation zu üben, damit Sie genau wissen, was Sie tun müssen, wenn es tatsächlich so weit ist.

Ein Besuch im Hundepark

– Wie beim Spaziergang wird Ihr Hund all Ihre verräterischen Verhaltensweisen ganz genau kennen. Falls Sie bestimmte Gewohnheiten haben, bevor Sie mit ihm in den Hundepark gehen (ein bestimmtes Paar Schuhe anziehen, die Autoschlüssel holen), wird Ihr Hund das sofort merken und ganz aufgeregt reagieren. Viele meiner

Klienten sprechen mit hoher Stimme Sätze wie etwa: »Na, Smoky, willst du in den Hundepark?« Achten Sie auf diese Kleinigkeiten. Gehen Sie sicher, dass Ihr Hund ruhig und unterordnungsbereit ist, während Sie *alle* Ihre Rituale durchlaufen. Eine gesunde Erregung ist normal, sollte aber von *Ihnen* und nicht von ihm ausgehen. Wenn Ihr Hund schon überreizt ist, bevor Sie das Haus verlassen haben, ist die Gefahr wieder ein wenig gewachsen, dass er im Hundepark völlig außer Kontrolle gerät.

- Sobald es Ihnen gelungen ist, das Haus relativ ruhig und geordnet zu verlassen, stehen Sie schon vor dem nächsten Hindernis, das häufig für Aufregung sorgt: dem Auto. Ich sage noch einmal, Ihr Hund sollte niemals an Ihnen vorbeiflitzen, um in den Wagen zu springen, sobald Sie die Tür öffnen. Ich sehe Leute die Straße zum Hundepark entlangfahren, bei denen der Hund auf dem Rücksitz herumspringt, die Pfoten ans Fenster drückt und so schwer atmet, dass alle Fenster beschlagen! Das ist nicht nur schlecht für das Tier, sondern birgt auch ein großes Unfallrisiko für den Fahrer. Sobald Sie mit Ihrem Hund irgendwohin fahren (vor allem wenn er dort ruhig und nicht überreizt sein sollte), müssen Sie Regeln für die Fahrt entwickeln, damit diese Erfahrung nicht in ein heilloses Durcheinander ausartet.

- Hunde schätzen ihre Umgebung stets aufgrund dessen ein, was sie sehen, was sie hören und natürlich was sie riechen. Deshalb werden viele Tiere zwei, drei Blocks vom Hundepark entfernt recht aufgeregt. Sollte dies der Fall sein, halten Sie den Wagen an und schulen Sie Ihren Hund in Gehorsam, bis er sich wieder beruhigt hat.

- Wenn jeder vor dem Besuch im Hundepark mit seinen Tieren spazieren ginge, gäbe es viele glückliche Hunde und Besitzer und viel mehr sichere und schöne Orte, an denen die Vierbeiner spielen können. Nicht wenige Leute halten den Hundeparkbesuch für eine körperliche Aktivität – ja sogar für einen Ersatz für den Spaziergang. *Das ist er aber ganz und gar nicht.* Der Besuch im Hundepark sollte eine »psychologische« und »gesellschaftliche« Angelegenheit sein. Gewiss kann Ihr Hund so im Spiel aufgehen, dass er am Ende ermüdet ist. Trotzdem müssen Sie seine körperliche Energie auf ursprüngliche Art und Weise abbauen, ehe Sie ihn mit anderen Hunden zusammenbringen, damit sich seine Artgenossen nicht mit Frustration und aufgestauter körperlicher Unruhe abgeben müssen. Falls Sie zu Fuß zum Hundepark gehen können, tun Sie dies bitte. Machen Sie einen flotten Spaziergang oder joggen Sie an Ihr Ziel und sorgen Sie anschließend dafür, dass Sie sich abkühlen und Ihr Hund wieder ruhig und unterordnungsbereit ist, ehe er den Park betritt. Mit diesem Verhalten können Sie zu einem Vorbild für die anderen Hundebesitzer werden und dazu beitragen, allen die Erfahrung zu verschönern.
- Jetzt ist es Zeit für den Park. Ich weiß, dass sich viele Menschen darauf freuen, weil sie das als eine Gelegenheit betrachten, bei der ihr Hund herumlaufen und tun und lassen kann, was er will. Aber auch hier gilt: Er wird sehr viel positiver reagieren, wenn Sie der Erfahrung eine gewisse Struktur verleihen. Gehen Sie gelassen auf den Eingang zu und passen Sie auf, dass Ihr Hund ruhig und unterordnungsbereit dasitzt, bevor Sie die Tür öffnen. Stellen Sie auch sicher, dass sich nicht

noch viele andere Vierbeiner – vor allem überreizte
Tiere – am Zaun drängeln und auf seine Ankunft warten. Eine Möglichkeit, darauf Einfluss zu nehmen, ist
folgende: Bestehen Sie darauf, dass die Aufmerksamkeit
Ihres Hundes ganz allein Ihnen gilt und er den Hunden im Park den Rücken zukehrt, bis sie das Interesse
verlieren und davonlaufen. Sobald sich diese Tiere in
Bewegung gesetzt haben, können Sie Ihren Hund be-
ruhigter in den Park lassen, da ein bestehender Blickkontakt dazu führen kann, dass er von anderen angegriffen wird oder seinerseits auf sie losgeht.

– Sie dürfen sich niemals von Ihrem Hund in den Park
 zerren lassen. Wie bei Durchgängen aller Art müssen
 Sie die Tür öffnen und Ihren Hund hereinbitten.

– Viele meiner Klienten gestehen mir gegenüber, dass sie
 den Besuch im Hundepark als Auszeit für sich empfinden. Die Hunde dürfen loslaufen und mit Freunden
 spielen, und sie können sich eine Weile entspannen.
 Das ist keine besonders verantwortungsbewusste Einstellung. Als ich noch als Gassigeher tätig war, bin ich
 oft mit mehreren Hunden in Parks gegangen und habe
 mich niemals sofort auf eine Bank fallen lassen. Ich
 machte die Hunde mit dem Park vertraut und studierte
 anschließend genau, was für Energien vorhanden waren
 und welche gut und welche schlecht für meine Schütz-
 linge waren. Die Energie ist wichtiger als die Rasse.
 Wenn Sie sich einen Hundepark ansehen, werden Sie
 feststellen, dass Tiere mit dem gleichen Energieniveau
 automatisch zueinanderfinden: Die Verspielten spielen
 mit den anderen Verspielten; die Grobiane bleiben bei
 den Grobianen; die Schüchternen tun sich nur mit anderen Schüchternen zusammen. Es ist wie auf einem

Spielplatz voller Kinder. Sehen Sie sich die Situation also unbedingt an und befehlen Sie Ihrem Hund anschließend, Ihnen zu folgen – so als würden Sie ihn den »Kindern« vorstellen, von denen Sie glauben, dass sie einen guten Einfluss auf ihn haben.

– Lassen Sie den Hund danach zehn oder fünfzehn Minuten machen, was er will, und fordern Sie ihn anschließend wieder auf, Ihnen zu folgen. Auf diese Weise genießt er die Freiheit, von der die Leute häufig meinen, dass ihre Hunde sie in einem Hundepark haben sollten. Gleichzeitig verliert er nie aus den Augen, dass der Rudelführer das Sagen hat. Dies ist sehr wichtig, denn wenn es irgendwo im Hundepark zu einer Rauferei kommt, wollen Sie doch gewiss in der Lage sein, Ihren Hund sofort zu sich zu rufen; und dann soll er Ihnen auch in dieser Umgebung gehorchen.

Ich höre immer wieder Ansichten wie: »Aber wenn ich im Hundepark bin, will ich mich mit meinen Freunden unterhalten und die neuesten Neuigkeiten von ihnen erfahren!« Das ist natürlich ein weiterer großer Vorteil eines Hundeparks – er holt die Menschen aus ihrer Isolation und hilft, sie zusammenzuführen! Sobald Sie die von mir beschriebenen Schritte durchgegangen sind, können Sie sich hinsetzen, Ihren Kaffee trinken, telefonieren oder sich mit Freunden unterhalten. Allerdings sollten Sie Ihren Hund dabei immer aus dem Augenwinkel beobachten, um sicher sein zu können, dass es ihm gutgeht. Wenn auch im Park Struktur und Führung gewahrt bleiben, werden Sie und Ihr Hund eine sehr viel entspanntere Zeit dort verbringen.

Einen Hund mit der richtigen Energie wählen

- Wenn Sie sich einen Hund anschaffen möchten, gehen Sie bitte zuerst in sich und prüfen Sie, warum Sie mit dem Gedanken spielen. Tun Sie es, weil Sie in einem emotionalen Tief stecken? Sind Sie sehr, sehr einsam und soll dieses Tier Ihr einziger spiritueller Seelenpartner sein? Fühlen Sie sich einfach nur vom Aussehen eines bestimmten Hundetyps angezogen – von einer Zeichnung, von einer gewissen Form, der Gestalt? All das sind Warnsignale; denn obwohl Menschen mit einer solchen Herangehensweise es oft gut meinen, kommt es letzten Endes häufig zu großen Problemen zwischen ihnen und ihren Hunden. Seien Sie zunächst ehrlich zu sich selbst: Wie steht es um Ihr Energieniveau? Um Ihre Geisteshaltung? Sie müssen diese Umstände unbedingt geklärt haben, bevor Sie sich auf die Suche nach einem Hund begeben.
- Alle Hunde brauchen einen Menschen, der sie lieben, ihnen Zuneigung zeigen und sogar zu einem »Seelenverwandten« werden kann. Auch Hunde sehnen sich nach Zuneigung. Noch dringender brauchen sie allerdings einen Menschen, der ihnen ein guter Rudelführer sein kann. Mit einem vernünftigen, instinktiven Menschenverstand. Der ihnen ausreichend Bewegung verschafft und Disziplin abverlangt, bevor er ihnen Zuneigung schenkt. Der Regeln und Grenzen setzen kann, die ihrem Leben eine sichere Struktur geben.
- Nach der Lektüre dieses Buches sollten Sie wissen, wie Sie Ihre emotionale Befindlichkeit einschätzen, welches Energieniveau Sie haben und was für ein Leben Sie ei-

nem Hund ermöglichen können. Im Idealfall sollten Sie ihn auf der Grundlage der Energie wählen. Sein Energieniveau sollte dem Ihren entweder entsprechen oder darunter liegen.

– Heutzutage entscheiden sich viele Menschen dafür, ihren Hund aus einem Tierheim oder von einer Tierschutzorganisation zu holen, was ich ausnahmslos unterstütze. Wenn Sie sich allerdings in einem Tierheim umsehen, muss Ihnen klar sein, dass 90 Prozent der Hunde dort ihr Päckchen zu tragen haben und mit gewissen Verhaltensauffälligkeiten belastet sind. Ich glaube, dass sich mit der richtigen Führung 99 Prozent davon restlos rehabilitieren lassen. Sie müssen aufmerksam auf ihr Energieniveau achten und ehrlich einschätzen, was Sie bewältigen können. Wenn Sie ein Tier mit wunderschönen Augen sehen, das Sie an einen Hund erinnert, den Sie als Kind einmal hatten, macht Sie das vielleicht blind für andere Anzeichen, die dafür sprechen, dass Sie mit seinem Verhalten möglicherweise nicht klarkommen werden.

– In einem Tierheim ist das Energieniveau nicht immer einfach einzuschätzen. Ich werde oft gebeten, Klienten zu begleiten, weil mein Auge besser geschult ist, zu erkennen, ob ein Hund tatsächlich hyperaktiv ist, wenn er im Käfig auf und ab springt – oder ob sich einfach nur zu viel Energie aufgestaut hat, weil er schon zu lange dort drin sitzt. Alle Hunde, die in Käfigen gehalten werden, zeigen irgendeine Form von Frustration, wenn sie sich nicht gerade ausruhen. Sie bellen, laufen auf und ab oder kauen auf einem Knochen herum. Wenn Sie es sich leisten können, ist es klug, einen Profi mitzunehmen – oder einen erfahrenen Halter von Tieren, deren Verhalten Sie bewundern. Diese Leute gehen weniger emotional an die Sache heran als Sie selbst.

– Auch wenn Sie einen Profi oder Freunde an Ihrer Seite haben, empfehle ich stets, so viele Informationen wie möglich von den Tierheimmitarbeitern zu sammeln, was ihre alltäglichen Erfahrungen mit dem Hund betrifft. Läuft er ständig auf und ab oder ist er nach etwas Auslauf eine Weile entspannt? Wie verhält er sich normalerweise, wenn Besucher und Leute kommen, die er bereits kennt? Wie benimmt er sich bei der Fütterung oder wenn er mit den anderen Hunden draußen ist?

– Falls es möglich ist und das Tierheim es erlaubt, sollten Sie prüfen, ob Sie den Hund spazieren führen dürfen, an dem Sie interessiert sind. Können Sie ein paar Mal mit ihm um das Haus, den Hof oder den Block laufen? Sie werden eine bessere Vorstellung von seinem Temperament bekommen, nachdem Sie ein wenig von der frustrierten Energie abgebaut haben. Zudem wird es Ihnen helfen, zu spüren, ob dieser Hund eine Verbindung zu Ihnen als Rudelführer herstellen kann.

– Der Besuch in einem Tierheim ist eine sehr emotionale und manchmal herzzerreißende Erfahrung. Sie dürfen all diesen wunderschönen Tieren von Angesicht zu Angesicht begegnen und sehen aus nächster Nähe, wie wir Menschen Mutter Natur immer wieder enttäuschen. Manchmal werden Sie intuitiv wissen, dass der eine oder andere Hund keine Chance hat, wenn Sie ihn nicht nehmen. Falls allerdings nur diese Gefühle Sie dazu bewegen, einen bestimmen Hund zu »adoptieren«, dann treten Sie als schwache Energie in sein Leben. Sie tun ihm keinen Gefallen, wenn Sie ihn nur deshalb zu sich holen, weil er ihnen leidtut. Versuchen Sie, ein Gleichgewicht zwischen Ihren Gefühlen und Ihrem gesunden Menschenverstand zu finden. Machen Sie sich bewusst: Wenn Sie den Hund zurückbringen, weil sie seiner nicht Herr werden, erhöht das die Wahrscheinlichkeit, dass es ein trauriges Ende mit ihm nimmt.

So führen Sie einen Hund in den Haushalt ein

- Falls Sie allein leben und Ihren Hund nun zu sich holen wollen, sollten Sie wissen, was Verantwortung heißt. Und Sie sollten fest entschlossen sein, dass Sie zu 110 Prozent für diesen Hund da sein werden und das Ganze eine langfristige Geschichte werden wird.
- Wenn Sie einen Hund aus dem Zwinger oder auch aus einem anderen Haus holen, sollten Sie ihn nicht sofort wieder hinter Mauern sperren. Ganz gleich, wie schön Ihr Zuhause oder wie groß und herrlich Ihr Garten ist, im Grunde transportieren Sie den Hund lediglich von einem Zwinger in einen anderen. Sie müssen zunächst einmal eine längere Strecke miteinander gehen. Nachdem Sie den Wagen abgestellt haben, gehen Sie mit dem Hund nicht sofort ins Haus – geben Sie ihm Wasser und machen Sie anschließend einen flotten Spaziergang durch die Nachbarschaft, bei dem er sich an sein neues Revier gewöhnen und anfangen kann, die Verbindung zu Ihnen als Rudelführer aufzubauen.

- Sobald Sie wieder zu Hause sind, dürfen Sie nicht vergessen, dass Sie einen Hund neu in Ihr Umfeld einführen. *Sie* gehen zuerst ins Haus. *Sie* bitten den Hund herein. Statt ihn anschließend uneingeschränkt allein auf »Erkundungstour« gehen zu lassen, werden Sie ihn in die Ecke führen, in der sich sein Lager befindet. Sie werden die Grenzen seines Ruheplatzes festlegen und bestimmen, wo er sich aufhalten darf. Machen Sie ihn allmählich mit dem restlichen Haus vertraut. Wichtig ist, dass Sie mit einer festen Struktur beginnen. Viele Tierheimhunde hatten noch nie im Leben eine Struktur und wurden aus ebendiesem Grund unausgeglichen. Sie werden der Rudelführer sein, der das ändert!
- Wenn Ihr Hund – vielleicht nach der Fütterung – müde ist, könnte dies ein guter Zeitpunkt sein, ihn mit einer Dusche oder einem Bad zu entspannen. Es könnte sinnvoll sein, wenn auch Sie sich duschen und die Kleidung wechseln, die Sie im Tierheim anhatten. Sie wissen ja, dass Gerüche für Ihren Hund sehr wichtig sind, und es könnte sein, dass er die Ausdünstungen des Tierheims mit Angst oder Frustration verbindet; und Sie wollen doch, dass Ihr Zuhause für ihn Entspannung und Sicherheit bedeutet.
- Am nächsten Tag können Sie anfangen, Ihrem Hund eine Hausführung zu geben, damit er auch die übrigen Räume erkunden kann. Sie nehmen ihm auf diese Weise keineswegs die Freude an seinem neuen Zuhause. Sie geben ihm einfach eine Chance, es schrittweise zu erforschen. Damit verhindern Sie, dass er überreizt oder überwältigt wird, und machen die Aufgabe zu einer angenehmen, entspannenden Erfahrung. Wenn jemand

bei Ihnen übernachtet, sagen Sie ihm dann einfach, er soll sich allein bei Ihnen zurechtfinden? Sicher nicht. Sie geben ihm eine Führung durch alle Räume, die er kennen muss. Mehr brauchen Sie auch mit Ihrem Hund nicht zu tun. Sie bitten ihn in alle Räume, in denen er sich aufhalten darf, und machen eine kleine »Besichtigungstour«. Ich halte es für eine psychologische Herausforderung, wenn Sie Ihrem Hund eine ganze Woche Zeit geben, alle Zimmer kennenzulernen. Am Ende wird er sehr respektvoll sein und ein klares Verständnis dafür haben, welche Rolle die Küche spielt, welche das Wohnzimmer, welche der Balkon und welche der Flur. Er wird das Gefühl haben, an einem sinnerfüllten Ort zu leben. Dieser Sinn ist überall gleich: sehr respektvoll, sehr vertrauenswürdig. Ein solches Vorgehen trägt viel dazu bei, diese und ähnliche Erfahrungen zu vermeiden: »O nein! Mein Hund hat aufs Sofa gepinkelt! O nein, ich will ihn nicht in der Küche haben!«, die allmählich das Vertrauen zerstören können, das Sie ja soeben erst aufbauen möchten. Deshalb ist es so wichtig, dass Sie schrittweise vorgehen. Er wird sich auch nicht schlecht fühlen oder wütend auf Sie sein, wenn Sie ihm nicht sofort das ganze Haus zeigen. Er empfindet dies keineswegs als gemein. Oft denken die Leute: »Mein Hund wird traurig sein, weil ich im einen Zimmer bin und er dort drüben sitzt.« Nein, das ist er nicht. Er wird lediglich lernen, so zu leben, bis Sie ihm anderslautende Anweisungen geben.

– Falls Sie schon einen Hund haben, handelt es sich hoffentlich um ein ausgeglichenes oder so gut wie ausgeglichenes Tier. Es ist sehr wichtig, dass Sie niemals einen neuen Hund ins Haus holen, der ein höheres Energieniveau hat als sein Vorgänger. Wenn Sie das tun, werden Sie bislang unbekannte und unerwünschte Verhaltensweisen an Ihrem alten Tier feststellen – denn es muss sich anpassen, um mit dem neuen Artgenossen zurechtzukommen. Hat der Neue dagegen ein niedrigeres Energieniveau, wird Ihr Ersthund zu seinem Vorbild. Natürlich sollte das neue Tier so müde wie möglich sein, ehe Sie mit ihm das Haus betreten. Schließlich wollen Sie nicht, dass der vorhandene Hund es mit einem frustrierten Artgenossen zu tun bekommt. Am ersten vollen Tag in der neuen Umgebung gehen Sie mit den beiden Hunden im Rudel spazieren – einer zu jeder Seite von Ihnen, bis sie sich aneinander gewöhnt haben. Anschließend wird Ihr Ersthund mithelfen, seinem neuen Freund alle Ihre Regeln und Grenzen beizubringen.

– Wenn Ihre Familie aus weiteren Mitgliedern besteht, müssen alle die Hausregeln kennen und in diesem Punkt einer Meinung sein. Sobald nur ein Teil von ihnen die Richtlinien einhält, entsteht Verwirrung. In einem natürlichen Hunderudel bestärken sich alle Tiere gegenseitig in ihrem Verhalten. Wir müssen dieselbe Beständigkeit bieten wie ein ausgeglichenes Rudel. Und nicht nur das Verhalten, sondern auch die dem Hund gesandte Energie sollte gleich sein. Ihre Familie sollte sich nicht so benehmen, als hätte sie Mitleid mit ihm. Das ist ihm keine Hilfe – es schwächt lediglich Ihr Energieniveau, und Sie verlieren einen Teil Ihrer Fähigkeiten, einen guten Einfluss auf ihn auszuüben. Versammeln Sie die ganze Familie um sich, besprechen Sie die Regeln und kommen Sie überein, im Umgang mit Ihrem neuen »Rudelmitglied« eine optimistische, positive

Haltung einzunehmen. Natürlich sollten auch alle wissen, wie wichtig Bewegung, Disziplin und Zuneigung sind – genau wie die Geduld, denn ein Tierheimhund wird nicht von Anfang an perfekt sein.

DANK

In meinem Buch *Tipps vom Hundeflüsterer* habe ich meiner Familie, meinen Vorbildern und all den Menschen gedankt, die mir auf meinem erstaunlichen Weg geholfen haben, »der Hundeflüsterer« zu werden. Natürlich werde ich sie nie vergessen, und ohne sie wäre dieses Buch nicht möglich gewesen. In *Du bist der Rudelführer* möchte ich nun alle Frauen und ihre ganz besondere Kraft würdigen – auch wenn sie selbst sich ihrer vielleicht noch nicht bewusst sind. Ich sehe mit Sorge, dass meine Kinder in einer äußerst unbeständigen Welt aufwachsen, die ein paar ganz unglaubliche Rudelführer brauchen wird, um wieder ins Lot zu kommen. Ich glaube, dass die Frauen den Schlüssel haben und uns dabei helfen können. Das wird allerdings erst dann möglich sein, wenn die Männer ihre einzigartige Weisheit und Führung aufrichtig anerkennen und zu schätzen wissen – und wenn die Frauen ihren inneren Rudelführer annehmen. Offenbar ist ihnen viel eher als den Männern instinktiv klar, dass Führungskraft nicht gleich negative Energie ist. Es bedeutet keineswegs, Menschen oder Länder gegeneinander auszuspielen. Ich glaube auch, dass Frauen eher als Männer bereit sind, zum Wohle des Rudels zu handeln. Und genau wie die Hunde müssen auch wir Menschen uns ins Gedächtnis rufen, dass wir ohne das Rudel nichts sind. Ich habe von den Frauen in

meinem Leben mehr Mitgefühl erfahren als von den Männern. Sie lehrten mich wahre ruhige und bestimmte Führung, und ihnen habe ich es zu verdanken, dass ich in allen
Bereichen des Lebens ein besserer, ausgeglichener Anführer geworden bin – nicht nur in meiner Arbeit mit Hunden.

Bei diesen Tieren dreht sich alles ums Rudel. Sie haben eine instinktive innere Führung, zu der auch wir Menschen Zugang bekommen können, sobald wir sagen: »Ich
bin hier, um jeden Augenblick voll auszukosten, um ein
erfülltes Leben zu führen und dazu beizutragen, dass
auch alle anderen Menschen in meiner Umgebung Erfüllung finden.« Ich habe den Hunden sehr für die Werte zu
danken, die sie mich lehren – wie Ehrlichkeit, Integrität,
Konsequenz und Loyalität. Es sind die Eigenschaften eines
wahren Rudelführers.

*Darüber hinaus möchten meine Mitautorin und ich folgen-
den Personen danken:*
Scott Miller, unserem Literaturagenten bei Trident Media – du bist der Inbegriff von Klasse. Shaye Areheart,
Julia Pastore, Kira Stevens und Tara Gilbride von Random House – was für ein Segen, dass wir wieder mit euch
zusammenarbeiten durften. Laureen Ong, John Ford,
Michael Cascio, Char Serwa und Mike Beller vom National Geographic Channel – wir sind stolz darauf, mit dem
Sender in die vierte Staffel gehen zu dürfen. Und wieder einmal hat sich die meisterhafte Abteilung für Öffent-
lichkeitsarbeit unter Russell Howard selbst übertroffen,
allen voran Chris Albert, der alle Hoch- und Tiefpunkte
mit uns durchsteht und trotzdem nie das Lächeln verlernt.
Bei MPH geht unser Dank an Bonnie Peterson, George

Gomez, Nicholas Ellingsworth, Todd Carney und Christine Lochmann, die uns halfen, alle Fotos und Grafiken zusammenzustellen, und an Heather Mitchell für die Recherche und das Prüfen der Fakten. Unser besonderer Dank gilt Dr. Alice Clearman und Dr. med. vet. Charles Rinhimer für ihre unschätzbar wertvolle Fachkenntnis und ihre Unterstützung sowie Tom Rubin für den rechtlichen Beistand. Clint Rowe, es war eine Ehre, mit dir und Wilshire arbeiten zu dürfen, und wir sind dir für deine Weisheit und deine Einsicht zutiefst dankbar. Unser Dank geht auch an die Produzentinnen Kay Sumner und Sheila Emery sowie Sue Ann Fincke, die Verkörperung der Sendung »Dog Whisperer«. Und natürlich gilt unser grenzenloses Lob den hart arbeitenden Mitarbeitern, der Crew und den Redakteuren der Show.

Melissa Jo Peltier möchte folgenden Menschen danken:
Jim Milio und Mark Hufnail – es war ein langer, harter Weg, aber wir sind noch da! Ihr beiden seid wirklich die besten Partner im ganzen bekannten Universum.

Wie immer gilt meine Dankbarkeit meinem Vater Ed Peltier. Ich danke auch meinem unglaublich hilfsbereiten Freundeskreis (in Manhattan und Nyack), vor allem Tamara, Gail, Everett und ganz besonders Victoria A. Meiner wunderschönen Stieftochter Caitlin Gray gelingt es stets, ein Lächeln auf mein Gesicht zu zaubern – sogar wenn ich gestresst bin.

Und dann ist da noch mein unglaublicher Ehemann John Gray. Danke, dass du bei allen Stürmen mein sicherer Hafen und für immer mein Partner in diesem unserem Fest des Lebens bist.

Zu guter Letzt möchte ich Ilusion Millan nennen. Ich

bin dir so dankbar für deine Großzügigkeit. Danke, Cesar, dass du mein Leben verändert und mir geholfen hast, den Tieren und Menschen in meinem Leben eine sehr viel ruhigere, bestimmtere, beständigere und ausgeglichenere Rudelführerin zu sein.

BILDNACHWEIS

MPH Entertainment – Emery/Sumner Productions, Nicholas Ellingsworth: Cesar beim Inlineskaten mit seinem Rudel, S. 3; Cesar und Popeye, S. 13; Cesar und die Familie Grogan, S. 41; Wilshire auf der Feuerwache 29, S. 67; Cesar und Booker, S. 107; mit Charles, Sparky und AJ im Center, S. 313

MPH Entertainment – Emery/Sumner Productions, Bill Parks: Tina Madden und NuNu, S. 62

CMI, George Gomez: die »Klaue«, S. 75; Labrador Rex mit einem Illusion-Halsband (Vorder- und Rückansicht), S. 129; alle Bilder auf den Farbtafeln

MPH Entertainment – Emery/Sumner Productions: Wilshire auf »seinem« Laufband, S. 86; Wilshire bei seiner Vorführung, S. 94; die Hunde des Centers mit einer Klapperschlange, S. 148; die verängstigte Genoa, S. 225

Jen Hughes: die französische Bulldoge Sid an der 35-Cent-Leine, S. 118

MPH Entertainment – Emery/Sumner Productions, Todd Henderson: Calvin mit Würgehalsband, S. 124; Lila mit Stachelhalsband, S. 138; Daddy, S. 165

CMI, Christine Lochman: Illustration der drei Abschnitte eines Hundehalses, S. 128

Missy Lemoi: Hope Lock Heirex, MH oder »Hawkeye« apportiert einen Dummy, S. 181

LITERATUR

Chopra, Deepak: *Das Tor zu vollkommenem Glück: Ihr Zugang zum Energiefeld der unendlichen Möglichkeiten*, München: Knaur 2006

De Becker, Gavin: *Mut zur Angst – Wie Intuition uns vor Gewalt schützt*, Frankfurt: Fischer Taschenbuch Verlag 2001

Dyer, Wayne W.: *Mit Absicht – Den eigenen Lebensplan erkennen und verwirklichen*, München: Goldmann 2005

Fogle, Bruce: *Was geht in meinem Hund vor? Faszinierende Einblicke in das Wesen und Verhalten von Hunden*, Bergisch Gladbach: Gustav Lübbe Verlag 1993

Goleman, Daniel: *Emotionale Intelligenz*, München: dtv 1997

Goleman, Daniel, Richard Boyatzis und Annie McKee: *Emotionale Führung*, München: Econ Ullstein List Verlag 2002

Hauser, Marc D.: *Wilde Intelligenz: Was Tiere wirklich denken*, München: Verlag C. H. Beck, 2001

Pease, Allan, und Barbara Pease: *Der tote Fisch in der Hand und andere Geheimnisse der Körpersprache*, Berlin: Ullstein Verlag 2003

ANMERKUNGEN

Spieglein, Spieglein?
1 Sagan, Carl: *Der Drache in meiner Garage*, München: Knaur 1997, S. 51.
2 American Animal Hospital Association: 2004 Pet Study. Mit Genehmigung zum Abdruck. Cyber-Pet: »National Pet Owner Survey Finds People Prefer Pet Companionship Over Humans«, www.cyberpet.com/cyberdog/articles/general/crawford.hmt. (Die AAHA – entspricht in etwa der Deutschen Veterinärmedizinischen Gesellschaft e.V.; www.dvg.net/index.php?id=4.)
3 Banks, Marian R. und William A.: »The Effects of Group and Individual Animal-assisted Therapy on Loneliness in Residents of Long-term Care Facilities«, *Anthrozoos* 18, Nr. 4 (2005), S. 396–408.

2. Disziplin, Belohnung und Strafe
1 Fogle, Bruce: *Was geht in meinem Hund vor?*, Bergisch Gladbach: Gustav Lübbe Verlag 1993, S. 74 ff.

3. Das beste Hilfsmittel der Welt
1 Gershman, Kenneth A., Jeffrey J. Sacks und John C. Wright: »Which Dogs Bite? A Case-Control Study of Risk Factors«, *Pediatrics* 93, Nr. 6 (1994), S. 913–917.
2 www.freepatentsonline.com/6047664.html; www.gun-

dogs.online.com/ArticleServer.asp?strArticleID=
CC9C3CA9-813B-11D6-9BF8-00D0B74D6C6A.

3 Juarbe-Diaz, S.V., und K.A. Houpt: »Comparison of
Two Antibarking Collars for Treatment of Nuisance
Barking«, *Journal of the American Animal Hospital Asso-
ciation* (Mai/Juni 1996), S. 213–235.

4 Darlington, P.J.: »Group Selection, Altruism, Reinforce-
ment, and Throwing in Human Evolution«, *Proceedings
of the National Academy of Sciences of the United States
of America* 72, Nr. 9 (1975), S. 3748–3752.

4. So sorgen Sie dafür,
dass die Rasse Erfüllung findet

1 Hier die Rassengruppen: http://de.wikipedia.org/wiki/
F%C3%A9d%C3%A9ration_Cynologique_Internatio-
nale, http://en.wikipedia.org/wiki/American_Kennel_
Club Recognized_breeds. Die deutsche Ausgabe folgt
der vom Autor getroffenen Einteilung, verwendet aber
die bei uns gebräuchlichen Begriffe.

2 Interessanterweise glaubte auch der russische Medizi-
ner und Physiologe Iwan Petrowitsch Pawlow, dass die
Hunde, die er für seine berühmten (und berüchtig-
ten) Experimente verwendete, mit unterschiedlichen
Energieniveaus geboren seien: »stark erregbar«, »leb-
haft«, »ruhig, unerschütterlich« und »schwacher Hem-
mungstyp« (Sargant, William: *Der Kampf um die Seele –
Eine Physiologie der Konversionen*, München: R. Piper
& Co. Verlag, 1958, S. 25 f.). Diese Typen entsprechen
meinen Kategorien von Hunden mit »sehr hohem«,
»hohem«, »mittlerem« und »niedrigem« Energieniveau.

3 Weitere Informationen zur Schutzhundausbildung und
zu Übungen für alle Rassen finden Sie beim Deutschen

Verband der Gebrauchshundsportvereine (DGV), der ältesten Schutzhundorganisation der Welt: www.dvg-hundesport.de/.

5. Nahtstelle Störung

1 Kerley, Linda: »Scent Dog Monitoring of Amur Tiger«, *A Final Report to Save the Tiger Fund* (2003/0087/018), 1. März 2003, 2004; Smith, D., K. Ralls, B. Davenport, B. Adams und J.E. Maldonado: »Canine Assistants for Conservationists«, *Science* (2001), S. 291–435; Rolland, R., P. Hamilton, S. Kraus, B. Davenport, R. Gillett und S. Wasser: »Faecal Sampling Using Detection Dogs to Study Reproduction and Health in North Atlantic Right Whales (Eubalaena glacialis)«, *Journal of Cetacean Research and Management* 8, Nr. 2 (2006), S. 121–125.

2 McNeil, Donald G.: »Dogs Excel on Smell Test to Find Cancer«, *New York Times*, 17. Januar 2006, Online-Ausgabe; Whiting, Sam: »Guide Dog Flunkies Earn Kudos in Their Second Life as Diabetes Coma Alarms«, *San Francisco Chronicle*, 5. November 2006, CM-6.

3 Fogle, a.a.O., S. 97.

4 Goleman, Daniel: *Emotionale Intelligenz*, München: dtv 1997. S. 129.

5 Pease, Allan und Barbara: *Der tote Fisch in der Hand und andere Geheimnisse der Körpersprache*, Berlin: Ullstein Verlag 2003. S. 29 f.

6 Hauser, Marc D.: *Wilde Intelligenz – Was Tiere wirklich denken*, München: Verlag C.H. Beck 2001, S. 183 f.

7 www.hsus.org/pets/issues-affecting-our-pets/get-the-facts-on-puppy-mills/index.html.

8 Trut, Lyudmila N.: »Early Canid Domestication: The

Farm-Fox Experiment«, *American Scientist* 87, Nr. 2 (1991), S. 160–172.

9 Irvine, Leslie: *If You Tame Me: Understanding Our Connection with Animals*, Philadelphia: Temple University Press 2004, S. 93 f.

6. So nutzen Sie Ihre Energie

1 De Becker, Gavin: *Mut zur Angst – Wie Intuition uns vor Gewalt schützt*, Frankfurt: Fischer Taschenbuch Verlag 2001, S. 23 f.

2 Goleman, a. a. O., S. 21.

3 Ackerman, Diane, zitiert in de Becker, S. 44.

4 De Becker, a. a. O., S. 42 ff.

5 Ebenda, S. 29.

6 Carpenter, Brandon: »Energetic Training«, *The Gaited Horse* (Sommer 2004), S. 29–33.

7 De Becker, a. a. O., S. 47 ff.

8 Goleman, Daniel, a. a. O., S. 103.

9 Ebenda, S. 103.

10 Balcetis, E., und D. Dunning. »See What You Want to See: Motivational Influences on Visual Perception«, *Journal of Personality and Social Psychology* 91 (2006), S. 612–625.

11 www.discover.com/web-exclusives/wishfulseeing/.

12 Chopra, Deepak: *Das Tor zu vollkommenem Glück*, München: Knaur 2006, S. 89 f.

13 Ebenda, S. 111.

7. Führung für Hunde … und Menschen

1 Creel, Scott: »Social Dominance and Stress Hormones«, *Trends in Ecology and Evolution* 16, Nr. 9 (September 2001), S. 491–497.

2 Mowat, Farley: *Ein Sommer mit Wölfen*, Reinbek bei Hamburg: Rowohlt Taschenbuch Verlag 2004, S. 75.

3 Goleman, Daniel, Richard Boyatzis und Annie McKee: *Emotionale Führung*, München: Econ Ullstein List Verlag 2002, S. 19.

4 Ebenda, S. 23.

5 Ebenda, S. 31.

6 Ebenda, S. 24.

7 Ebenda, S. 35.

8 Ebenda, S. 41.

9 Ebenda, S. 40.

10 Goleman, a.a.O., S. 149.

11 Ebenda, S. 152.

12 Goleman u.a., S. 52.

8. Unsere vierbeinigen Heiler

1 Duke, Chris: »Pets Are Good for Physical, Mental Well-Being«, *Knight Rider/Tribune News Service*, 11. September 2003.

2 PAWSitive Interaction: »A Scientific Look at the Human-animal Bond«, 2002, www.pawsitiveinteraction.com/background.html.

3 Fields-Meyer, T., und S. Mandel: »Healing Hounds: Can Dogs Help People with Mental-health Problems Get Better?«, *People*, 17. Juli 2006, S. 101 f.

4 Wolpe, J.: *Psychotherapy by Reciprocal Inhibition*. Palo Alto: Stanford University Press 1958. Hellstrom, K., J. Fellenius und L.G. Ost: »One Versus Five Sessions of Applied Tension in the Treatment of Blood Phobia«, *Behavioral Research and Therapy* 34, Nr. 2, 1996, S. 101 f.; Hellstrom, K., und L.G. Ost: »One-Session Treatment for Specific Phobias«, *Behavioral Research and The-*

rapy 27, Nr. 1, 1989. S. 1–7; Ost, L.G., M. Brandburg und T. Alm: »One Versus Five Sessions of Exposure in the Treament of Flying Phobia«, *Behavioral Research and Therapy* 35, Nr. 11, 1997, S. 987–996.

5 Little, Angela W.: »Learning and Teaching in Multigrade Settings«, *UNESCO EFA Monitoring Report*, 2005.

REGISTER

Macht 111, 115, 361
Macht des Rudels 11, 190 f.
Madden, Tina, NuNu,
    Chihuahua 62 ff., 303
Mæterlinck, Maurice 337
Malinois 203
Malteser 215
Martingale-Halsband 127 f.
Massenzucht 239
Mastiff 201 f., 283
Maulkorb 135 ff., 160, 373
– anlegen 136 f.
McKee, Annie 293 f., 296 f.
McLare, Richard 88
Mendel, Gregor 172
Millan, Ilusion 15, 24, 27 f.,
    128, 267, 334
Miller, Carl F. 214
Mischlinshunde 218
Missbrauch, Misshandlung 42,
    99 ff., 113 f., 126, 151
Misstrauen 100, 157 f., 192,
    240, 333
Mitgefühl, Mitleid 42 f., 240,
    315, 385
Molly, Dackel 196 f., 220
Montapert, Alfred 67
Mops 215 f.
Mowat, Farley 291 f.
Mutter Natur 11, 23, 26, 34,
    43, 48, 67, 69, 98, 110,
    155 f., 200, 256, 265, 284 f.,
    287, 366

National Geographic
    Channel 18, 45
Naturgesetz s. Mutter Natur
Neotenie 242 ff.
Nervosität 22, 111, 125, 153,
    162, 254, 270, 272, 288,
    304, 306, 343, 373
Neugier 57, 60
Neurotisch 43, 178, 212, 227
Nicky, Rottweiler, Kathleen
    112 ff., 138
Niedlichkeitsfaktor 215 f.
Nietenhalsband 120
Nova-Scotia-Duck-Tolling-
    Retriever 184

Obedience 208
Old English Sheepdog 206
Onyx, Labrador-Mischling,
    Barbara 235 f.
Otterhund 190

Paarungstrieb 117, 358
Panikreaktion, -attacken
    226 ff., 314 f., 317, 321 ff.,
    329 f.
Papillon 215
Parasiten 52
Pease, Allan, Barbara 229, 231
Pekinese 215
Peltier, Melissa Jo 262 ff.
Persönlichkeit 47 ff., 57, 59,
    176 f., 253, 284
Phobie s. Panikreaktion